高等职业院校信息技术基础系列教材

信息技术基础

项目式教程

Windows 10+WPS 2019

微课版

张金娜 陈思◎主编
卞孝丽 马琳琳◎副主编

人民邮电出版社
北京

图书在版编目（CIP）数据

信息技术基础项目式教程 : Windows 10+WPS 2019 : 微课版 / 张金娜，陈思主编. -- 北京 : 人民邮电出版社，2022.9
高等职业院校信息技术基础系列教材
ISBN 978-7-115-59737-3

Ⅰ. ①信… Ⅱ. ①张… ②陈… Ⅲ. ①Windows操作系统－高等职业教育－教材②办公自动化－应用软件－高等职业教育－教材 Ⅳ. ①TP316.7②TP317.1

中国版本图书馆CIP数据核字(2022)第125687号

内容提要

本书根据高等职业院校人才培养目标与教学发展的需求，依据《高等职业教育专科信息技术课程标准（2021年版）》编写，内容覆盖全国计算机等级考试一级WPS Office考试大纲，重点培养学生信息意识、计算思维、数字化创新与发展、信息社会责任4个方面的核心素养。全书共7个项目，分别为信息技术与计算机、信息检索与信息安全、使用Windows 10管理计算机、使用WPS文字处理文档、使用WPS表格处理电子表格、使用WPS演示制作演示文稿，以及新一代信息技术及应用。

本书可以作为普通高等院校、高职高专院校信息技术基础课程的教材，也可以作为计算机操作的培训教材及自学参考书。

◆ 主　　编　张金娜　陈　思
副 主 编　卞孝丽　马琳琳
责任编辑　赵　亮
责任印制　王　郁　焦志炜

◆ 人民邮电出版社出版发行　　北京市丰台区成寿寺路11号
邮编　100164　　电子邮件　315@ptpress.com.cn
网址　https://www.ptpress.com.cn
三河市君旺印务有限公司印刷

◆ 开本：787×1092　1/16
印张：15.5　　2022年9月第1版
字数：394千字　　2025年1月河北第10次印刷

定价：52.00元

读者服务热线：(010)81055256　印装质量热线：(010)81055316
反盗版热线：(010)81055315
广告经营许可证：京东市监广登字20170147号

前 言

党的二十大报告提出：教育、科技、人才是全面建设社会主义现代化国家的基础性、战略性支撑。必须坚持科技是第一生产力、人才是第一资源、创新是第一动力，深入实施科教兴国战略、人才强国战略、创新驱动发展战略，开辟发展新领域新赛道，不断塑造发展新动能新优势。我国主动顺应信息革命时代浪潮，以信息化培育新动能，用数字新动能推动新发展，数字技术不断创造新的可能。在高等职业教育中，信息技术基础课程是各专业学生必修或限定选修的公共基础课程。学生通过学习该课程，能够增强信息意识、提升计算思维水平、加强数字化创新与发展能力、树立正确的信息社会价值观和责任感，为其职业发展、终身学习和服务社会奠定基础。

为落实“立德树人”的根本任务，突出职业教育特点，本书围绕高等职业教育对信息技术学科核心素养的培养需求，注重吸纳信息技术领域的前沿技术，着力突出“理实一体、项目导向、任务驱动”的教学模式，力求有效提升学生应用信息技术解决实际问题的综合能力。本书每个项目由若干任务组成，每个任务由任务描述、知识储备、任务实现构成，部分任务还附有知识与技能拓展。本书还配套了 40 余个微课视频，视频讲解力求做到学思融合，提升学生综合素养。

本书的参考学时为 48～72 学时，各项目的参考学时见下面的学时分配表。

学时分配表

项 目	课 程 内 容	参 考 学 时
项目一	信息技术与计算机	6～10
项目二	信息检索与信息安全	6～10
项目三	使用 Windows 10 管理计算机	6～10
项目四	使用 WPS 文字处理文档	8～12
项目五	使用 WPS 表格处理电子表格	8～10
项目六	使用 WPS 演示制作演示文稿	8～10
项目七	新一代信息技术及应用	6～10
学时总计		48～72

本书由多年从事计算机专业课教学的一线教师编写，编者职称、学历和年龄结构合理，部分编者有企业工作经历。本书由张金娜、陈思担任主编，卞孝丽、马琳琳担任副主编，参加编写的还有喻林、李智、周泉。其中，陈思编写了项目一，喻林编写了项目二，周泉编写了项目三，卞孝丽编写了项目四，张金娜编写了项目五，李智编写了项目六，马琳琳编写了项目七。

由于编者水平有限，书中难免有不足和疏漏之处，恳请读者批评指正。

编者

2023 年 6 月

目 录

项目一 信息技术与计算机

01

项目导读

信息技术推动着人类社会的进步，也悄然改变着人们的工作、学习和生活方式。随着信息技术的不断迭代、信息观念的日益更新、信息意识的逐渐增强，人类社会将进入一个崭新的时代。本项目将系统介绍信息技术与计算机的基础知识、提升信息素养与社会责任感等内容。

任务 1.1　了解信息技术基础知识

【任务描述】

又是一年开学季，无数学子怀揣着梦想迈进期盼已久的大学，小白就是其中一员。作为信息技术系的大一新生，小白和其他同学都接到了一封致大一新生的信，如图 1-1 所示。

亲爱的同学：

你好！

欢迎加入信息技术系这个大家庭，大学不是安逸、享受的摇篮，不是尽情娱乐的场所。想在这里有所收获，就要付出辛勤的努力。

在大学里，你将拥有更多的空闲时间，如何有效地支配这些时间，你应该提前进行规划。建议你在空闲时间里多参加社团活动，多去操场锻炼，多去图书馆转转，也多学习一些专业知识。今天，就让我们通过一个任务来了解信息技术专业，认准未来努力的方向，开启属于你的大学生活吧！

任务内容：了解信息技术，注册百度网盘账号并上传、分享文件，体会信息技术的应用。

最后，祝你愉快地度过大学生活的每一天，畅游知识的海洋，投身火热的生活，结交一生的挚友！

图 1-1　致大一新生的信

【知识储备】

微课 1-1

1.1.1　信息技术相关概念

在信息时代，人们每天都自觉或不自觉地接收、传递着各种各样的信息。信息无处不在，它普遍存在于自然界、人类社会和人们的思想之中。

1. 信息

关于信息的定义众说纷纭。

（1）1948 年，“信息论之父”克劳德・香农（Claude Shannon）发表了论文《通信的数学理论》，其中指出，信息是用来消除随机不定性的东西。

（2）控制论创始人诺伯特・维纳（Norbert Wiener）认为，信息是人们在适应外部世界，并使这种适应反作用于外部世界的过程中，同外部世界进行交换的内容和名称。

（3）我国的信息学专家钟义信教授认为信息是事物的存在方式或运动状态，即实物内部结构和外部联系的状态和方式。

（4）美国信息管理专家霍顿（F.W.Horton）认为，信息是为了满足用户决策的需要而经过加工处理的数据。

目前，大众普遍接受的信息定义如下：信息是经过加工的数据，泛指一切在人类社会中以文字、数字、符号、图形、图像、声音、状态、情景等信息表达方式传播的内容。

2. 信息的特征

（1）可传递性。信息可通过不同载体进行传递，传递方式也多种多样，如以人为载体的口头传递、以出版物为载体的文字传递、以网络为载体的通信传递等。信息的传递可以打破时空的限制，例如甲骨文可传递 3000 多年前人类的信息。

（2）共享性。信息的共享性是信息区别于物质和能量的根本特性。物质和能量存在于一定的时空范围内，一旦被某一个个体占有，其他个体就失去享用权。信息作为一种资源，可在不同个体或群体间无限共享。信息被共享后，共享者不仅都有享用权，有时还会产生出新的信息。例如，教师向学生传授知识，学生通过学习创造了新的理论成果。

（3）依附性和可处理性。信息是一种抽象且无形的资源，不能独立存在，必须依附于一种或多种载体才能够传递，并按照需要进行处理和存储。同一信息可以依附于不同的载体。例如，新闻信息离开特定的时空就失去价值，而且新闻信息不通过广播、电视、语言文字或报纸就无法传播。

（4）可再生性。信息在使用过程中经过某些特定处理便能够以其他形式再生。例如，中央气象台获取各地气温数据后，播放天气预报时会将各省份未来气温以不同颜色表示。

（5）时效性。信息会随着客观事物的变化而变化，反映事物在某一时间段内的价值，失去时效性的信息也就失去了价值。例如股市行情、汇率等。

（6）价值性。信息能够满足人们某些方面的需要，例如招聘信息对求职者有价值。

（7）真伪性。日常生活中，人们接收到的信息并非都是对事物的真实反映，例如诈骗短信和诈骗电话。

3. 信息处理

获取信息并进行加工处理，使之成为有用的信息并发布出去的过程称为信息处理。信息处理的过程主要包括信息的获取、存储、加工、发布和表示。

在信息处理的过程中往往需要采用信息技术手段。例如，通过放大镜、显微镜、照相机、摄像机等来获取信息；通过电报、电话、卫星系统、计算机网络等来传递信息；利用竹简、纸张、光盘、芯片等来存储信息。

1.1.2　信息技术发展史

1. 信息技术的概念

信息技术（Information Technology，IT）是管理和处理信息所采用的各种技术的总称。从广义上讲，凡是与信息的获取、加工、存储、传递和利用有关的技术都可以称为信息技术，例如微电子技术、感测技术、计算机技术、通信技术等。信息技术主要包括计算机技术、通信技术、控制技术和传感技术 4 种技术。

联合国教科文组织对信息技术的定义为“应用在信息加工和处理中的科学、技术与工程的训练方法和管理技巧；上述方面的技巧和应用；计算机及其与人、机的相互作用；与之对应的社会、经济和文化等诸种事物。”信息技术包含 3 个层次的内容：信息基础技术、信息系统技术和信息应用技术。

2. 信息技术的发展

迄今为止，信息技术共经历了 5 次革命。

（1）第一次信息技术革命的标志是语言的产生，发生在距今约 50000 年～35000 年前，语言的使用是猿进化到人的重要标志。人类最初通过表情、手势、肢体动作、声音等来表达和传递信息，所以此时信息的传递只能在人的视听范围内进行。语言的产生和使用推动了信息获取和信息传递技术的发展，但这种方式受到时空的限制。

（2）第二次信息技术革命的标志是文字的应用。文字使信息得以长期存储，也使信息可以跨越时空进行传递。文字的产生促进了信息存储技术的产生与发展。图 1-2 所示为人类早期创造的文字——甲骨文。

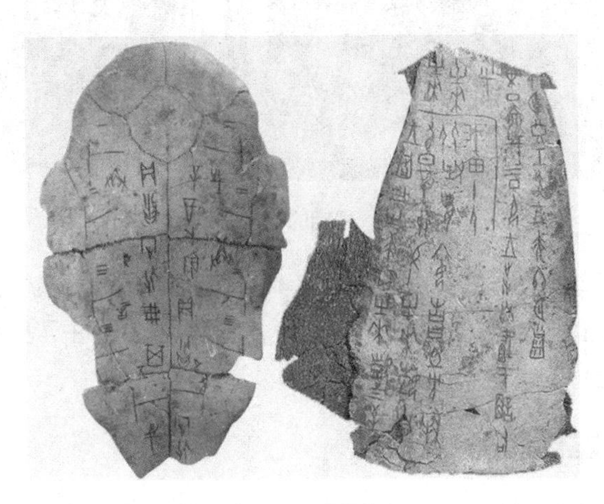

图 1-2　甲骨文

（3）第三次信息技术革命的标志是造纸术和活字印刷术的发明。造纸术与活字印刷术同属我国古代四大发明，造纸术诞生于公元前 206 年至公元前 8 年之间，公元 105 年，蔡伦对造纸术进行了改进。公元 1040 年左右，我国开始使用活字印刷技术。造纸术和活字印刷术的发明扩大了信息记录、存储、传递和使用的范围，使知识的积累和传播有了可靠的保证，是人类信息存储与传播手段的又一次重要革命。图 1-3 所示为纸张和活字印刷术。

图 1-3　纸张和活字印刷术

（4）第四次信息技术革命的标志是电报、电话、广播、电视的发明与普及。1837 年，美国人萨缪尔・莫尔斯（Samuel Morse）研制出了世界上第一台有线电报机。1876 年，亚历山大・贝尔（Alexander Bell）发明了电话。电报与电话的问世使信息传递技术有了更大的发展。广播、电视的出现则打破了信息交流的时空限制，提高了信息传播效率，是信息技术发展史中的又一里程碑。图 1-4 所示为博物馆中展出的早期的电报机和电话。

图 1-4　早期的电报机和电话

（5）第五次信息技术革命始于 20 世纪 40 年代，其标志是计算机、网络等现代信息技术的综合使用。这是一次信息传播和信息处理手段的革命，对人类社会产生了空前的影响，使信息数字化成为可能，信息产业应运而生。

1.1.3　信息技术发展趋势

随着信息技术的迅速发展和普及，世界各国几乎都将发展信息技术作为国家战略的重点。信息产业也成为我国的支柱产业，其规模位居世界第二。总的来说，信息技术未来将继续向着以下几个方面发展。

（1）多元化。信息技术的开发和使用将呈现多元化的趋势，包括计算机技术、通信技术、感测技术、控制技术和一些软件的应用等。

（2）网络化。利用通信技术和计算机技术，将不同地点的计算机及各类电子终端设备互联，达到信息共享的目的。

（3）智能化。由现代通信与信息技术、计算机网络技术、行业技术、智能控制技术汇集而成针对某一方面的应用，如智能家居系统。

（4）多媒体化。利用计算机处理声音、图像、文字、视频等信息所使用的技术，如语音输入、数字电影、网络视频会议等。

（5）虚拟化。虚拟现实技术是一种用于创建和体验虚拟世界的计算机仿真技术。利用计算机模拟产生一个三维的虚拟世界，给使用者提供视觉、听觉、触觉等感官的模拟感受，让使用者有身临其境的体验。

【任务实现】

云存储是云计算中有关数据存储、归档、备份的一个部分，是一种创新服务，也是信息技术的典型应用之一。

百度网盘是百度推出的一项云存储服务，用户可把自己的文件上传到网盘，可随时随地查看和分享照片、文档、音乐、通讯录数据等资源。

1. 注册百度网盘

注册百度网盘的步骤如下。

（1）在浏览器中搜索“百度云”或者“百度网盘”，也可直接在地址栏中输入百度网盘地址进入图 1-5 所示的百度网盘登录页面。

图 1-5　百度网盘登录页面

（2）已有账号的用户输入账号和密码后直接登录。未注册账号的用户单击右下角的“立即注册”

按钮，依次输入用户名、手机号，设置登录密码，勾选“阅读并接受《百度用户协议》及《百度隐私权保护声明》”复选框，单击“获取验证码”按钮，如图 1-6 所示。

（3）输入手机收到的验证码，单击“注册”按钮即可完成注册。

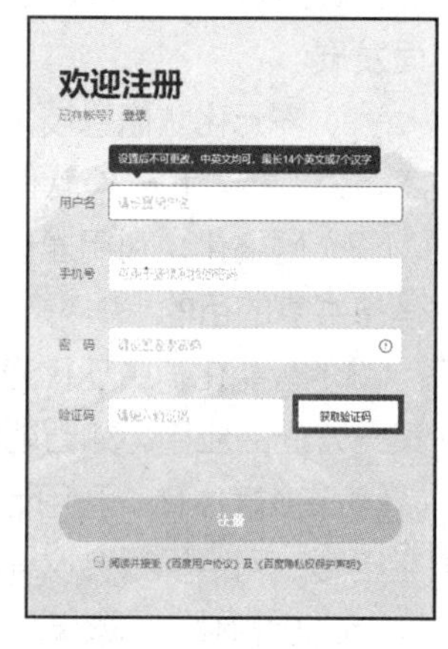

图 1-6　注册百度网盘账号

2. 上传和分享文件

在百度网盘中上传文件的步骤如下。

进入百度网盘后，将鼠标指针移动到上方蓝色的“上传”按钮上，这时会出现下拉列表，选择“上传文件”或“上传文件夹”选项，如图 1-7 所示，在弹出的路径对话框中找到需要上传的文件，单击“上传”按钮即可进行文件的上传。

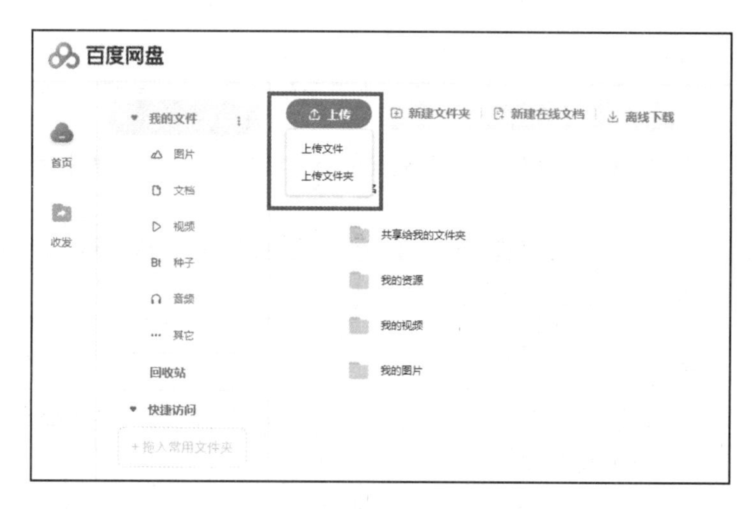

图 1-7　上传文件到百度网盘

通过百度网盘分享文件的步骤如下。

（1）在百度网盘中找到想要分享的文件，将鼠标指针移到文件上时会出现隐藏的选项，单击“分享”按钮，如图 1-8 所示。

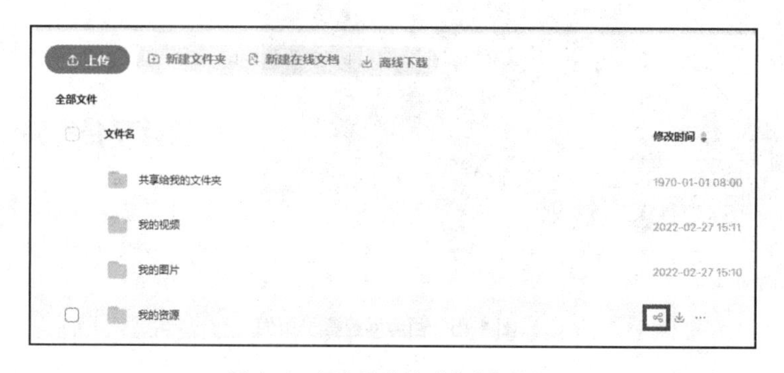

图 1-8　调出隐藏的“分享”按钮

（2）进入图 1-9 所示的分享文件对话框后，在“有效期”下拉列表框中设置分享有效期，默认有效期为 30 天。然后根据文件的私密性选择提取方式，如勾选“分享链接自动填充提取码”复选框，访问者打开链接便可直接查看分享的文件；如不勾选，则只能在有提取码的情况下查看分享的文件。

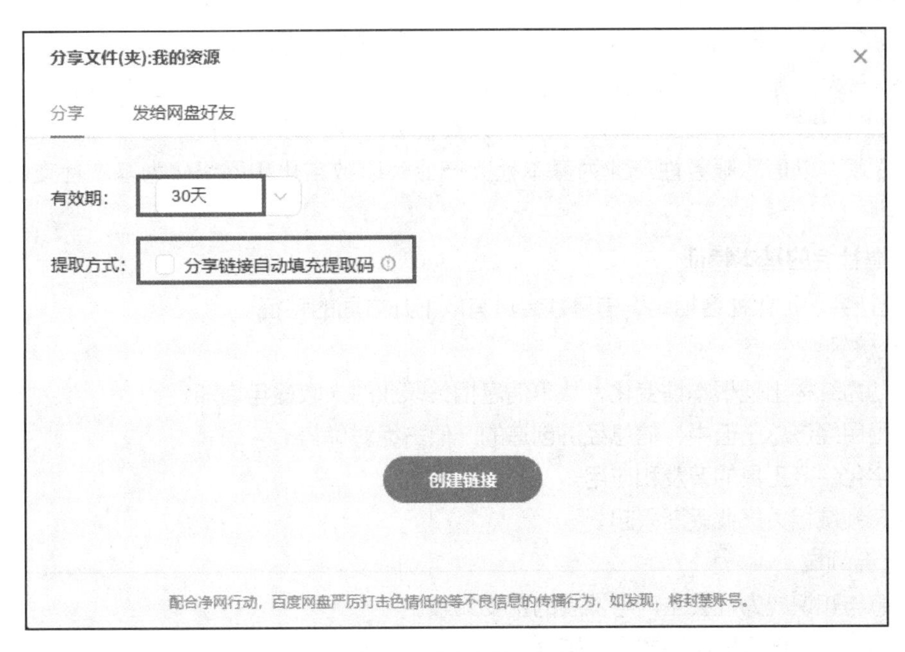

图 1-9　分享文件对话框

（3）单击“创建链接”按钮，完成私密链接的创建。单击图 1-10 所示界面下方的“复制链接及提取码”按钮或“下载二维码”按钮，通过 QQ、微信等渠道将分享信息发送给被分享者，即可完成文件的分享。

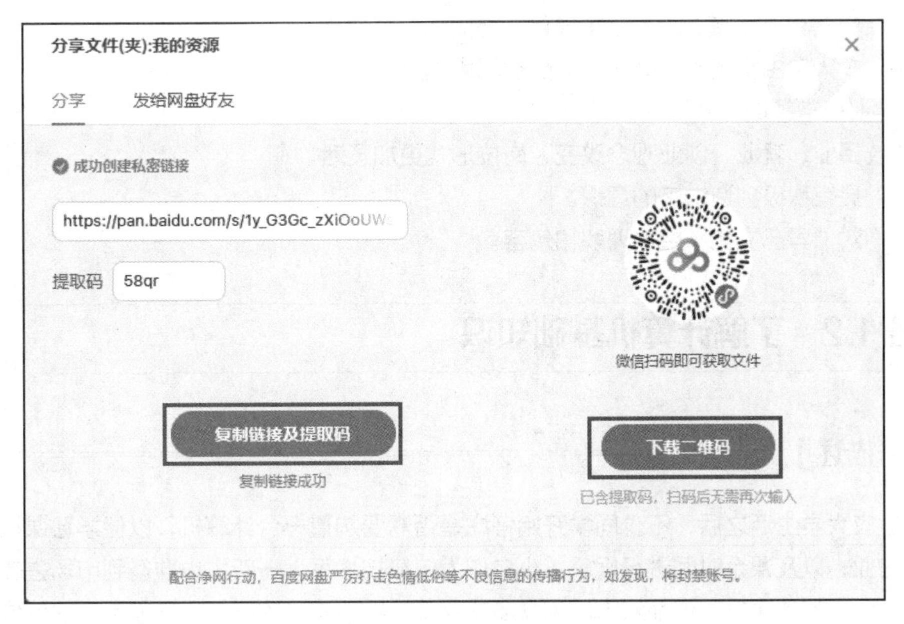

图 1-10　复制分享信息

【知识与技能拓展】

1. 信息社会

信息社会也称信息化社会，在信息社会中，信息成为重要的生产力，它和物质、能量一起构成社会的三大资源。在信息社会中，以开发和利用信息资源为目的的信息经济活动逐渐扩大，信息经济在国民经济中占据主导地位，推动人类社会逐步向以信息技术为基础、以信息资源为基本发展资源、以信息服务性产业为基本社会产业、以数字化和网络化为基本社交特点的新型社会迈进。

2. 信息社会的基本特征

与农业社会、工业社会相比，信息社会具有以下几方面的特征。

（1）经济领域

① 劳动力结构出现根本性变化，从事信息相关职业的人数逐年增加。

② 在国民经济总产值中，信息经济创造的产值占绝对优势。

③ 数字化生产工具的普及和应用。

④ 信息领域相关产业逐渐兴起。

（2）社会领域

① 信息与知识成为社会生产与发展的重要元素。

② 网络成为基础设施和基本社交媒介。

③ 信息成为重要的战略资源。

④ 能源消耗减少，污染得以缓解。

（3）文化、生活领域

① 获取知识的方式更加灵活，尊重知识的价值成为社会新风尚。

② 生活模式和文化模式越来越多样化、便捷化、个性化。

③ 可供个人自由支配的时间和活动的空间大幅度增加。

（4）意识形态领域

① 传统择业、就业、创业观念改变，岗位形式更加灵活。

② 人们具有积极创造未来的意识。

③ 人们对“异己文化”更加理解和包容。

任务 1.2　了解计算机基础知识

【任务描述】

逐渐适应大学生活之后，不少同学开始考虑是否需要购置一台计算机，以便学习课程、整理资料、完成作业，以及课余时间进行娱乐。小白作为信息技术系大一新生也准备到市场去转一转，选择一台适合自己的计算机。但面对市场内众多的品牌、琳琅满目的配件、参差不齐的价位，小白该如何选择呢？表 1-1 所示为常见的购机用途、性能要求、价位一览表。

表 1-1 购机用途、性能要求、价位一览表

购机用途	常规办公（Office、WPS 等）	网购、娱乐（淘宝、京东、爱奇艺、酷狗等）	程序设计（C/C++、C#、Java 等）	图形图像处理（PS、AE、EDIUS 等）	工业设计（MATLAB、AutoCAD、3dsMax 等）
性能要求	较低	较低	一般	较高	较高
价位（元）	3000～5000	3000～5000	5000～1 万	1 万～2 万	1 万～2 万

【知识储备】

1.2.1 计算机的起源与发展

1. 计算机的起源

微课 1-2

1936 年，英国数学家艾伦 • 麦席森 • 图灵（Alan Mathison Turing）首先提出了一种程序和输入数据相互作用并产生输出结果的计算机构想，后人将这种抽象的计算机模型称为“图灵机”。图灵被誉为“计算机科学与人工智能之父”，以他的名字命名的图灵奖被称为“计算机界的诺贝尔奖”。

1938 年，诞生了首台采用继电器进行工作的计算机“Z-1”，但继电器部分采用机械结构，不完全是电子器材。

1942 年，约翰 • 阿塔纳索夫（John Vincent Atanasoff）和贝利（Clifford Berry）发明的首台采用真空管的计算机成功完成测试，这台计算机以他们两人名字的首字母命名，即“ABC”。这是世界上第一台使用二进制来表示数据的计算机。但这台计算机不可编程，仅用于求解线性方程组。

1943 年，基于图灵方法论的第一台可通过编程执行不同任务的巨人计算机（Colossus Computer）在英国诞生，由汤米 • 佛劳斯（Tommy Flowers）带领 50 人的团队耗时 11 个月完成，这台计算机仅被用于破译军事通信密码。

1946 年 2 月 14 日，电子数字积分计算机（Electronic Numerical Integrator And Computer，ENIAC)“埃尼阿克”在宾夕法尼亚大学诞生。承担开发任务的“莫尔小组”由埃克特（Eclcert）、莫克利（Mauchly）、戈尔斯坦（Goldstein）、博克斯（Bockes）4 位科学家和工程师组成，总工程师埃克特当时年仅 25 岁。

ENIAC 占地 170 平方米，重达 30 吨，可在 1 秒内进行 5000 次加法运算和 400 次乘法运算，这比当时最快的继电器计算机的运算速度要快 1000 多倍。它的编程是通过电子开关和电缆完成的，输入依靠卡片阅读器，输出依靠卡片穿孔机。

ENIAC 协助完成了世界上第一颗氢弹的研制。虽然借鉴了许多前人的设计，但它已然具备现代计算机的诸多特点：可编程、电子化、可通用。因此，与之前的计算机相比，ENIAC 的关注度和认可度更高，被公认为世界上第一台通用电子计算机，如图 1-11 所示。

图 1-11　世界上第一台通用电子计算机 ENIAC

2. 计算机的发展阶段

自 1946 年第一台通用电子计算机 ENIAC 问世至今，根据主要物理元器件来划分，计算机的发展经历了电子管、晶体管、中小规模集成电路、大规模和超大规模集成电路 4 个阶段，正在向着智能计算机阶段迈进，如表 1-2 所示。

表 1-2　计算机的发展阶段

发展阶段	起止年份	主要物理元器件	主存储器	应用范围
第一阶段	1946～1954 年	电子管	磁鼓	科学计算
第二阶段	1955～1964 年	晶体管	磁芯	科学计算、数据处理等
第三阶段	1965～1971 年	中小规模集成电路	半导体	科学计算、文字处理等
第四阶段	1972 至今	大规模和超大规模集成电路	集成度更高的半导体	社会、生活各方面
第五阶段	未来	……		

在计算机的发展过程中，中央处理器（Central Processing Unit，CPU）的体积在不断减小，集成度也越来越高，因此整机体积也由早期的庞然大物逐渐演变为如今的掌上计算机，同时运算速度越来越快，价格更加低，由军用转向民用，走进办公室、学校和普通家庭。

1.2.2　计算机的特点与分类

1. 计算机的主要特点

（1）运算速度快。计算机采用了高速电子元器件和线路，因此能以极高的速度工作。我国目前运算速度最快的计算机——“神威・太湖之光”最高运算速度达到每秒 12.54 亿亿次。随着科学技术的发展，计算机的运算速度还会不断提高。图 1-12 所示为“神

图 1-12　神威・太湖之光

威·太湖之光”。

（2）计算精度高。计算机的精确度主要取决于计算机的字长，字长越长，有效位数越多，精确度就越高。不同型号的计算机拥有不同的字长，有 8 位、16 位、32 位、64 位等，目前主流计算机大多为 64 位字长。

（3）存储容量大。计算机可存储大量的数字、文字、图像、视频和音频等信息。目前计算机的存储量已达千兆级，并仍在不断提高。

（4）具有逻辑判断能力。由于采用了二进制，计算机具有基本的逻辑判断能力，可对信息进行识别、比较、判断等，并能根据判断结果自动决定下一步该做什么。高级计算机还具有推理、诊断和联想等模拟人类思维的能力。

（5）自动化程度高。由于计算机具有存储记忆和逻辑判断能力，因此只需将用户的需求编写为相应的程序，计算机就可以按照程序的指令连续、自动地工作，在此过程中不需要人的干预。

2. 计算机的分类

计算机可采用多种方法进行分类。

按数据表示和处理方法的不同，计算机可分为数字计算机、模拟计算机和混合计算机。数字计算机采用 0 和 1 表示的二进制数字来处理数据。模拟计算机使用电信号的幅度值来表示模拟量，如电压、温度等。混合计算机同时具有数字计算机和模拟计算机的特点。

按用途的不同，计算机可分为通用计算机和专用计算机。通用计算机具有广泛的数值计算和数据处理功能，具有很强的通用性。例如，个人使用的笔记本电脑和台式机，就属于通用计算机。专用计算机指为满足特殊需求而专门设计的计算机。

按规模、性能和处理能力的不同，计算机可分为巨型机、大型机、中型机、小型机和微型机。

1.2.3 信息在计算机中的表现方式

1. 数制

在日常生活中，我们常用十进制进行计数，但在计算机中采用的是二进制。计算机是由逻辑电路组成的，当计算机工作的时候，电路通电工作，于是每个输出端就有了电压。电压的高低通过模拟电路转换成为数字信号，并采用二进制数来表示：高电平由 1 表示，低电平由 0 表示。

数制也称进位计数制，是用固定的符号和统一的规则来表示数值的方法，通常包含数码、基数、位权 3 个要素。

（1）数码：数制中表示基本数值大小的不同数字符号。例如，十进制有 10 个数码：0、1、2、3、4、5、6、7、8、9。

（2）基数：数制所使用数码的个数。例如，二进制的基数为 2，十进制的基数为 10。

（3）位权：对于多位数，处在某一位上的 1 所表示的数值的大小称为该位的位权；对于 N 进制数，第 i 位的位权为 N^{i-1}。例如，十进制数第 2 位的位权为 10，第 3 位的位权为 100；而二进制数第 2 位的位权为 2，第 3 位的位权为 4。

常用数制如表 1-3 所示。

表 1-3　常用数制

数制	数码	基数	位权
十进制	0，1，2，3，4，5，6，7，8，9	10	10^{i-1}
二进制	0，1	2	2^{i-1}
八进制	0，1，2，3，4，5，6，7	8	8^{i-1}
十六进制	0，1，2，3，4，5，6，7，8，9，A，B，C，D，E，F	16	16^{i-1}

① 十进制：十进制计数法有 0～9 共 10 个数码，当要表示一个比 9 大 1 的数字时，就需要进位，用两位数 10 来表示，以此类推，逢十进一。

② 二进制：二进制计数法只有 0 和 1 两个数码，当要表示一个比 1 大 1 的数字时，就需要进位，用两位数 10 来表示 2，之后是 11，再之后是 100，以此类推，逢二进一。

③ 八进制：八进制计数法有 0～7 共 8 个数码，当要表示一个比 7 大 1 的数字时，就需要进位，用两位数 10 来表示 8，以此类推，逢八进一。

④ 十六进制：一般用数字 0～9 和字母 A～F 表示，其中 A～F（或 a～f）表示 10～15，逢十六进一。

常用进制间的转换如表 1-4 所示。

表 1-4　常用进制间的转换

十进制数	二进制数	八进制数	十六进制数
0	0	0	0
1	1	1	1
2	10	2	2
3	11	3	3
4	100	4	4
5	101	5	5
6	110	6	6
7	111	7	7
8	1000	10	8
9	1001	11	9
10	1010	12	A
11	1011	13	B
12	1100	14	C
13	1101	15	D
14	1110	16	E
15	1111	17	F
16	10000	20	10
17	10001	21	11
18	10010	22	12
19	10011	23	13

2. 常用编码

计算机发明之初主要用来进行科学计算、数据处理等一些简单的工作，随着科技的不断发展，人类希望计算机能实现更多的作用。但由于计算机只识“数”，且内部采用二进制数来表示和处理数据，在输入和输出数据时都要进行数制之间的转换处理，这项工作如果由人来完成会花费大量时间和精力。因此需要有统一的编码规则，让计算机可以自动完成数据的识别和转换工作。较为常用的编码如下。

（1）BCD

BCD（Binary Coded Decimal）采用二进制编码形式的十进制数，即把十进制数的每一位分别写成二进制数的编码。

BCD 的编码形式有很多种，通常采用的是 8421 编码。这种编码方法是用 4 位二进制数表示一位十进制数，自左向右每一位所对应的权分别是 8、4、2、1。4 位二进制数有 0000～1111 共 16 种组合形式，但只取前面 0000～1001 这 10 种组合形式，分别对应十进制数的 0～9，其余 6 种组合形式在此编码中无实际意义。

（2）ASCII

美国标准信息交换代码（American Standard Code for Information Interchange，ASCII）是由美国国家标准学会（American National Standard Institute，ANSI）制定的一种字符编码方案。ASCII 最初作为美国国家标准，后来被国际标准化组织（International Organization for Standardization，ISO）定为国际标准，称为 ISO 646 标准。ASCII 采用 7 位二进制编码，实际使用 8 位编码（即一个字节），其最高位为奇偶校验位。

（3）GB2312

汉字是非拼音字符，用一个字节 256 位表示远远不够，于是我国于 1980 年颁布了《国家信息交换用汉字编码字符集 基本集》，又称 GB2312，用两个字节表示常用汉字。GB2312 是第一个汉字编码国家标准，共收录汉字 6763 个，其中一级汉字 3755 个、二级汉字 3008 个。GB2312 还收录了包括拉丁字母、希腊字母、日文平假名及片假名字母、俄语西里尔字母在内的 682 个全角字符。为了显示更多汉字，我国后来又制定了《汉字内码扩展规范》（GBK）。

（4）Unicode

全世界有上百种语言，日本把日文编到 Shift_JIS 里，韩国把韩文编到 Euc-kr 里。各国有各国的标准，有时这些标准会出现冲突，其结果就是出现乱码。于是 Unicode 应运而生，Unicode 把所有语言都统一到一套编码里，这样就解决了乱码问题。

Unicode 又称“万国码”，它打破了传统字符编码的局限，为各种语言中的每个字符设定了统一且唯一的二进制编码。这套编码将世界上所有的符号都纳入其中，现在 Unicode 可以容纳 100 多万个符号，所有语言都可互通。

（5）UTF-8

UTF-8 是一种针对 Unicode 的可变长度字符编码，它可以使用 1～4 个字节表示一个符号，根据不同的符号变化字节长度。当字符在 ASCII 的范围时，就用一个字节表示，所以用 UTF-8 表示单字节时还可以兼容 ASCII。

1.2.4 计算机系统的组成与工作原理

1. 计算机系统的组成

一个完整的计算机系统由两部分组成，即硬件系统和软件系统，如图 1-13 所示。计算机工作时，硬件系统与软件系统协同合作，缺一不可。

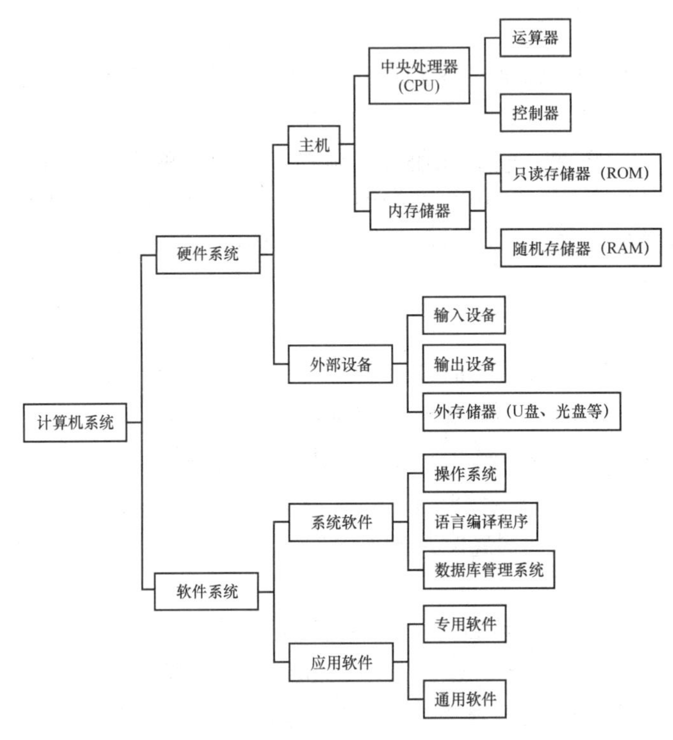

图 1-13 计算机系统的组成

（1）硬件系统

硬件系统是指构成计算机系统的有形物理设备，它为计算机的工作提供了物质基础。硬件系统包括主机和外部设备，具体由运算器、控制器、存储器（包括内存储器和外存储器）、输入设备和输出设备五大功能部件组成。

① 运算器。运算器是计算机中执行各种算术运算和逻辑运算的部件，由算术逻辑单元、累加器、状态寄存器、通用寄存器组等组成。它的主要功能是进行算术运算和逻辑运算，处理对象是数据，所以数据长度和计算机数据表示方法对运算器具有较大影响。

② 控制器。控制器是计算机的指挥中心，由程序计数器、指令寄存器、指令译码器及时序信号发生器等部件构成。它负责读取指令、分析指令，并发出各种控制信号，协调计算机各个部件有序运行，以完成各种操作任务。

控制器和运算器组成中央处理器（Central Processing Unit，CPU）。CPU 是计算机的核心，其性能是衡量计算机优劣的重要指标。影响 CPU 性能的主要指标是主频，主频是时钟发生器产生的脉冲频率，其单位为 GHz。目前，知名的 CPU 芯片生产公司有英特尔、超微、华为等。图 1-14 所示为英特尔公司推出的酷睿 i9 处理器和华为公司推出的鲲鹏 920 处理器。

图 1-14　酷睿 i9 处理器和鲲鹏 920 处理器

图 1-15　金士顿公司生产的 FURY DDR4 内存储器

③ 存储器。存储器用于存放计算机运行时要执行的指令及需要的数据。存储器可分为内部存储器和外部存储器。内部存储器也称内存（Memory），由大规模集成电路存储芯片组成。内存可分为随机读写存储器（Random Access Memory，RAM）、只读存储器（Read-Only Memory，ROM）和高速缓冲存储器（Cache）。图 1-15 所示为金士顿公司生产的 FURY DDR4 内存储器。外部存储器相较于内存，具有读写速度更慢、容量更大、价格更低、可长期保存数据的特点。常用的外部存储器有硬盘、U 盘和光盘等。图 1-16 为常见的外存储器。

图 1-16　常见的外存储器

④ 输入设备。输入设备是向计算机输入数据的设备。通过不同类型的输入设备，计算机可接收各种各样的数据，图形、图像、声音等都可以输入计算机中并进行存储、处理和输出。常见的输入设备有键盘与鼠标、扫描仪、摄像头等，如图 1-17 所示。

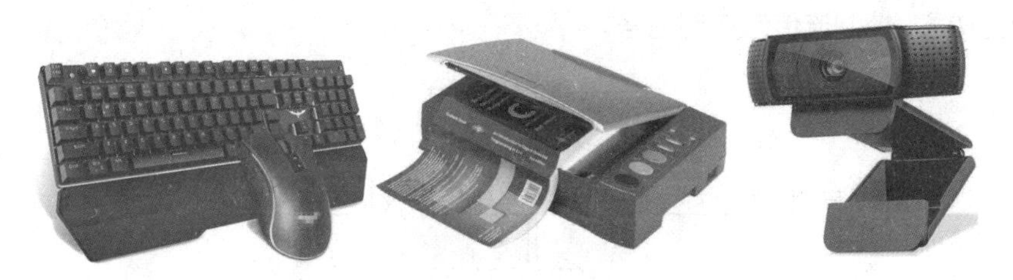

图 1-17　常见的输入设备

⑤ 输出设备。输出设备是计算机硬件系统的终端设备，是计算机与外界进行信息交换的中介，也是人们与计算机沟通的桥梁。它负责将计算机运算结果的二进制信息转换成人们或其他设备能接收和识别的形式，如字符、文字、图形、图像等，并输出处理结果。常见的输出设备有显示器、打印机、绘图仪等，如图 1-18 所示。

图 1-18　常见的输出设备

（2）软件系统

软件系统是在硬件系统上运行的、能够实现各种功能的程序和运行程序所需的数据的总称。软件系统是计算机的“灵魂”，控制着计算机的整体运行，计算机所有工作和服务过程离不开软件系统的支持。软件系统可分为系统软件和应用软件两大类。

① 系统软件。系统软件是管理和控制计算机软硬件资源且无须用户干预的各种程序的集合。系统软件的主要功能是调度、监控和维护计算机系统，使整个计算机可正常工作、提供服务。系统软件主要包括操作系统、语言处理程序和数据库管理系统。

② 应用软件。应用软件是运行在操作系统之上，为满足用户某种需求而编制的程序及相关资源的集合，具有较强的实用性和针对性。从服务对象的范围来看，应用软件可分为通用软件和专用软件两大类。

2. 计算机的工作原理

理解计算机的工作原理首先需要理解什么是指令、指令系统和程序。指令指控制计算机完成特定操作的命令，一台计算机中所有指令的集合称为指令集，也称指令系统。程序是为解决具体问题、按一定顺序排列的指令集合，设计程序的过程称为程序设计。

现代计算机的基本工作原理可归纳为存储程序与程序控制。这一原理是美籍匈牙利数学家冯·诺依曼（John von Neumann）于 1946 年提出的，因此又被称为冯·诺依曼原理。按照此原理构造的计算机称为冯·诺依曼计算机。

现代计算机基本都采用冯·诺依曼体系结构，计算机五大部分之间的关系如图 1-19 所示。其中数据流传递数据，控制流传递控制信号。

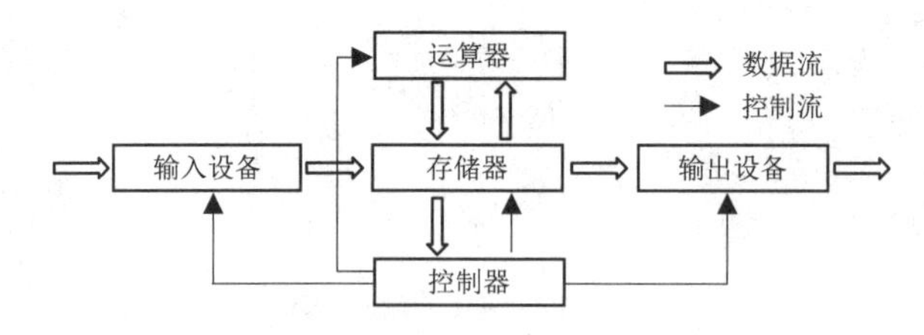

图 1-19　冯·诺依曼体系结构

【任务实现】

工欲善其事，必先利其器。对于计算机专业的小白同学来说，如何选购一台性价比高又能满足自己需求的计算机是眼下的一件大事。他应该如何选购计算机呢？

1. 购机需求

购机前需要思考以下几个问题。

（1）便携性需求。对于大学生群体，购机前首先要考虑的是究竟选择笔记本电脑还是台式机。相比而言，笔记本电脑更便于携带，无论是放假回家，还是上课、自习，或是参加校园里的一些社团活动等，笔记本电脑都可随时随地带在身边，遇到偶尔停电的情况也可继续使用。因此，笔记本电脑为很多大学生购机时的首选。

（2）使用需求。购机前应思考买计算机用来做什么。对大学生群体而言，购机主要是为了满足学习、生活及娱乐等方面的需求。

（3）性能需求。计算机的性能取决于配置，配置大致可以划分为高、中、低 3 档，需要购买什么性能的计算机通常取决于购买者的使用需求。

（4）目标价位。购买者能够接受的总体价格，通常价位与性能成正比。

综上所述，如果是普通学习及娱乐需求，那么对于计算机配置的要求不会太高，选择价位在五千左右的笔记本电脑或台式机基本能满足需求。如果是计算机类或设计类等专业学习需要，或是游戏爱好者、自媒体短视频制作等则应配置性能较高的计算机。

2. 配件及用途

明确了购机需求后，就需要到网上或科技市场转转，去了解和对比产品，如果选择品牌机或笔记本电脑，则需要看价位和主要部件的性能指标参数，选择适合自己的。如果选择组装机，那就需要做更多的功课。

很多同学在购买计算机的过程中容易走入一个误区，就是在选择计算机配件的时候一味追求性能较高或较新的产品，这样配置出的计算机不一定适合自己的需求，还可能造成不必要的资金和资源浪费，因此在购机前需要先了解常用装机配件及其用途，如表 1-5 所示。

表 1-5　常用装机配件及其用途

配件	是否必须	用途
中央处理器（CPU）	是	数据运算，数据处理、指令下达
主板	是	负责协调各个部件之间的工作
CPU 散热器	是	负责为 CPU 降温
显示	是	将所有数据转化为可视高化图形，并输出到显示器
内存	是	加工数据的地方
硬盘	是	类似仓库，存储数据的地方
电源	是	计算机的动力来源
机箱	是	计算机配件的“办公室”
耳机	否	声音输出设备，分为有线和无线
音箱	否	声音输出设备
鼠标	是	输入设备，分为有线和无线
键盘	是	输入设备，分为有线和无线，常用的为 104 键键盘
Wi-Fi	否	无线模块，部分主板上已集成
蓝牙	否	蓝牙模块，部分主板上已集成

3．组装计算机

在了解装机所需配件及用途之后，购机者就需要根据自己的需求选购相应配件并进行组装，装机流程如图 1-20 所示。

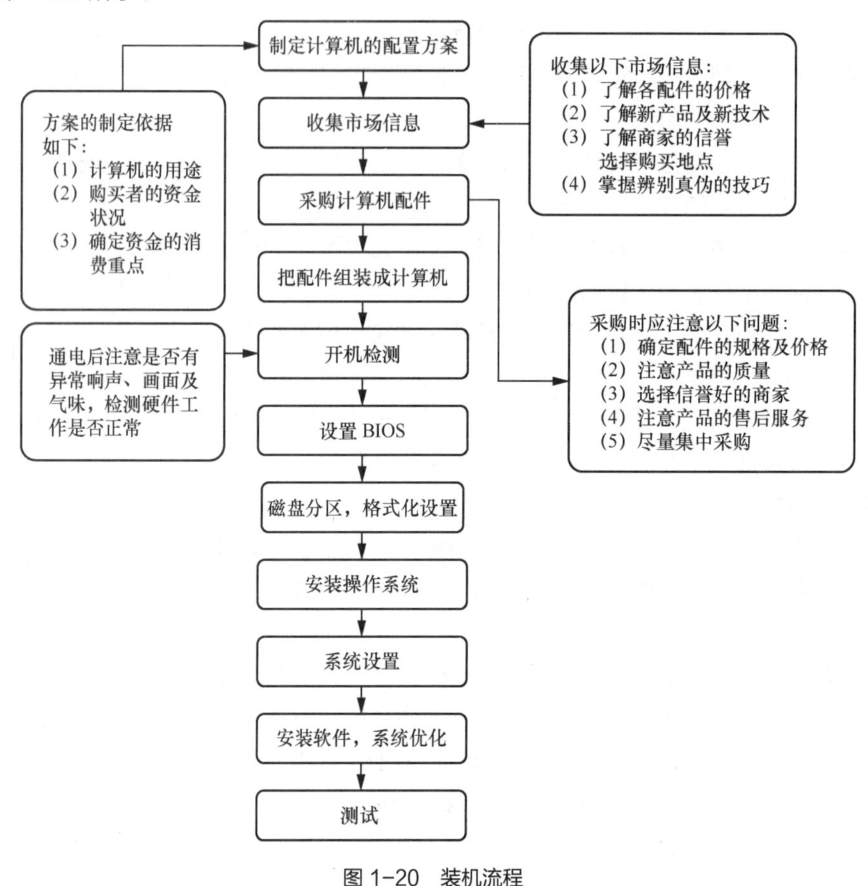

图 1-20　装机流程

【知识与技能拓展】

计算机中数据的单位

计算机中最小的数据存储单位是位（bit）。计算机中数据表示的基本单位是字节（Byte，B）。

（1）位用来表示存放的一位二进制数。在计算机中，采用多个数字（0 和 1 的组合）来表示一个数时，其中的每一个数字称为 1 位。

（2）1 个字节由 8 位二进制数组成，即 1B = 8bit。

（3）比字节更大的存储单位有 KB（千字节）、MB（兆字节）、GB（吉字节）、TB（太字节）等。不同数据单位之间的换算关系为每级为前一级的 1024 倍，换算示意如下。

1 KB=1024B

1 MB=1024 KB

1 GB=1024 MB

1 TB=1024 GB

任务 1.3 提升信息素养与社会责任感

【任务描述】

小白在校友会结识的同乡小王即将大学毕业步入社会，信息素养是人们在信息社会生存的前提条件，同时作为社会公民还应该具备社会责任感，如何在信息社会中安身立命成为了小白近期一直思考的问题。

【知识储备】

1.3.1 信息素养

微课 1-4

信息和知识已成为当今社会重要的资源，对信息和知识的获取、分析、利用和创新已成为对每个大学生的基本要求。在当今这个瞬息万变、日新月异的社会，信息素养（Information Literacy）已经成为评价人才综合素质的一项重要指标，培养大学生获取、选择和利用信息与知识的能力已成为一种必然的趋势。

1. 信息素养的概念与内涵

信息素养是信息化时代人们应具备的一种基本能力，强调的是对人的内在素养的一种描述。这一概念是由美国信息产业协会主席保罗•泽考斯基（Paul Zurkowski）于 1974 年首次提出的。美国图书馆协会在 1989 年的报告中明确了信息素养的概念为“个体能够认识到何时需要信息，能够检索、评估和有效地利用信息的综合能力。”

1992 年发布的《信息素养全美论坛的终结报告》对信息素养做了全面、详尽的表述：“有信息素养的人，他能够认识到精确和完整的信息是做出合理决策的基础；能够确定信息需求，形成基于信息需求的问题，确定潜在的信息源，制定成功的检索方案，以包括基于计算机的和其他的信息源获取信息，评价信息、组织信息用于实践的应用，将新信息与原有的知识体系进行融合，以及在批判思考和问题解决的过程中使用信息。”

信息素养是生活在信息时代的人应具备的一种基本素质，各类信息构成了人们日常经验的重要组成部分。虽然信息素养在不同层次的人们身上体现的侧重点不同，但概括起来主要包含 5 个特征：捕捉信息的敏锐性、筛选信息的果断性、评估信息的准确性、交流信息的自如性和应用信息的独创性。

2. 信息素养的发展

信息素养的产生与发展源于美国图书检索技能的演变。1987 年，美国图书馆协会成立信息素养总统委员会，提出了信息素养的重要性及学校教育的任务和建议。1989 年，美国图书馆协会成立国家信息素养论坛，旨在提高成员的信息素养。1991 年，美国课程发展和管理协会敦促各级各类院校将信息素养项目与所有学生的学习过程结合起来。1995 年，美国高等教育协会建立信息素养教育行动委员会。2000 年，美国高等教育图书研究协会发布《高等教育信息素养能力标准》（*Information Literacy Competency Standards for Higher Education*）。

自 20 世纪 90 年代起，针对信息素养的研究在各国广泛开展。2003 年，联合国教科文组织在信息素养会议上发表《布拉格宣言》，号召"走向信息素养社会"。会上来自全世界 23 个国家和地区的代表进行了讨论，信息素养成为促进人类发展的全球性政策。

3．信息素养要素

信息素养包含以下 4 个方面的要素。

（1）信息意识。信息意识是人们在信息活动中产生的认识、观念和需求的总和，要求个体有获取新信息的意愿，能主动地从生活实践中不断查找、探究新信息，能根据自己的学习目标有效地收集各种学习资料与信息，并能认识信息对民主化社会的重要性。

（2）信息知识。信息素养涉及各方面的知识，是一个特殊的、涵盖面很宽的概念，它包含人文的、技术的、经济的、法律的诸多因素，和许多学科有着紧密的联系。

（3）信息能力。信息素养是一种综合能力，它不仅包括能熟练使用各种信息工具获取信息和处理信息、生成信息和创造信息的能力，还包括能有效地运用各类信息解决问题的能力，具有较强的创新意识和进取精神。

（4）信息道德。信息道德是指涉及信息开发、传播、管理和利用等方面的道德要求、道德准则，以及在此基础上形成的与信息社会相适应的价值观和责任感。

信息素养的 4 个要素相互联系、相互作用，共同构成一个不可分割的统一整体。信息意识是先导，信息知识是基础，信息能力是核心，信息道德是保证。

4．大学生如何提升信息素养

（1）提高学习主动性，不断强化信息意识

信息意识在信息素养中处于先导地位，要有效培养信息意识，可从提高以下两方面的能力入手：能敏锐感受到社会大环境变化对个体带来的有利或不利影响；随时关注与个体相关的信息，积极主动地挖掘、搜集、过滤、筛选和利用有利于决策的各种资源。

（2）树立学习理念，不断提升信息能力

大学生培养信息素养应从终身发展的角度出发，树立自主学习、终身学习、创新进取和获取网络信息资源观念，着眼于创新精神、合作精神、国际意识与全球眼光等信息时代精神的塑造。大学生应该强化信息主体意识，从思想上认识到信息素养的重要性、紧迫性，进行有目的、有计划的系统学习，从而提升信息能力。

（3）增强责任意识，树立正确的信息道德观

在网络信息环境下，信息道德、信息环境的异变，不可避免地加强了信息传递的无序性和弥散性。网络以新的形式冲击着传统的伦理道德，大量的信息污染、信息垃圾、信息侵权和虚假现象干扰并侵蚀着当代大学生。大学生在信息活动中要提高辨别有用信息与无用信息、健康信息与污秽信息的能力，遵守网络伦理规则和信息伦理道德规范，提高自身的信息道德情操、信息敏感性及免疫力。

1.3.2 信息伦理与职业道德

1．信息伦理

信息伦理是一个动态的概念，其内涵随着信息社会的变化而变化，是个体与个体之间以及个体与社会之间信息行为的规范和准则。我国有学者将其定义为"涉及信息开发、信息传播、信息管理和利用等方面的伦理要求、伦理准则、伦理规约，以及在此基础上形成的新型的伦理关系。"信息伦理没有法律法规的约束，属自律范围，是在信息活动中以善恶为标准，依靠人们的内心信念和特殊

社会手段维系的一种规范和标准。信息伦理结构的内容可概括为两个方面、三个层次。

所谓两个方面，即主观方面和客观方面。前者指个体在信息活动中以心理活动形式表现出来的道德观念、情感、行为和品质，如对信息劳动的价值认同，对非法窃取他人信息成果的不认同等，即个人信息道德；后者指社会信息活动中人与人之间的关系以及反映这种关系的行为准则与规范，如扬善抑恶、权利义务、契约精神等，即社会信息道德。

所谓三个层次，即信息道德意识、信息道德关系、信息道德活动。信息道德意识是信息伦理的第一个层次，包括与信息相关的道德观念、道德情感、道德意志、道德信念、道德理想等，信息道德意识集中地体现在信息道德原则、规范和范畴之中。信息道德关系是信息伦理的第二个层次，包括个体与个体的关系、个体与组织的关系、组织与组织的关系。这种关系是建立在一定的权利和义务的基础上，并以一定信息道德规范形式表现出来的。如联机网络条件下的资源共享，网络成员既有共享网上资源的权利，同时也要承担相应的义务，遵循网络的管理规则。成员之间的关系是通过大家共同认同的信息道德规范和准则维系的。信息道德关系是一种特殊的社会关系，是被经济关系和其他社会关系所决定和派生出的人与人之间的信息关系。信息道德活动是信息伦理的第三个层次，包括信息道德行为、信息道德评价、信息道德教育和信息道德修养等。这是信息伦理的一个十分活跃的层次。信息道德行为即人们在信息交流中所采取的有意识的、经过选择的动作。根据一定的信息道德规范对人们的信息行为进行善恶判断即为信息道德评价。按一定的信息道德理想对人的品质和性格进行陶冶就是信息道德教育。信息道德修养则是人们对自己的信息意识和信息行为的自我解剖、自我改造。信息道德活动主要体现在信息道德实践中。

信息伦理作为新兴事物，与社会伦理相比有其显著的特征，主要表现为以下 3 个方面：自主性，在网络连接起的虚拟社会里，人们不但是参与者，也是组织者；开放性，信息社会的到来，消除了人与人之间交往的时空障碍，在相互沟通中，人们对“异己文化”更加理解和包容；多元性，与现实伦理相比，信息伦理呈现出多元化、多层次的特点。

2. 职业道德

（1）职业道德的概念及含义

职业道德的概念有广义和狭义之分。广义的职业道德是指从业人员在职业活动中应该遵循的行为准则，涵盖了从业人员与服务对象、职业与职工、职业与职业之间的关系。狭义的职业道德是指在一定职业活动中应遵循的、体现一定职业特征的、调整一定职业关系的职业行为准则和规范，是职业品德、职业纪律、专业胜任能力及职业责任等的总称，属于自律范围，通过公约、守则等对职业生活中的某些方面加以规范。职业道德既是本行业人员在职业活动中的行为规范，又是行业对社会所负的道德责任和义务。

职业道德的含义包括以下 8 个方面。

① 职业道德是一种职业规范，受到社会的普遍认可。

② 职业道德是长期以来自然形成的。

③ 职业道德没有确定形式，通常体现为观念、习惯、信念等。

④ 职业道德依靠文化、内心信念和习惯，通过员工的自律实现。

⑤ 职业道德大多没有实质的约束力和强制力。

⑥ 职业道德的主要内容是对员工义务的要求。

⑦ 职业道德标准多元化，代表了不同企业可能具有不同的价值观。

⑧ 职业道德承载着企业文化和凝聚力，影响深远。

（2）职业道德的基本要求

职业道德的基本要求包括：爱岗敬业、诚实守信、办事公道、服务群众、奉献社会 5 个部分的内容。

① 爱岗敬业是职业道德的基础，也是社会主义职业道德所倡导的首要规范。爱岗就是热爱自己的本职工作，忠于职守，对本职工作尽心尽力。敬业是爱岗的升华，就是以恭敬、严肃的态度对待自己的职业，对本职工作一丝不苟。爱岗敬业，就是对自己的工作要专心、认真、负责任，为实现职业目标而努力。

② 诚实守信既是做人的准则，也是对从业人员的道德要求，从业人员在职业活动中应该诚实劳动，合法经营，信守承诺，讲求信誉。每名从业人员在工作中应该严格遵守国家的法律、法规和本职工作的条例、纪律；要做到秉公办事，坚持原则，不以权谋私；要做到实事求是、信守诺言，对工作精益求精，注重产品质量和服务质量，并同弄虚作假的行为进行坚决的斗争。

③ 办事公道是指从业人员在职业活动中做到公道正派、不偏不倚、客观公正、公平公开。要站在公正的立场上，按照同一标准和同一原则办事，遵守职业道德规范。处理各种事务时，要对不同的服务对象一视同仁、秉公办事，不因职位高低、贫富亲疏的差别而区别对待。

④ 服务群众是指听取群众意见，了解群众需要，为群众着想，端正服务态度，改进服务措施，提高服务质量。做好本职工作是服务人民最直接的体现，要有效地履职尽责，必须坚持工作的高标准。工作的高标准是单位建设的客观需要，是强烈的事业心和责任感的具体体现，也是履行岗位责任的必然要求。

⑤ 奉献社会是社会主义职业道德的最高境界和最终目的。奉献社会是职业道德的出发点和归宿。奉献社会就是要履行对社会、对他人的义务，自觉地、努力地为社会、为他人做出贡献。当社会利益与局部利益、个人利益发生冲突时，要求每一个从业人员把社会利益放在首位。

（3）职业道德的特征

① 范围的有限性。每种职业都担负着特定的职业责任和职业义务。各种职业的职业责任和义务不同，从而形成各自特定的职业道德具体规范。例如，教师有教师的职业道德规范标准，律师有律师的职业道德规范标准，医生有医生的职业道德规范标准等。

② 历史的继承性，职业具有不断发展和世代延续的特征，不仅其技术世代延续，其管理员工的方法、与服务对象打交道的方法也有一定历史继承性。例如，“有教无类”“学而不厌，诲人不倦”从古至今始终是教师的职业道德。

③ 形式的多样性。由于各种职业道德的要求都较为具体、细致，因此其表达形式多种多样。

④ 强烈的纪律性。纪律也是一种行为规范，它是介于法律和道德之间的一种特殊规范，既要求人们能自觉遵守，又带有一定的强制性。遵守纪律一方面是一种美德，另一方面又带有法律强制性。

【任务实现】

信息与大学生的学习与生活息息相关。例如，现在很多高校的图书馆不仅提供纸质的信息资料，而且提供电子化的资源。通过购买各种类型的数据库，图书馆除可提供实物图书外，还可开放线上数字图书馆和电子资源等功能，将大量信息资源通过网络服务提供给师生。这就要求大学生除了能熟练使用计算机和智能手机等电子设备外，还要对必要的信息资源和数据库的使用方法有较为深刻的了解。那么，如何在网络中筛选出自己想要的信息呢？

1. 网络信息筛选原则

所谓网络信息筛选，就是指对大量的原始网络信息以及经过加工的信息材料进行挑选和判别，从而有效地排除其不需要的信息，选择所需要的信息。网络信息筛选遵循以下原则。

（1）权威性原则：指信息的来源要具有权威性。例如，权威学者、权威学术期刊、政府官方网站等发布的信息较具有权威性。

（2）多重信道可重复性原则：指通过多重信道传输相同的信息。例如，不同学科的多位权威学者各自独立测试并获得同样的信息，该信息就具有多重可信度。

（3）时效性原则：指信息发布的时间效度。例如，权威信息源针对同一问题，最近发布的信息比以往所发布的信息可信度更高。又如，中央气象台的天气预报是实时变化的，提前一天查询某地的天气预报就要比提前一周查询的结果更准确。

（4）逻辑性原则：指从已知事实出发，利用比较与分类、分析与综合、抽象与概括、归纳与演绎等逻辑方法得出合理的结论。

（5）实证性原则：指一切信息结论都要由科学实验来提供确凿的证据。

在筛选信息时，以上原则有些是必须具备的，有些不是必须具备的。

2. 网络信息筛选方法

（1）明确需求，确定目标。

（2）选择寻找路径。多途径查找所需资源，并确保所选途径的有效性与可靠性。

（3）一般性的信息可通过百度等搜索引擎来获取，合理运用百度经验、百度学术、百度文库等产品，可以缩小检索范围。

（4）对于学术类信息，最好通过各种数据库来进行查找，数据库提供了多种途径供用户在指定范围内进行搜索。在校学生可通过图书馆的电子资源目录，得到数据库简介及入口，选择万方、维普等数据库进行搜索。

（5）可通过专业性较强、特定领域的手机 App、微信公众号等获得所需信息。例如，小王想租房子，可以通过专业的租房 App 获取相关信息。

【知识与技能拓展】

1. 什么是知识产权

知识产权是关于人类在社会实践中创造的智力劳动成果的专有权利。各种创造发明、文学和艺术作品，以及在商业中使用的标志、产品外观等，都受到相关法律的保护。相关法律规定创造者对其智力成果在一定时期内享有专有权和禁止权。

知识产权是一种无形财产权，它的客体是智力成果或知识产品，是一种无形财产或一种没有形体的精神财富，是创造性的智力劳动所创造的劳动成果。这种权利包括人身权利（精神权利）和财产权利（经济权利）。所谓人身权利，是指权利同取得智力成果的人的人身不可分离，是人身关系在法律上的反映。例如，作者在其作品上署名的权利，或对其作品的修改权等都属于人身权利，人身权利的保护期不受限制。所谓财产权利，是指智力成果被法律承认以后，权利人可利用这些智力成果取得报酬或者得到奖励的权利。例如，复制权、发行权、出版权等的保护期为作者终生及其死亡后 50 年，截止于作者死亡后第 50 年的 12 月 31 日。

知识产权主要特点如下：知识产权是一种无形财产；知识产权具备专有性；知识产权具备时间性；知识产权具备地域性；大部分知识产权的获得需要经过法定的程序，如商标权的获得需要经过登记注册。

2. 知识产权相关法律法规

2021 年 1 月 1 日起实施的《中华人民共和国民法典》第一百二十三条规定民事主体依法享有知识产权。知识产权是权利人依法就下列客体享有的专有的权利。

（1）作品。

（2）发明、实用新型、外观设计。

（3）商标。

（4）地理标志。

（5）商业秘密。

（6）集成电路布图设计。

（7）植物新品种。

（8）法律规定的其他客体。

练习与测试

一、填空题

1. 在计算机中，数据是以（　　）形式加工、处理和传送的。

2. 在校报上发表文章，其信息表达方式可以是（　　）。

3. 信息技术主要包括计算机技术、通信技术、控制技术和（　　）4 种技术。

4. 信息技术的发展主要经历了（　　）次革命。

5. 被誉为“信息论之父”的是（　　）。

6. 信息素养要素包含（　　）、信息知识、信息能力和信息道德 4 个方面。

7. 职业道德的基本要求包括爱岗敬业、诚实守信、办事公道、（　　）、奉献社会 5 个部分的内容。

二、选择题

1. 我们常说的 IT 是（　　）的简称。

A. 信息技术　　B. 因特网　　C. 输入设备　　D. 手写板

2. 总体来说，凡是与信息的获取、加工、（　　）、传递和利用有关的技术，都可以被称为信息技术。

A. 识别　　B. 显示　　C. 存储　　D. 交流

3. 某大三学生小王在网上看到一则招聘打字员信息：每天工资不少于 100 元，只需工作 2 小时，在家即可工作，工资每日结算。小王投递简历后不久便接到了录用电话，并被告知需填写个人银行卡信息以便结算工资，小王按电话提示，输入了个人账户和验证码后不久发现自己卡里的钱不翼而飞了，此案例说明信息具有（　　）。

A. 共享性　　B. 时效性　　C. 真伪性　　D. 价值相对性

4. 每日收看《新闻联播》是在接收（　　）信息。

A. 声音信息　　B. 文字信息　　C. 图像信息　　D. 3 种都有

5. 下列叙述中不正确的是（　　）。
   A. 信息要依附一定的媒体介质才能够表现出来
   B. 信息是一成不变的东西
   C. 信息是一种资源，具有一定的使用价值
   D. 信息的传递不受时间和空间的限制
6. 下面能说明信息技术既会带来积极影响，也会带来消极影响的一项是（　　）。
   A. 网上授课、网上办公、网上购物成为人们一种新型、方便的生活方式
   B. 信息的增加使人们得以享受社会进步带来的成果，促进文化的开放化和大众化，而有时候信息的泛滥却使人们消耗了大量时间却找不到有用的信息
   C. 不良的信息会影响人们的身心健康，可以作为反面教材
   D. 信息技术从根本上改变了人们的生活方式、行为方式和价值观念
7. 下列内容中不属于信息的是（　　）。
   A. 报纸上刊登的新闻　　B. 书本上的文字
   C. 计算机显示器　　D. 电视里播放的冬奥会赛况
8. 上网查阅资料属于信息处理的（　　）。
   A. 信息获取　　B. 信息加工　　C. 信息存储　　D. 信息发布
9. 计算机硬件系统的核心部分是（　　）。
   A. 输入设备　　B. 输出设备　　C. CPU　　D. RAM
10. 在计算机内，一切信息的存取、传输都是以（　　）形式进行的。
   A. 十进制　　B. 二进制　　C. ASCII　　D. BCD
11. 早期计算机的主要应用范围是（　　）。
   A. 科学计算　　B. 信息处理　　C. 实时控制　　D. 辅助设计
12. 计算机的发展经历了从电子管到大规模和超大规模集成电路的几代变革，各代发展主要是基于（　　）的变革。
   A. 存储器容量　　B. 操作系统　　C. I/O 系统　　D. 处理器芯片
13. 世界上首次提出存储程序与程序控制这一计算机基本工作原理的是（　　）。
   A. 莫奇莱　　B. 艾伦・麦席森・图灵
   C. 乔治・布尔　　D. 冯・诺依曼
14. 我们常用的 Windows10 是一种（　　）。
   A. 通用软件　　B. 应用软件　　C. 系统软件　　D. 软件包
15. 运算器的主要功能是（　　）。
   A. 控制计算机的运行　　B. 进行算术运算和逻辑运算
   C. 分析指令并执行　　D. 负责存取存储器中的数据

三、简答题

1. 信息的概念及主要特征是什么？
2. 简述计算机发展的 4 个阶段各自的年代及特点。
3. 大学生应如何提升个人信息素养？

项目二 信息检索与信息安全

02

项目导读

目前计算机网络技术快速发展，网络安全防护建设持续推进，互联网领域的法律体系正在不断完善。与此同时，信息技术的迭代和发展衍生出了许多新问题，网络中虚假信息泛滥，个人隐私数据安全堪忧，给互联网带来了更多的新挑战。本项目将系统介绍信息检索与信息安全等内容。

任务 2.1 巧用信息检索

【任务描述】

信息是一种资源，在当代社会信息化的进程中，信息对我们生活的影响日益重要。因此，我们要深入学习计算机网络知识，掌握网络信息检索方法，积极应对数字化浪潮。

【知识储备】

2.1.1 计算机网络概述

微课 2-1

1. 计算机网络简介

计算机网络是指将地理位置不同的、具有独立功能的多台计算机及其外部设备，通过通信线路连接起来，在网络操作系统、网络管理软件及网络通信协议的管理和协调下，实现资源共享和信息传递的计算机系统。计算机网络所连接的设备并不局限于普通个人计算机、服务器，也可以是智能终端设备，如手机、平板电脑、网络电视、智能可穿戴设备等。

作为计算机与通信技术结合的产物，数据通信依照一定的通信协议，实现计算机和计算机、计算机和终端、终端和终端之间的数据信息传递，是计算机网络的最主要的功能之一。数据通信主要包括科学计算、过程控制、信息检索等广义的信息处理过程。

资源共享是组建计算机网络的主要目的之一，网络资源包括硬件资源、软件资源和数据资源。共享指的是网络中的用户根据不同权限，可以部分或全部地使用这些资源。典型的计算机网络从逻辑上可以分为两部分：资源子网与通信子网。

分布处理、均衡负载也是计算机网络的重要功能。大型的综合性问题可分解为多个部分，将各部分分别交给不同的计算机处理，这样可以充分利用网络资源，扩大计算机的处理能力，增强计算机的可用性与实用性。对于大规模复杂问题，多台计算机可以联合构成高性能的计算机网络体系来解决。使用计算机网络还可以避免因一台计算机发生故障引起整个系统瘫痪的问题，从而提高系统的可靠性。

（1）计算机网络的分类

作为计算机与通信技术相结合的产物，计算机网络种类很多，性能差异也很大。可以从不同角度，根据不同方法和标准，将计算机网络分为不同类型。通常按网络覆盖的地理范围大小，可以把计算机网络划分为局域网、城域网、广域网。

① 局域网（Local Area Network，LAN）。局域网是在局部地区范围内的网络，其覆盖的范围较小，一般是几平方米至 10 平方千米以内。近年来，无线网络技术发展迅速，已经成为未来局域网的一个重要发展方向。

② 城域网（Metropolitan Area Network，MAN）。城域网一般指在一个城市，但不在同一地理范围内的计算机网络。城域网与局域网相比覆盖的范围更广，连接的计算机数量更多，在地理范围上可以说是局域网的延伸。城域网设计的目标是满足几十平方千米范围内的大量企业、机关、公司与社会服务部门的计算机连网需求，城域网是实现大量用户、多种信息传输的综合信息网络。城域网主要包括网络服务提供商、电视传媒机构和政府部门等构建的专用网络和公用网络。它的规模介于局域网与广域网之间，在较多的方面更接近于局域网，因此有一种说法是城域网实质上是一个大型的局域网，或者说是整个城市的局域网。

③ 广域网（Wide Area Network，WAN）。广域网所覆盖的范围比城域网更广，一般是在不同城市的局域网或者城域网之间互联，地理范围在几十平方千米以上。目前世界上发展最快、规模最大的广域网是因特网（Internet），由于手机、平板电脑等移动智能终端的普及，通过无线局域网（Wireless Local Area Network，WLAN）接入因特网已经成为常见的上网方式。

（2）计算机网络的主要技术指标

影响网络性能的因素有很多，如传输距离、传输介质、组网技术等，对用户而言，则主要体现在网速的快慢，通常用网络带宽、吞吐量和时延等指标来衡量计算机网络的性能。

① 网络带宽（Bandwidth）。带宽是指在单位时间内能通过的数据。就像高速公路的车道一样，带宽越大，车道越多。如果说家庭宽带的带宽是“1000MB”，是否意味传输一个 1000MB 的文件只需要一秒？这显然不符合实际体验，难道是网络服务提供商在欺骗我们？当然不是，这个现象产生的原因之一在于计量单位的不同。网络带宽的“100MB”和“1000MB”的单位实际上是 bps（bit/s）,而通常所说的 100MB 大小的文件，单位是 Byte。

② 吞吐量（Throughput）。吞吐量是指对网络、设备、端口、虚电路或其他设施，单位时间内成功地传送数据的数量（以比特、字节、分组等测量）。由于多方面的原因，实际的吞吐量往往比传输介质所标称的最大带宽小得多。通常家庭宽带用户下载音乐、视频或者游戏的时候，不会使用服务商声称的全部带宽。决定吞吐量的因素主要有网络互联设备、传输的数据类型、网络上的并发用户数量等。

③ 时延（Delay）。时延是指一个报文或分组从一个网络（或一条链路）的一端传输到另一端所需的时间。通常来讲，时延是由发送时延、传播时延、处理时延和排队时延组成。

④ 往返时延（Round-Trip Time，RTT）。往返时延是衡量计算机网络性能的重要指标，表示

从发送方发送数据开始，到发送方收到来自接收方的确认总共经历的时间。该值在一定程度上反映了网络拥塞的程度。

2. 计算机网络体系结构

（1）OSI 模型

为了实现不同计算机系统之间、不同网络之间的数据通信,就必须遵循相同的网络体系结构模型，国际标准化组织对当时的各类计算机网络体系进行了研究，并于 1981 年正式公布了这种共同遵循的网络体系结构，即开放系统互连参考模型 （Open System Interconnect，OSI）。它从低到高分别是物理层（Physical Layer）、数据链路层（Data Link Layer）、网络层（Network Layer）、传输层（Transport Layer）、会话层（Session Layer）、表示层（Presentation Layer）和应用层（Application Layer）。各层的主要功能如下。

① 物理层是开放系统互连参考模型的最底层，负责构建为数据端设备提供传输数据的通路，定义物理设备的标准，如网线的类型、光纤的接口类型、各种传输介质的传输速率。其主要作用是传输比特流（将 010101 数据转换成电流强弱进行传输，比特流到达目的地之后，再转换成 010101 的机器码，也就是通常所说的数模转换、模数转换），网卡就工作在这一层。物理层有多种传输介质，也可以在一条通道中划分出来多条信道（相当于在一条道路中划分出来数条车道），相当于交通网络中的各种铁路、公路、航线。

② 数据链路层为同一网段内部提供点对点的数据传输通道，通过网络物理地址把数据发送到目的节点。和物理层不同的是，数据链路层是在物理层的基础之上通过链路协议来建立真正用于数据传输的虚拟数据传输通道。

③ 网络层为不同网段之间的数据转发提供路径选择能力，通过 IP 地址或其他方式把数据包转发到目的节点，这就是路由寻址功能。网络层类似于机场、高铁站，是跨城运输的枢纽站。

④ 传输层处于面向通信部分的最高层，同时也是面向用户功能的最底层，为网络提供端对端的虚拟数据传输通道。与点对点不同，传输层提供的通道是可以跨网段的。传输层类似乘坐高铁，乘客只需要知道始发地和目的地，途中经过哪个铁路局、哪个站台乘客并不需要知道。

⑤ 会话层的主要作用是提供一个面向用户的连接服务，为具体的用户应用建立会话进程（所有网络应用都有一个会话进程），负责管理用户所有网络协商的过程，其作用相当于机场、铁路总调度部门员工所从事的具体航线飞行、列车运行调度工作。

⑥ 表示层为应用提供网络数据解释，为上下层提供“翻译”服务。

⑦ 应用层是开放系统互连 7 层模型的最上层，也是唯一与用户直接交互的层。它提供各类应用层协议，这些协议嵌入各种应用程序中。

（2）TCP/IP 参考模型（协议簇）

通常认为开放系统互连参考模型只是官方制定的、理论上的国际标准，而 TCP/IP 体系结构才是事实上的国际标准。严格意义上讲，TCP/IP 并不是一个单纯的结构或者协议，它包含了一系列协议，并简化为 4 层：应用层（Application Layer）、传输层（Transport Layer）、互联网络层（Internet Layer）、网络接口层（Network Interface Layer）。在实际学习和研究中，综合开放系统互连参考模型和 TCP/IP 的优点，习惯将网络接入层分为数据链路层和物理层，采用一种只有 5 层协议的体系结构，也就是通常所说的 5 层模型。TCP/IP 参考模型如图 2-1 所示。

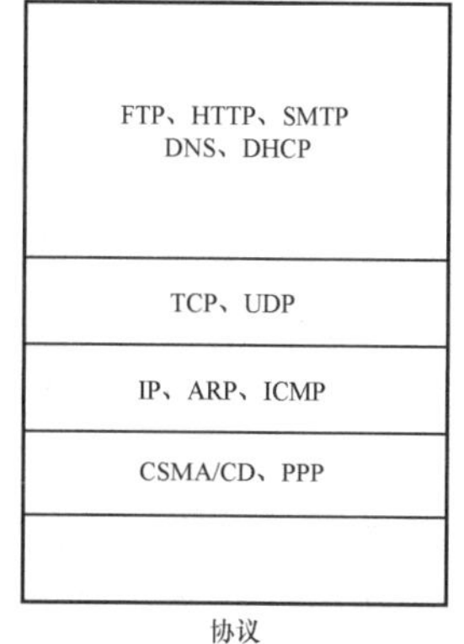

层	开放系统互连参考模型	层	5层模型	协议
7	应用层（Application Layer）	5	应用层（Application Layer）	FTP、HTTP、SMTP DNS、DHCP
6	表示层（Presentation Layer）			
5	会话层（Session Layer）			
4	传输层（Transport Layer）	4	传输层（Transport Layer）	TCP、UDP
3	网络层（Network Layer）	3	网络层（Network Layer）	IP、ARP、ICMP
2	数据链路层（Data Link Layer）	2	数据链路层（Data Link Layer）	CSMA/CD、PPP
1	物理层（Physical Layer）	1	物理层（Physical Layer）	

图 2-1　TCP/IP 参考模型

网络协议是计算机网络为进行数据交换而建立的规则、标准或约定的集合，由语义、语法、同步 3 个要素组成。语义规定通信双方准备“讲什么”，即确定协议元素的类型；语法规定通信双方“如何讲”，即确定协议元素的格式；同步可以理解为时序，用以规定通信双方的“应答关系”，即确定通信过程中的状态变化。

TCP/IP 协议簇不仅包括 TCP 和 IP 两个协议，还包括常用的简单邮件传输协议（Simple Mail Transfer Protocol，SMTP）、文件传输协议（File Transfer Protocol，FTP）和浏览网页的超文本传输协议（HyperText Transfer Protocol，HTTP），只是因为 TCP 和 IP 最具代表性，所以被称为 TCP/IP 协议簇。IP 位于 TCP/IP 模型的网络层（相当于开放系统互连模型的网络层），包括 IP 编址和 IP 路由，是整个 TCP/IP 协议簇的核心，也是构成因特网的基础。

3. 计算机网络组成

不同的计算机网络虽然结构不尽相同，但无论是小型网络还是复杂系统，都由网络硬件和网络软件两部分组成。

（1）网络硬件

网络中的计算机通常称为主机（Host），在局域网中根据其为网络提供的功能可分为两类：服务器和客户机。

网络接口卡（Network Interface Card）简称网卡，也叫网络适配器。网卡的主要作用是接收网线上传来的数据并把数据转换为计算机可识别和可处理的形式，通过计算机主板的总线传输给计算机；将要发送的数据按照一定的格式转换为其他网络设备可识别的数据形式，并将其分解为适当大小的数据包后传输到网上。每块网卡都有一个全球唯一的编号，称为 MAC 地址（物理地址），网卡通常分为外置、内置、无线等不同类型，目前个人计算机的网卡通常都集成在主板上。

集线器（Hub）是将网线集中到一起的机器，也就是多台主机和设备的连接器，其主要功能是对接收到的信号进行同步整形放大，以扩大网络的传输距离。随着交换机的性能提升、价格下降，集线器已经被市场淘汰。

交换机（Switch）是一种用于电信号转发的网络设备，可以为接入交换机的任意两个网络节点提供独享的电信号通路。最常见的交换机是以太网交换机。

路由器（Route）的主要功能就是用于连接不同的网络，为经过路由器的每个数据帧寻找一条最佳传输路径，并将该数据有效地传输到目的站点。

防火墙（Fire Wall）是一种网络安全防护设备，用来防护外部网络对内部网络的入侵，通常工作在两个或多个网络之间。防火墙的设计理念为“防外不防内”，它只信任用户自己要保护的网络（俗称“内部网络”），而对其他网络（俗称“外部网络”）不信任。也就是说，它对来自内部网络的数据不做检测，可以直接发送出去；而来自外部网络的数据则必须依据所设置的检测规则进行严格检测，防止外来数据中带有不安全信息。

网络传输介质是指在网络中传输信息的载体，常用的传输介质分为有线传输介质和无线传输介质两大类。有线传输介质是指在两个通信设备之间实现的物理连接部分，它能将信号从一方传输到另一方，有线传输介质主要有双绞线、同轴电缆和光缆。双绞线和同轴电缆传输电信号，光纤传输光信号。在自由空间传输的电磁波根据频谱可分为无线电波、微波、红外线等，信息被加载在电磁波上进行传输。不同的传输介质，其特性也不相同，不同的特性对网络中的数据通信质量和通信速度有较大影响。

（2）网络软件

网络软件是在计算机网络环境中用于支持数据通信和各种网络活动的软件。

网络操作系统运行在被称为服务器的计算机上，并由联网的计算机共享，用于实现对网络资源的管理和控制，主流网络操作系统有 Windows server、UNIX、Linux 等。

网络协议有 TCP/IP、IPX/SPX 协议、IEEE802 标准协议系列等。其中, TCP/IP 是当前应用最为广泛的网络协议。

网络应用软件可以分为管理软件和应用软件，管理软件是用来对网络资源进行管理和对网络进行维护的软件，包括性能管理、配置管理、故障管理、计费管理、安全管理、网络运行状态监视与统计等。应用软件是为网络用户提供服务的软件，包括上传下载软件、即时通信软件等。

4. 计算机网络拓扑结构

计算机网络拓扑结构是引用拓扑学（Topology）中研究与大小形状无关的点、线关系的方法，把网络抽象成由一组网络节点和通信链路所组成的几何图形。网络节点可简单分为 3 类：访问节点、转接节点和混合节点。访问节点又称端节点，主要起信源和信宿的作用，如用户主机和终端。转接节点是指那些在网络通信中起数据交换和转接作用的节点，如路由器、交换机。混合节点是指那些既可以作为访问节点又可以作为转接节点的网络节点，如服务器。通信链路是指两个网络节点之间承载信息和数据的线路，分为“物理链路”和“逻辑链路”两种。

计算机网络拓扑结构可以分为总线型结构、环形结构、星形结构、树形结构、网状结构等。

（1）总线型结构。总线型结构是将网络中的所有设备通过相应的硬件接口直接连接到公共总线上，各设备地位平等，无中心节点控制，节点之间按广播方式通信，一个节点发出的信息，总线上的其他节点均可“收听”到。

（2）环形结构。环形结构各节点通过通信线路组成闭合回路，环中数据只能单向传输，信息在每台设备上的时延是固定的，特别适合实时控制的局域网系统。

（3）星形结构。星形结构又称集中式结构，是因集线器或交换机连接的各节点呈星形（放射状）分布而得名，这种拓扑结构的网络中有中央节点（集线器、交换机），其他节点（工作站、服务器）都与中央节点直接相连。

（4）树形结构。树形结构是一种层次结构，节点按层次连接，信息交换主要在上下节点之间进行，相邻节点或同层节点之间一般不进行数据交换。

（5）网状结构。网状结构又有“全网状结构”和“半网状结构”两种。 “全网状结构”就是指网络中任何两个节点间都是相互连接的。“半网状结构”是指网络中并不是每个节点都与网络的其他所有节点连接，可能只是一部分节点间连接。网状结构又称“无规则结构”，其节点之间的连接是任意的，没有规律。网状结构虽然安装复杂，但系统可靠性高，容错能力强，有时也称为分布式结构。

5. 计算机网络发展历程

回顾计算机网络的发展历程，可以分为 4 个阶段。

（1）第一阶段：远程联机系统

第一阶段为 20 世纪 60 年代中期之前，第一代计算机网络是以单个计算机为中心的远程联机系统。典型应用是由一台计算机和全美国范围内 2000 多个终端组成的飞机订票系统，可实现远程信息处理。

（2）第二阶段：以通信子网为中心的计算机网络

第二阶段为 20 世纪 60 年代中期至 20 世纪 70 年代，第二代计算机网络由多个主机通过通信线路互联，为用户提供服务。典型代表是美国国防部高级研究计划局协助开发的“阿帕网”（ARPANET）。这个时期，网络被定义为以能够相互共享资源为目的互联起来的具有独立功能的计算机集合。阿帕网是以通信子网为中心的典型代表。

（3）第三阶段：互联互通阶段（开放式的标准化计算机网络）

第三阶段为 20 世纪 70 年代末至 20 世纪 90 年代，这一阶段计算机网络发展迅猛，各大计算机公司相继推出自己的网络体系结构及实现这些结构的软硬件产品。由于没有统一的标准，不同厂商的产品之间无法互联，人们迫切需要一种开放性的标准化实用网络环境。在这一阶段，两种国际通用的重要体系结构——TCP/IP 体系结构和 OSI 体系结构应运而生。

（4）第四阶段：高速网络技术阶段

第四阶段为 20 世纪 90 年代至今，这一阶段出现了光纤及高速网络技术、多媒体网络、智能网络，用户面向的整个网络就像一个庞大、透明的计算机系统，这一阶段还形成了国际互联网。

根据互联网世界统计数据显示，截至 2020 年 5 月 31 日，全球互联网用户数量达到 46.48 亿，占世界人口数量的 59.6%。2000～2020 年，世界互联网用户数量增长了近 12 倍。

2.1.2 因特网基础知识

微课 2-2

1. IP 地址

与电话用户依靠电话号码来识别联系人类似，在网络中为了区别不同的计算机，也需要给计算机指定一个联网专用号码，这个号码就是 IP 地址。凡是接入因特网的计算机和网络设备都必须有一个全世界唯一的识别标识。IP 地址由负责全球互联网名称与数字地址分配的机构 ICANN（The Internet Corporation for Assigned Names and Numbers）统一管理。ICANN 将部分 IP 地址分配给地区级的互联网注册机构（Regional Internet Registry，RIR），然后由这些机构负责该地区的注册登记服务。

APNIC 对 IP 地址的分配采用会员制，直接将 IP 地址分配给会员单位。中国互联网络信息中心（China Internet Network Information Center，CNNIC）于 1997 年 1 月成为 APNIC 的联盟会员，是我国最高级别的 IP 地址分配机构。现有的互联网是在 IPv4（Internet Protocol version 4）的基础上运行的。IPv6 作为 IPv4 的下一代 IP 协议，采用 128 位地址长度，几乎可以不受限制地提供地址。

目前，很多校园网中常见的 IP 地址仍然是 IPv4，用二进制来表示，长 32 位。例如，一个采用二进制数表示的 IP 地址是 00001010000000000000000000000001，为方便人们使用，IP 地址经常被写成十进制的形式，中间使用“.”号分开不同的字节。于是，上面的 IP 地址可以表示为 10.0.0.1。IP 地址的这种表示法叫作“点分十进制表示法”，这显然比 1 和 0 容易记忆。

IP 地址由“网络标识+主机标识”两部分组成，即 Net ID 和 Host ID。在一个局域网里，所有主机的 Net ID 必须相同，只是其 Host ID 不同而已。

IP 地址分五大类：A 类、B 类、C 类、D 类和 E 类，如图 2-2 所示。

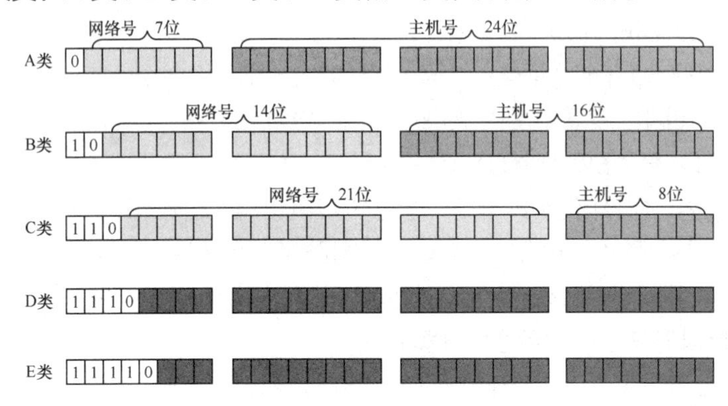

图 2-2　IP 地址分类

一个 A 类 IP 地址由 1 个字节的网络号（Net ID）和 3 个字节的主机号（Host ID）组成，Net ID 的最高位必须是“0”， 1.x.x.x ～ 126.x.x.x 都是 A 类 IP 地址。

一个 B 类 IP 地址由 2 个字节的 Net ID 和 2 个字节的 Host ID 组成，Net ID 的最高位必须是“10”，128.x.x.x ～ 191.x.x.x 都是 B 类 IP 地址。

一个 C 类 IP 地址由 3 个字节的 Net ID 和 1 个字节的 Host ID 组成，Net ID 的最高位必须是“110”，192.x.x.x ～ 223.x.x.x 都是 C 类 IP 地址。

D 类地址是组播（Multicast）地址，其第一字节以“1110”开始，范围在 224.0.0.1 到 239.255.255.254 之间。D 类是专门保留的地址，它不会用于指向特定的网络，而是被用在组播中。

E 类地址的第一字节以“11110”开始，240.0.0.1～ 247.255.255.254 都是 E 类 IP 地址。E 类 IP 地址为将来使用保留，可用于实验和开发。

因特网目前主要使用的 IP 地址是前 3 类。

IP 约定在 A、B、C 3 类地址里分别预留一部分 IP，供内部网络使用，其预留范围如下。

A 类中：10.0.0.0～10.255.255.255。

B 类中：172.16.0.0～172.31.255.255。

C 类中：192.168.0.0～192.168.255.255。

2021 年，中国互联网络信息中心发布了第 47 次《中国互联网络发展状况统计报告》（以下简称报告）。报告显示，截至 2020 年 12 月，我国 IPv4 地址数量为 38923 万个，较 2019 年底增长 0.4%。

2．域名

因为 IP 地址是数字标识，使用时难以记忆和书写，所以在 IP 地址的基础上又发展出一种符号化的地址方案，用来代替数字型的 IP 地址。每一个符号化的地址都与特定的 IP 地址对应。这个与网络上的数字型 IP 地址相对应的字符型地址被称为域名（Domain Name）。域名的作用不仅是好看或者好记，它更大的作用在于灵活性和安全性。例如，一些大型网站的服务器是集群的，或者当服务器需要更新做主备切换的时候，需要多个 IP 进行切换，这时候使用域名可以更加灵活地切换 IP，也可以很好地隐藏 IP 地址。

ICANN 为不同的国家和地区设置了相应的顶级域名，这些域名通常都由两个英文字母组成。例如，us 代表美国，uk 代表英国等。中国的顶级域名是 cn。

除了代表各个国家和地区的顶级域名之外，ICANN 最初还定义了 7 个顶级类别域名，它们分别是 com、top、edu、gov、mil、net、org。com、top 用于企业，edu 用于教育机构，gov 用于政府机构，mil 用于军事部门，net 用于互联网络及信息中心等，org 用于非营利性组织。随着因特网的发展，ICANN 又增加了两大类共 7 个顶级类别域名，分别是 aero、biz、coop、info、museum、name、pro。

例如，tsinghua.edu.cn 是清华大学的一个域名，其中 tsinghua 表示清华，edu 表示教育机构，cn 代表中国。

3. 因特网提供的主要服务

因特网提供的主要服务有远程登录服务、电子邮件服务、WWW 服务、BBS 服务、文件传输服务、网络即时通信服务等。

（1）远程登录服务

Telnet 协议是远程登录服务的标准协议和主要方式。它为用户提供了通过本地计算机登录远程主机的方法，终端用户可以在 Telnet 程序中输入命令，这些命令会在服务器上运行，就像直接在服务器的控制台上输入命令一样，这样在本地就能控制服务器。当我们使用 Telnet 登录远程计算机系统时，其实是启动了两个程序：一个是 Telnet 客户程序，运行在本地主机上；另一个是 Telnet 服务器程序，运行在要登录的远程计算机上。

（2）电子邮件服务

电子邮件（E-mail）是一种用电子手段提供信息交换的通信方式，是因特网应用最广的服务之一。电子邮件可以传输文字、图像、声音等各种信息。通过电子邮件系统，用户可以与遍布世界各地的网络用户联系。

每一个申请电子邮件服务的用户都会获得一个电子邮箱地址，相当于在邮局租用了一个信箱。一个完整的电子邮箱地址格式为：用户名@邮箱服务器地址。企业邮箱是由企业统一管理的邮箱，可以根据不同的需求设定邮箱的空间，为企业多个员工提供服务，还可以随时关闭或者删除这些邮箱。企业邮箱在安全性、稳定性及防病毒、反垃圾邮件等性能方面远高于个人邮箱，还有专门的售后服务支持，更适合企业商务使用。

（3）WWW 服务

万维网（World Wide Web，WWW）是基于因特网的、由软件和协议组成的、以超文本文件为基础的全球分布式信息网络。常规文本由静态信息构成，而超文本的内部含有链接，使用户可以实现网上漫游。

因特网上的每一个网页都具有一个唯一的地址，通常称之为统一资源定位符（Uniform Resource Locator ，URL），这种地址可以是本地磁盘，也可以是局域网上的某一台计算机，还可以是因特网上的站点，一个 URL 只能指向一个页面。简单地说，URL 就是 Web 地址，俗称“网址”。URL 由 3 部分组成：资源类型、存放资源的主机域名、资源文件名。URL 也可认为由 4 部分组成：协议、服务器主机、端口号、路径。URL 的一般语法格式为“protocol :// hostname[:port] / path / [:parameters][?query]#fragment”，其中带方括号的为可选项。

（4）BBS 服务

电子公告板系统（Bulletin Board System，BBS）是一种常用的信息服务系统，提供的信息服务主题很广泛，相当于一块电子公告板，用户可以订阅、开展讨论、交流思想、寻求帮助，就像现实生活中常用的各种论坛。

（5）文件传输服务

文件传输是信息共享的主要手段之一，其很好地解决了跨越不同网络和操作系统平台的通信问题，减少甚至消除了不同操作系统对文件处理带来的不兼容性。使用文件传输服务经常会遇到两个概念：下载（Download）和上传（Upload），下载文件就是从远程主机复制文件至自己的计算机上，上传文件就是将文件从自己的计算机中复制至远程主机上。

文件传输服务分为两种：一种是 FTP 服务器与用户之间存在着授权关系，用户必须首先登录服务器，在得到服务器对用户身份合法性验证（即合法的用户名和正确的口令）后，才可以访问具有授权的信息资源；另一种是系统管理员建立了一个特殊的、名为“anonymous”的用户 ID，任何用户都可使用该 ID 访问 FTP 服务器，无须成为该主机的注册用户。

（6）网络即时通信服务

即时通信（Instant Messaging，IM）是一种基于因特网的通信技术，它是能够即时发送和接收网络信息的服务。1996 年 11 月，Mirabilis 公司推出了全世界第一款即时通信软件 ICQ。经过长期发展，即时通信工具已经从早期简单的聊天工具发展成集交流、信息、娱乐、搜索、电子商务、办公协作和企业客户服务等为一体的综合化信息平台，代表性的即时通信工具有 QQ、Skype、MSN、微信等。

4. 浏览器

Web 浏览器简称浏览器，是一种用于检索并展示网络信息资源的应用程序，它可以把用超文本标记语言（Hyper Text Markup Language，HTML）描述的信息转换成便于理解的形式显示给用户，并让用户与这些文件进行交互。可以简单地将浏览器理解为一个解析工具，在浏览器地址栏输入网页地址，浏览器会向域名服务器（Domain Name Server，DNS）提供这个地址，由它来完成 IP 地址映射，然后将请求提交给具体的服务器，再由服务器返回需要的结果（以 HTML 编码格式返回给浏览器），浏览器执行 HTML 编码，让用户能够浏览到网络上的信息并进行交互。HTML 定义了网页内容的含义和结构，页面内可以包含图片、链接，甚至音乐、程序等非文字元素。网页结构包括“头部（Head）”和“主体（Body）”，其中“头部”提供关于网页的信息，“主体”提供网页的具体内容。超文本是指连接单个网站内或多个网站间的网页的链接。用 HTML 编写的超文本文档被称为 HTML 文档。1989 年，HTML 诞生，使浏览器在运行超文本时有了统一的规则和标准。最初的 HTML 规范很少，功能比较简单。它在发展过程中不断被加入新标签，导致后来整个 HTML 体系变得很臃肿，兼容性变差，一直到 HTML4 标准出台，这种现象才有所改善。HTML5 是最新的 HTML 标准，是专门为承载网页丰富的内容而设计的，能跨平台在不同类型的个人计算机、平板电脑、手机等硬件上运行。

不同浏览器的界面有很多相同的元素，可以为用户提供便捷操作，常见的元素有用来输入 URL 的地址栏、前进和后退按钮、书签设置选项、用于刷新和停止加载当前文档的刷新和停止按钮、用于返回主页的主页按钮等。

目前市场上的浏览器数量较多，常见的有 Chrome、Edge、Safari、Firefox、Opera 等。浏览器内核即浏览器所采用的渲染引擎，它决定了浏览器如何显示网页的内容，以及页面格式信息。内核不同会导致浏览器对网页解析存在一定的差异，所以各种浏览器之间常出现兼容性问题。

浏览器插件也被称为浏览器附加组件或扩展程序，是一种可以添加到浏览器，增强其功能的软件，如 Adblock Plus 插件常被用来屏蔽网页广告。

Cookie 是浏览器存储在用户机器上的文本文件，是 Web 应用程序维护应用程序状态的一种方法。它被网站用于验证身份、存储网站信息和首选项、存储其他浏览信息，以及存储在访问 Web 服务器时帮助浏览器提高访问速度的其他内容。

2.1.3 搜索引擎概述

微课 2-3

1. 搜索引擎简介

搜索引擎（Search Engine）是根据一定的策略和算法，运用特定的计算机软件从互联网上搜集、处理、展示信息，为用户提供检索服务的系统。搜索引擎一般包括搜索器、索引器、检索器、用户接口等基本功能模块。搜索器也叫网络蜘蛛、爬虫，是搜索引擎用来爬取网页的一个自动程序。搜索器在系统后台不停地在互联网各个节点爬行，在爬行过程中尽可能快地发现和抓取网页，并将抓取的信息存入原始网页数据库。索引器的主要功能是解析搜索器所采集的网页信息，并从中抽取索引项，建立索引库。检索器能够快速查找文档，进行文档与查询的相关度评价，对要输出的结果进行排序。用户接口可以为用户提供可视化的查询输入和结果输出的界面。

搜索引擎按其主要工作方式通常被分为全文搜索引擎（Full Text Search Engine）、元搜索引擎（Meta Search Engine）和目录搜索引擎（Index/Directory Search Engine）。全文搜索引擎是利用爬虫程序抓取互联网上所有相关文章予以索引的搜索方式；元搜索引擎是基于多个搜索引擎结果进行整合处理的二次搜索方式；目录搜索引擎是依赖人工收集处理数据并将结果置于分类目录链接下的搜索方式。需要说明的是，目录搜索引擎虽然有搜索功能，但严格意义上不能被称为真正的搜索引擎，它只是将网站链接列表将目录进行分类。为了满足用户对信息细分的要求，由搜索引擎应用延伸的很多垂直搜索引擎常常定位于一个行业和领域，如就业、旅游等。

目前，社会化搜索、移动搜索、个性化搜索、多媒体搜索、情境搜索等新需求对传统的搜索技术提出了新的挑战。不同的搜索引擎因为算法及策略不同，所显示的搜索结果有较大差异，特别是个别搜索引擎引入竞价排名，用户应对其搜索结果进行分析甄别。例如，用户需要了解有关航天的知识，搜索“航天”，百度和必应搜索引擎显示的搜索结果有明显差异，分别如图 2-3 和图 2-4 所示。

图 2-3 百度搜索结果

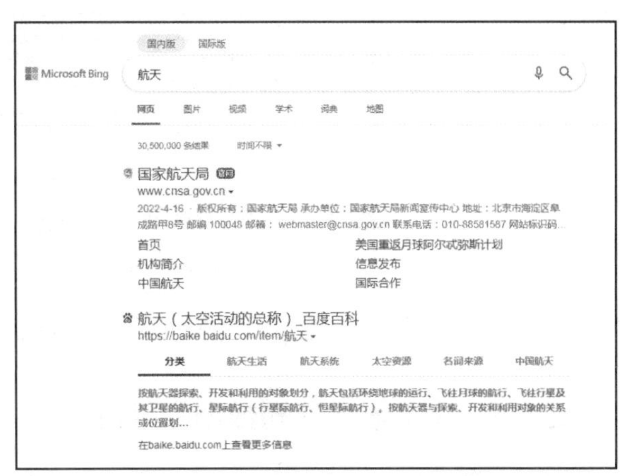

图 2-4 必应搜索结果

2. 搜索引擎使用技巧

使用 intitle 指令可使搜索引擎返回网页标题中包含指定关键词的页面。例如，可以输入“intitle:元宇宙”来搜索网页标题中包含“元宇宙”的网页，其搜索结果如图 2-5 所示。

site 指令通常用来搜索某个域名下被搜索引擎收录的所有文件。例如，搜索“敦煌 site:cctv.com”返回的就是央视网域名被搜索引擎收录的有关敦煌的网页，如图 2-6 所示。该指令也可以用于子域名，如搜索“敦煌 site:blog.sina.com.cn”返回的就是新浪博客域名下被浏览器收录的页面。

图 2-5 “intitle:元宇宙”的搜索结果

图 2-6 “敦煌 site:cctv.com”的搜索结果

filetype 指令用于搜索特定格式的文件。例如，需要搜索一些有关计算机网络的 PDF 文档，就可以输入“计算机网络 filetype:pdf”。如果输入“site:tsinghua.edu.cn filetype:pdf”进行搜索，返回的就是清华大学网站的 PDF 文件，如图 2-7 所示。

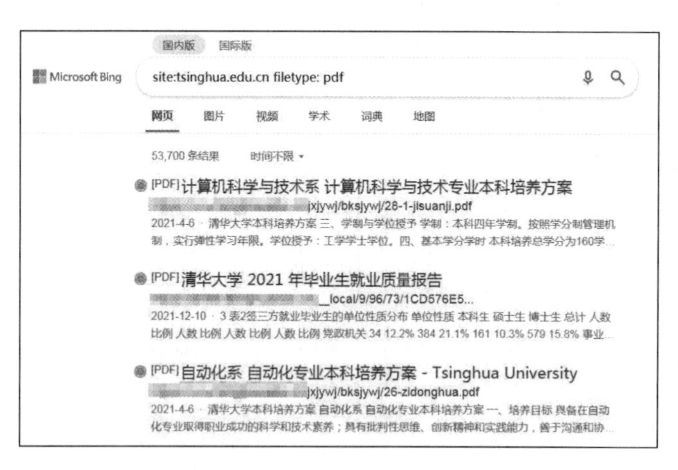

图 2-7 “site:tsinghua edu.cn filetype:pdf”的搜索结果

2.1.4 中文学术期刊数据库平台

面对海量的学术资源，通过各种数据库平台进行有效的信息检索，可以提升工作效率，让科研和学习更加高效、便捷。用户只要知道题名、关键词、作者，甚至摘要中的一句话，就能在浩如烟海的文献中快速、精准地获取需要的文献资源。

目前，国内高校、科研机构、图书馆等使用频次较高的中文学术期刊数据库平台主要有维普网和万方数据等。这些平台聚焦数据资源服务，整合期刊、学位、会议、科技报告、专利、标准、科技成果等数字资源，为用户提供了充足的参考资料。

1. 万方数据

（1）一框式检索

使用万方数据知识服务平台首页的一框式检索可以实现海量、多渠道、多种类资源的一站式检索和发现。检索框左侧可以选择资源类型，实现分类型检索。在检索框内直接输入检索内部即可进行检索，操作十分便捷。例如，直接输入检索词“量子计算机”进行检索，便可获取与“量子计算机”相关的文献，如图 2-8 所示。如果限定检索条件后文献量仍然很多，还可以在检索结果页进行二次检索，根据学科分类、发表年度、作者、机构、核心期刊类型等分类条件进行筛选，最后的检索结果就会越来越精简。

图 2-8 获取“量子计算机”相关文献

如果想要检索某一类别的文献（期刊、学位、会议、专利、科技报告等），可单击检索框上面的文献类别进行分类检索。

（2）高级检索

高级检索功能是精确查找文献的有效工具。高级检索可以同时限定多种资源类型，并提供了更多的检索字段。例如，期刊论文还可以支持主题、第一作者、DOI、中图分类号、基金、期刊 ISSN 号等字段检索。高级检索通过布尔逻辑（与、或、非 3 种关系）对输入的多个关键词进行精确或模糊检索，帮助用户更精准地查找需要的文献资源。

（3）专业检索

专业检索就是通过检索式进行检索。检索式通常由检索词、逻辑算符、通配符等组成，常被专业人员用于信息查新、数据分析等工作。专业检索需要自主输入正确检索表达式。例如，想要检索题名中包含人工智能并且关键词中有区块链的文献，可以通过选择字段和逻辑关系，输入检索词，最后形成表达式“题名:(人工智能)and 关键词:(区块链)”进行专业检索，如图 2-9 所示。

图 2-9　专业检索结果

（4）数字图书馆——海量学术资源多维度聚合

万方数据整合期刊、学位、会议、科技报告、专利、标准、科技成果、法律法规、地方志、视频等多种数字资源，为研究和学习提供了充足的参考资料。要查找每种学术资源，可以进入相应的导航页，设置学科领域、出版地区等筛选条件进行浏览。此外，平台还根据当下的热点话题和特色文化，整合了“红色文化专题库”“民俗文化专题库”“家训家风专题库”等各类特色专题库，方便用户快捷、全面地了解不同的专题知识，如图 2-10 所示。

（5）创研平台——赋能科研学习全流程

科研工作是复杂而严谨的，涉及科研学习、学术交流、科研决策等多个环节，而使用便捷的工具可以减轻科研学习的工作量，并为科研决策提供有效支撑。创研平台就为用户提供了丰富的科研工具集，为科研主体在学习、研究、管理、决策过程中的关键环节提供智能化、知识化的科研工具，如图 2-11 所示。

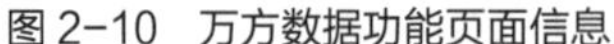
图 2-10　万方数据功能页面信息

图 2-11　万方数据的创研平台

创研平台提供了丰富的研习支持工具，贯穿研究和学习全流程，面向科研选题、学术分析、诚信规范、论文投稿、学术交流、成果跟踪等不同环节，提供了科慧、万方选题、万方分析、学科评估、知识脉络、标准管理、论文检测、投稿助手、学术圈、学术成果管理、专利工具等实用工具，并且以业务流的形式展示，能帮助用户更清楚地定位需求，准确找到需要的工具。

（6）科研诚信——助力诚信规范建设

万方数据的论文检测系统是其特色产品。在科研诚信板块中，面向本科生、硕/博士、高校老师等不同群体，以及科研写作和职称评审等不同场景，提供了“大学生论文检测”“硕博论文检测”“职称论文检测”等不同的检测版本。同时，针对高校的科研诚信建设需求，科研诚信板块中还提供了科研诚信学习系统，为加强科研道德教育提供了支持，如图 2-12 所示。

2. 维普网

维普网是国内大型中文期刊文献服务平台，提供各类学术论文、范文、中小学课件、教学资料等资料下载。网站主营业务包括论文检测服务、优先出版服务、论文选题下载、在线分享下载等。它通过对国内出版发行的科技期刊、期刊全文进行内容分析和引文分析，为专业用户提供一站式文献服务，包括全文保障、文献引证关系、文献计量分析等；并以期刊产品为主线、其他衍生产品或服务作为补充，方便用户在一个平台上快速有效地获取一次文献、二次文献、三次文献及各种数字图书馆服务，其检索方法与万方数据基本相似。维普中文期刊手机助手 App 是维普网推出的一款期刊检索阅读软件，它嵌入了基于元数据整合的一站式搜索引擎，不仅提供海量期刊资源的检索与全文阅读服务，还提供了资源下载服务，如图 2-13 所示。

图 2-12　万方数据的科研诚信板块

图 2-13　维普网的中文期刊手机助手服务

【任务实现】

1. 使用搜索引擎

使用百度或必应搜索《中国数字人民币的研发进展白皮书》，观察并分析搜索结果的区别。在百度和必应搜索框中输入“中国数字人民币的研发进展白皮书”，搜索结果分别如图 2-14 和图 2-15 所示。

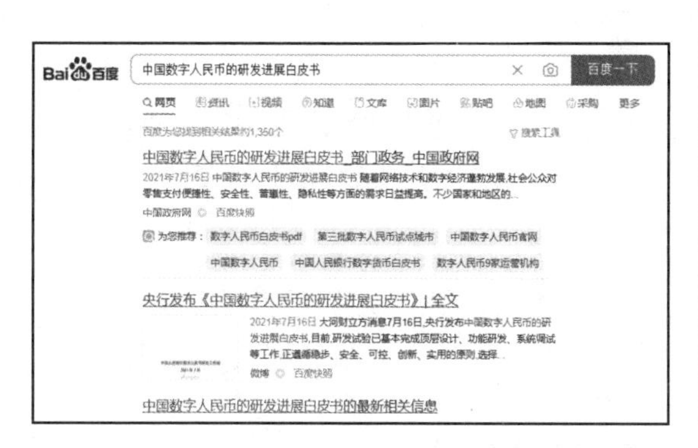

图 2-14　百度搜索结果

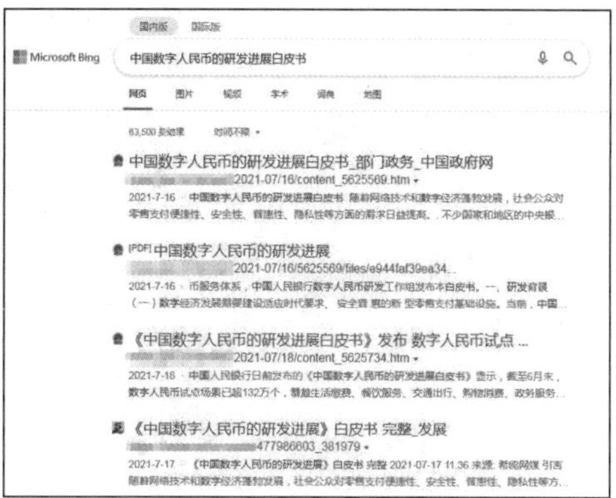

图 2-15　必应搜索结果

2. 下载附件

下载并阅读《中国数字人民币的研发进展白皮书》，了解数字人民币设计的主要特性。重点理解安全性所涉及的主要技术。单击“中国数字人民币的研发进展白皮书_部门政务_中国政府网”页面链接，单击页面下方附件“中国数字人民币的研发进展白皮书”超链接，阅读并保存 PDF 文件，如图 2-16 所示。

图 2-16 下载《中国数字人民币的研发进展白皮书》

3. 使用数据库平台

在万方数据平台，搜索并阅读信息技术对于数字货币发展影响的相关学术文章。在万方数据的搜索框内输入“信息技术 数字货币”，搜索出的学术文章结果如图 2-17所示。

图 2-17 万方数据搜索结果

【知识与技能拓展】

了解 Wi-Fi 6 和 6G

Wi-Fi 6 又被称为 802.11ax，是 Wi-Fi 联盟（Wi-Fi Alliance）对美国电气和电子工程师协会（Institute of Electrical and Electronics Engineers，IEEE）发布的无线局域网标准 802.11ax 的命名。Wi-Fi 联盟是一个商业组织，该联盟成立的最初目的是推动 802.11b 标准的制定，并在全球范围内推行 Wi-Fi 产品的兼容认证。

目前常说的 Wi-Fi 实际上就是来自 Wi-Fi 联盟的商标。早在 1990 年，美国电气和电子工程师协会就成立了致力于制定无线局域网的相关标准研究的 802.11 工作组。该工作组在 1997 年发布了第一个标准 802.11-1997，此后每隔 4～5 年，802.11 标准就会升级换代。Wi-Fi 联盟把符合 802.11 标准的技术统一称为 Wi-Fi。2018 年，为了方便记忆和理解，Wi-Fi 联盟终于决定抛弃之前 802.11n、802.11ac 等专业标准名称，仿照移动通信中 3G、4G、5G 的划分，将现有标准简化为数字命名，因此 802.11ax 也有了新名字——Wi-Fi 6。选择新一代命名方法也是为了更好地突出 Wi-Fi 技术的重大进步，包括增加的吞吐量和更快的速度、支持更多的并发连接等。和以往每次发布新的 802.11 标准一样，802.11ax 也兼容之前的 802.11ac/n/g/a/b 标准。

相比基于上一代 802.11ac 标准的 Wi-Fi 5，Wi-Fi 6 具有速度更快、时延更低、容量更大、更安全、更省电的优势，Wi-Fi 6 的最大传输速率由 Wi-Fi 5 的 3.5Gbit/s 提升到了 9.6Gbit/s，理论速度提升了近 3 倍。Wi-Fi6 还引入了正交频分多址（Orthogonal Frequency Division Multiple Access，OFDMA）和上行多用户-多输入-多输出（Multi-User Multiple-Input Multiple-Output，MU-MIMO）等技术，进一步提升了频谱利用率，使 Wi-Fi 6 相比于 Wi-Fi 5 的并发用户数提升了 4 倍。在频段方面，Wi-Fi 5 只涉及 5GHz，Wi-Fi 6 使用 2.4GHz 和 5GHz，完整覆盖低速与高速设备，极大促进了 4K、8K、VR 大宽带视频、网络游戏等低时延业务、智慧家庭智能互联等新应用的发展。

随着 5G 商用的大规模部署，全球已开启对下一代移动通信（6G）的探索研究。2021 年 6 月 6 日，IMT-2030（6G）推进组正式发布《6G 总体愿景与潜在关键技术》白皮书，阐述了对 6G 发展的一些思考。与从 1G 到 5G 的技术换代类似，预计未来 6G 的大多数性能指标相比 5G 将提升 10 到 100 倍。例如，峰值传输速度达到 100Gbit/s～1Tbit/s，是 5G 的 10～100 倍；室内定位精度为 10cm，室外为 1m，相比 5G 提高 10 倍；通信时延为 0.1ms，是 5G 的十分之一；具有超高可靠性，中断概率小于百万分之一；支持超高密度，连接设备密度达到每立方米超过百个。如果 6G 采用太赫兹频段通信，网络容量也必将大幅提升。从覆盖范围上看，6G 无线网络不再局限于地面，而是将实现地面、卫星和机载网络的无缝连接。从定位精度上看，6G 也足以实现对物联网设备的高精度定位。人类在通信和网络技术上不断进步，将促进数字世界和物理世界进一步融合。

任务 2.2　认识信息安全

【任务描述】

2019 年以来，电子不停车收费（Electronic Toll Collection，ETC）系统在全国大力推广。

ETC 技术直接关系到个人银行卡信息，有不法分子通过仿冒 ETC 相关页面，骗取用户的个人银行卡信息。2020 年 5 月以来，以“ETC 在线认证”为标题的仿冒页面数量呈井喷式增长，此类仿冒页面承载 IP 地址多位于境外，不法分子通过“ETC 信息认证”“ETC 在线办理认证”“ETC 在线认证中心”等不同页面内容诱骗用户提交姓名、银行账号、身份证号、手机号、密码等个人隐私信息，致使大量用户遭受经济损失。

国家互联网应急中心发布的《2020 年我国互联网网络安全态势综述》显示，2020 年勒索软件持续活跃，全年捕获勒索软件 78.1 万余个，同比增长 6.8%。2021 年上半年，全球勒索软件攻击愈发频繁，发生多起重大事件。例如，2021 年 5 月 26 日，国内某大型地产公司遭 REvil 勒索软件攻击，窃取并加密了约 3TB 的数据。

网络不是法外之地，网络安全不容忽视。在大数据时代，每个人都是“透明”的。每日畅游在网络世界中，我们不可避免地会遇到计算机莫名中毒、文档意外丢失、黑客异常攻击、网络行骗诈骗、个人信息泄露等风险和危害。本节将介绍信息安全知识，帮助读者提高网络安全意识，做到防患于未然。

【知识储备】

2.2.1 计算机病毒

微课 2-4

1. 计算机病毒的概念与分类

1994 年 2 月 18 日，我国正式颁布实施了《中华人民共和国计算机信息系统安全保护条例》，其中第二十八条明确指出，计算机病毒（Computer Virus）是指编制或者在计算机程序中插入的破坏计算机功能或者毁坏数据、影响计算机使用、并能自我复制的一组计算机指令或者程序代码。关于计算机病毒的概念，通常认为是美国计算机学者弗雷德·科恩（Fred Cohen）在 *Computer Viruses: Theory and Experiments* 一文中提出的：计算机病毒是寄生在其他程序之上、能够自我蔓延并对寄生体产生破坏的一段可执行代码或程序。

计算机病毒的分类方法很多：按破坏性可分为良性病毒和恶性病毒；按传染方式可分为引导型病毒、文件型病毒和混合型病毒；按攻击的系统可分为攻击 DOS 操作的病毒、攻击 Windows 操作系统的病毒、攻击 UNIX 操作系统的病毒、攻击 Android 操作系统的病毒、攻击 iOS 的病毒等。

国内外著名的专业防病毒公司对于病毒的命名都有一定规则，虽然不尽相同但基本都采用前/后缀法来命名，一般格式为: [前缀] . [病毒名] . [后缀]。

前缀是指一个病毒的种类，常见的木马病毒的前缀是 Trojan，蠕虫病毒的前缀是 Worm。病毒名是指一个病毒名称，如很有名的 CIH 病毒，它和它的一些变种病毒名称都是统一的 CIH；又如震荡波蠕虫病毒，它的病毒名则是 Sasser。后缀是指一个病毒的变种特征，一般是采用英文中的 26 个字母来表示的，如 Worm.Sasser.c 是指震荡波蠕虫病毒的变种 c。如果病毒的变种太多了，也可以采用数字和字母混合的方法来表示。只要了解病毒常规的命名规则，用户就能根据病毒名称来判断该病毒的一些特性，从而能够有针对性地防范病毒。

（1）木马病毒

木马病毒的前缀是 Trojan，其名称来源于希腊神话中的特洛伊木马的故事，这种病毒通过网络或者系统漏洞进入用户的系统并隐藏，主要用来进行远程控制和窃取用户隐私信息，它同时具有计算机病毒和后门程序的特征。木马病毒一般包括客户端和服务器端两个程序，其中客户端用于攻击者远程控制植入木马的计算机，而服务器端就是植入木马程序的远程计算机。病毒名中有 PSW 或者 PWD 之类的表示这个病毒有盗取密码的功能，需要特别注意，如 Trojan.QQPSW.r（QQ 消息尾巴），Trojan.StartPage.FH（网络游戏木马病毒）等。这类病毒还包括远程控制型木马病毒、键盘记录型木马病毒、破坏型木马病毒、密码发送型木马病毒、网银木马病毒等。

（2）脚本病毒

具有破坏性的恶意脚本代码通常也被称为脚本病毒，不同于传统的病毒，脚本病毒不是可执行程序，它只是一段程序的代码序列，通常由 JavaScript、VB Script 代码语言编写，通过电子邮件附件、局域网共享、感染网页文件等方式进行传播。脚本病毒一般带有广告性质，会修改浏览器首页、修改注册表等信息，如红色代码 Script.Redlof 等。有些脚本病毒还会有 VBS、HTML 之类的前缀，这是表示用何种脚本编写的，如 VBS.Happytime 病毒、HTML.Reality.D 病毒等。

（3）系统病毒

系统病毒的前缀为 Win32、PE 等。这些病毒的特点是可以感染 Windows 操作系统的 *.exe 和 *.dll 文件，并通过这些文件进行传播，如 Win32.Virut.bn 病毒。

（4）宏病毒

所谓宏就是一批命令组织在一起，作为一个单独命令完成一个特定任务。宏病毒与以往攻击 DOS 和 Windows 操作系统的文件的病毒机理不一样，它以 VB 高级语言的方式直接寄存在文档或模板的宏中，一旦打开这样的文档，宏就会被执行，宏病毒就会被激活，并加以传播，因此宏病毒通常不感染程序文件，只感染文档文件。宏病毒的前缀是 Macro，该类病毒的特点就是能感染 Office 系列文档，然后通过 Office 通用模板进行传播，如有名的 Macro.Melissa 病毒。

（5）蠕虫病毒

20 世纪 70 年代出现了第一批试验性蠕虫病毒，当时它们只是简单地复制自己。20 世纪 80 年代出现了更具破坏性的蠕虫病毒，成为第一批广为人知的病毒。这些病毒通过软盘在个人计算机间传播，感染可以访问的文件。随着互联网的普及，恶意软件开发人员将蠕虫病毒设计为可以跨网络自我复制，使其成为早期联网的企业和用户的一大威胁。蠕虫病毒的前缀是 Worm，它与普通病毒有着很大的区别。一般认为蠕虫是一种通过网络传播的恶性病毒，它具有病毒的一些共性（如传播性、隐蔽性、破坏性等），同时也具有自己的一些特征，如不利用文件寄生（有的只存在于内存中），可以不依赖宿主程序而独立运行，从而主动地实施攻击，通过网络或者系统漏洞来进行传播。大部分蠕虫病毒都有向外发送带毒邮件以阻塞网络的特性，大家比较熟悉的蠕虫病毒有冲击波病毒、震荡波病毒等。

（6）后门病毒

后门病毒的前缀是 Backdoor。这类病毒的特点是通过网络传播来给中毒系统开后门，给用户的计算机带来安全隐患，如 Worm.Lovgate.a/b/c 病毒。

2. 计算机病毒的特征

（1）寄生性。早期的计算机病毒并不是独立的计算机程序，通常寄生在其他正常程序或文件中。计算机病毒也在不断变化，现在的病毒不仅是一段可执行程序或代码，也可以是一个完整的程序。

（2）破坏性。计算机中毒后，一般会导致正常的程序无法运行，删除或破坏文件，甚至破坏计算机主板 BIOS，造成计算机用户的重大损失。

（3）传染性。计算机病毒可以像生物病毒一样进行繁殖，入侵计算机后实现快速扩散，感染未感染的计算机。一些病毒还借助计算机网络传播，在全球范围快速爆发，感染大量的计算机。是否具有可繁殖、可传染的特征是判断某段程序是否为计算机病毒的重要条件。

（4）潜伏性。侵入计算机的病毒一般不会立刻发作，而会隐藏在正常文件中伺机传播，避免太早被发现。

（5）隐蔽性。常规病毒普遍具有很强的隐蔽性，其往往以隐含文件或程序代码的方式存在，伪装成正常程序，刻意躲避杀毒软件的扫描、杀除。因此在普通的病毒查杀中，难以实现及时有效的查杀。

（6）可触发性。编制计算机病毒的人一般都为病毒程序设定了一些触发条件，如系统时钟的某个时间或日期、系统运行了某些程序等。一旦条件满足，计算机病毒就会“发作”，使系统遭到破坏。

计算机感染病毒后的症状差异很大，如果计算机出现以下现象，用户就应该警觉，并及时扫描查杀病毒。

（1）计算机的软硬件没有发生改变，但启动或运行速度明显变慢。

（2）操作系统出现异常，频繁黑屏、蓝屏、死机，无故重启。

（3）存储空间异常变小，有不明文件占用空间。

（4）文件丢失，文件乱码，文件无法打开等。

（5）浏览器莫名弹出窗口，跳转到不明网页和陌生网站。

（6）上网速度异常，时快时慢。

（7）网银、聊天账号丢失，密码错误等。

3. 主流病毒的传播方式

（1）通过浏览网站感染。用户浏览有安全威胁或内容不健康的网站时，系统被植入木马，感染病毒。

（2）通过收发邮件传播。病毒执行体附着于邮件的附件中，攻击者以群发的方式大量传播垃圾邮件、钓鱼邮件，收件人一旦打开邮件附件或者单击邮件中的链接地址，病毒会以用户看不见的形式在后台静默安装、运行。

（3）利用漏洞传播。病毒可以通过计算机操作系统、网络设备和应用软件的漏洞攻击用户。例如，勒索病毒利用 Windows 操作系统的 SMB 漏洞获取系统的最高权限，通过恶意代码扫描开放 445 端口的计算机。蠕虫病毒服务启动后，会利用 MS17-010 漏洞在网络传播。被扫描到的计算机，只要开机上线，不需要用户进行任何操作，即可通过共享漏洞上传勒索病毒等恶意程序。

（4）通过安装软件捆绑传播。安装不明来历或者已经感染病毒的软件，也可能导致病毒传播。个别网站也是计算机病毒的重要传播源头，在用户下载软件时，被强行、欺骗安装一些并不需要的软件，或者会自动捆绑安装流氓软件并自动弹出广告窗口。

（5）通过移动存储介质传播。可移动存储介质（如 U 盘）在不同用户之间频繁流转使用，或者网络共享资源都容易导致病毒传播。病毒既可以被嵌入 U 盘的文件里，也可以感染 Autorun.inf 文件，或者修改系统设置、替换系统的特定文件、终止系统中防病毒软件的进程，以便逃避防病毒软件的查杀。

4. 防范计算机病毒

计算机一旦感染病毒，很可能对用户的工作和学习造成难以估量的损失。因此要防范计算机病毒，重在预防，贵在日常养成良好的操作习惯。

（1）安装操作系统补丁和升级应用软件可以有效堵塞系统漏洞，优化系统性能，降低感染病毒的可能性。

（2）安装杀毒软件，更新病毒库。重视警告提示信息，定期查杀本地磁盘，下载压缩包文件后立刻进行病毒扫描。

（3）经常备份重要的数据。越重要的文件，越珍贵的数据，越要多做备份。这样在偶遇突发情况时，可以最大限度降低损失。

（4）坚守“涉密不上网，上网不涉密”的原则，谨慎开启各项云服务功能。

（5）使用复杂的密码。对操作系统、邮箱、社交账号设置长度在 8 位以上，同时包含大小写字符、数字、特殊符号的密码，不将支付密码与其他密码设置得相同。养成定期更换密码的好习惯。

（6）时时绷紧安全意识这根弦。不接收来路不明的邮件，不单击可疑的链接，不安装非正版软件，不随意插拔存储介质，不访问不良的网站。

计算机感染病毒后的处置措施可以概括为断网、杀毒、堵漏、重装 4 个步骤。

（1）断网。发现计算机感染病毒后，可拔掉网线，断开网络连接，从而有效阻止病毒扩散。

（2）杀毒。打开杀毒软件对全盘进行扫描查杀。对于普通病毒，一般的扫描杀毒即可恢复系统状态，如果计算机杀毒软件没有升级，无法清除病毒，可将硬盘拆下后挂载到其他已经更新补丁、升级杀毒软件的计算机上，作为普通硬盘进行查杀。

（3）堵漏。清除完病毒后，应及时堵塞漏洞，更新重要补丁、升级杀毒软件。备份重要文件，关闭不必要的远程访问服务和局域网共享端口。

（4）重装。如果执行上述步骤后计算机系统仍然存在病毒感染的情况，可以请专业人员进行针对性清理查杀，重新安装操作系统，彻底清理硬盘，然后更换邮箱账号、社交账号、网盘账号的密码。

2.2.2 信息安全概述

1. 信息安全简介

现代信息安全起源于 20 世纪 40 年代的通信安全（Comsec），其核心为信息的机密性。克劳德·香农在 1949 年发表的《保密系统的通信理论》论文对现代信息安全，特别是密码学的发展产生了深刻影响。20 世纪 60 年代以后，伴随计算机和网络技术的不断演进，人们对安全的关注已经逐渐扩展为以保密性（Confidentiality）、完整性（Integrity）和可用性（Availability）为目标的信息安全（Infosec）阶段。20 世纪 90 年代以后，由于信息技术的飞速发展，信息安全的焦点已经不仅是传统的保密性、完整性和可用性三原则，而扩展到诸如可控性、抗抵赖性、真实性等更多领域。在这一阶段，信息安全的重点目标是主动防御，产生了 PDRR 模型，即保护（Protection）、检测（Detection）、响应（Response）、恢复（Restore）等。安全理念从风险承受模式走向安全保障模式，信息安全阶段也转化为从系统角度考虑整个体系建设的信息保障（Information Assurance）阶段，其三大要素是人、技术和管理。

我国专家在 PDRR 模型的前后增加了预警（Waring）和反击（Counterattack）功能，提出 WPDRRC 模型，该模型能够较好地反映出信息系统安全保障体系的预警能力、保护能力、检测能力、响应能力、恢复能力和反击能力，准确地描述安全的重要方面与系统行为的关系。《中华人民共和国计算机信息系统安全保护条例》第一章第三条规定，计算机信息系统的安全保护，应当保障计算机及其相关的和配套的设备、设施（含网络）的安全，保障运行环境的安全，保障信息的安全，保障计算机功能的正常发挥，以维护计算机信息系统的安全运行。

无论是从历史角度还是技术发展来看，信息安全概念的出现早于计算机安全和网络安全。国际标准化组织对信息安全的定义为：在技术和管理上为数据处理系统建立的安全保护，保护信息系统的硬件、软件及相关数据不因偶然或恶意的原因被破坏、更改和泄露。

随着信息技术的发展，信息安全内涵不断丰富，主要包括实体安全、运行安全、信息资产安全和人员安全等基本内容。实体安全又叫物理安全，是指计算机物理硬件实体的安全，是保护计算机设施（含网络）及其他媒体免遭地震、水灾、火灾、有害气体和其他环境事故（如电磁污染等）破坏的措施、过程，包括环境安全、设备安全和媒体安全。运行安全是为了保障系统功能的安全实现，提供一系列安全措施来保护信息处理过程的安全。信息资产安全用于确保信息的完整性、可用性、保密性和可控性，包括操作系统安全、病毒防护、网络安全、数据库安全、访问控制、加密等。人员安全主要是指信息系统使用人员的安全意识、法律意识、安全技能等。

信息安全随着网络的发展面临新的挑战，网络安全技术也在此过程中不断创新发展。《中华人民共和国网络安全法》中关于网络安全的定义为：通过采取必要措施，防范对网络的攻击、侵入、干扰、破坏和非法使用及意外事故，使网络处于稳定可靠运行的状态，以及保障网络数据的完整性、保密性、可用性的能力。《中华人民共和国数据安全法》中关于数据安全的定义为：通过采取必要措施，确保数据处于有效保护和合法利用的状态，以及具备保障持续安全状态的能力。因此，在工作生活中不能孤立、片面地学习信息安全和网络安全知识，需要树立全面、系统的安全观。

信息安全的基本属性主要包含以下 5 个方面。

（1）机密性（Confidentiality）

机密性是指确保机密数据不会泄露给未授权的个人或组织，从而被其利用。对于隐私性数据，更是需要确保个人或组织能够控制或影响与自身相关信息的收集和存储，也能够控制这些信息可以由谁发布或向谁披露。

（2）完整性（Integrity）

完整性是指确保数据只有在得到授权的情况下才能够被改变，数据在存储或传输过程中保持不被偶然或蓄意地删除、修改、伪造、乱序、重放、插入等破坏和丢失的特性。要确保系统完整性，需要避免对系统进行有意或无意的非授权操作，所以身份鉴别、访问控制、一致性保障都是信息系统的基本需求。

（3）可用性（Availability）

可用性是指确保系统能够及时响应，保证信息和信息系统随时为授权者提供服务，并且不能拒绝授权用户的服务请求。多副本、集群技术、负载均衡、入侵防御、防病毒、备份恢复、容灾等都是信息系统必要的功能。

（4）可控性（Controllability）

可控性是指对网络信息的传播及内容具有控制能力的特性。

（5）不可否认性（Nonrepudiation）

不可否认性是指在网络信息系统的信息交互过程中，确信参与者的真实同一性，即所有参与者都不可能否认或抵赖曾经完成的操作和做出的承诺。利用信息源证据可以防止发信方不真实地否认已发送信息，利用递交接收证据可以防止收信方事后否认已经接收到信息。

网络安全是信息安全的核心，网络的结构和通信协议的各类漏洞引发了各种网络安全问题。随着网络技术的普及和互联网技术的发展和应用，网络安全问题日益突出。

2020 年，国家计算机网络应急技术处理协调中心接收的网络安全事件报告主要来自政府部门、金融机构、基础电信企业、互联网企业、域名注册服务机构、互联网数据中心、安全厂商、网络安全组织及普通网民等。事件类型主要包括安全漏洞、恶意程序、网页仿冒、网站后门、网页篡改等，如图 2-18 所示。

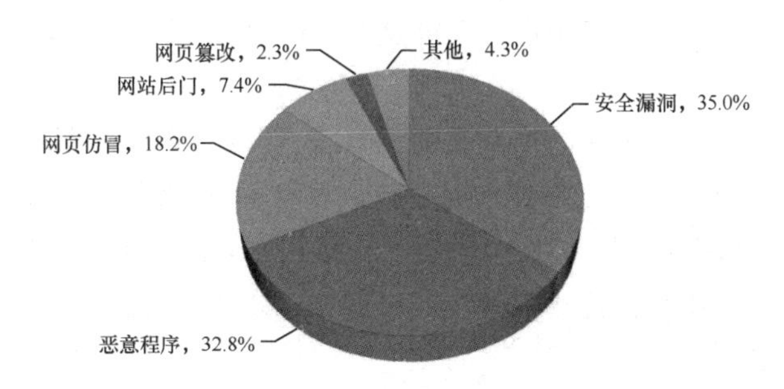

图 2-18　2020 年国家计算机网络应急技术处理协调中心接收的网络安全事件类型

2. 网络攻击的基本方式

（1）网络监听

网络监听是一种监视网络状态、数据流及网络上信息传输的技术。如今网络中使用的一些协议的实现都基于通信双方充分信任的基础，很多信息都是以明文的方式在网上传输的，因此可以通过网络监听发现用户账号、密码等敏感信息。网络监听只能应用于物理上连接于同一网段的主机，因为只有在网段内部才会有广播数据，而不是同一网段的数据包在网关就会被过滤掉，无法传入该网段。

（2）口令破解

口令破解是指黑客在不知道密钥的情况下，恢复出密文中隐藏的明文信息的过程，常见的破解方式包括字典攻击、强制攻击、组合攻击。

（3）分布式拒绝服务攻击

分布式拒绝服务（Distributed Denial of Service，DDoS）攻击是指处于不同位置的多个攻击者同时向一个或数个目标发动攻击，或者一个攻击者控制并利用位于不同位置的多台机器对目标同时实施攻击。由于攻击者分布在不同地方，因此这种攻击方式被称为分布式拒绝服务攻击。通俗来讲，分布式拒绝服务攻击就是利用网络节点资源（如互联网数据中心服务器、个人计算机、手机、智能设备等）对目标发起大量攻击请求，从而导致服务器拥塞，正常合法用户无法获得服务。分布式拒绝服务攻击作为一种常见的网络安全攻击方式，因产业链条成熟、手段原始粗暴，一直以来都被视为互联网的最大“毒瘤”之一。在云计算技术快速发展、网络应用场景和规模不断扩大的趋势下，分布式拒绝服务攻击呈现出愈演愈烈之势。

（4）恶意软件攻击

恶意软件利用各种欺骗手段向攻击目标注入计算机病毒或木马程序，以达到破坏目标系统资源或获取目标系统资源信息的目的。

（5）网站安全威胁

网站安全威胁主要指黑客利用网站设计的安全隐患实施网站攻击，常见的网站安全威胁包括 SQL 注入、跨站点脚本（Cross Site Script，为与层叠样式表区分通常缩写为 XSS）等。

SQL 注入是指网络应用程序对用户输入数据的合法性没有判断或过滤不严，攻击者可以在网络应用程序中事先定义好的查询语句的结尾添加额外的 SQL 语句，在管理员不知情的情况下进行非法操作，从而进一步得到相应的数据信息。

跨站点脚本攻击破坏网站或网络应用程序并注入恶意代码，当页面加载时，代码在用户的浏览器上执行恶意脚本，或者利用用户身份进行某种操作，对访问者进行病毒侵害。

（6）域名劫持

域名劫持是通过攻击或伪造域名解析服务器的方法，把目标网站域名解析到错误的 IP 地址，从而使用户无法访问目标网站，或者蓄意要求用户访问指定 IP 地址（网站）。这类攻击一般通过恶意软件来更改终端用户的 TCP/IP 设置，将用户指向恶意 DNS 服务器，该服务器会对域名进行解析，并最终指向钓鱼网站等被攻击者操控的服务器。

（7）社会工程学攻击

在计算机科学中，社会工程学指的是通过与他人合法交流来使其心理受到影响，做出某些动作或者是透露一些机密信息的方式。社会工程学攻击不是传统的信息安全的范畴，通常被认为是一种欺诈他人以收集信息、行骗和入侵计算机系统的行为。网络钓鱼是一种社会工程学攻击形式，攻击者试图通过欺骗性请求（例如伪造的电子邮件）诱使某人移交敏感信息。网络钓鱼攻击作为获取密码和登录凭据的一种策略，有时是恶意软件攻击的先兆。

3. 信息安全相关技术

（1）病毒检测与清除技术

病毒检测与清除的主要作用是对计算机系统进行实时监控，同时防止病毒入侵危害计算机系统，将病毒进行截杀与消灭，实现对系统的安全防护。

（2）加密解密技术

在保障信息安全各种功能特性的多种技术中，密码技术是信息安全的核心和关键技术。通过数据加密技术，可以在一定程度上提高数据传输的安全性，保证传输数据的完整性。一个数据加密系统包括加密算法、明文、密文及密钥。数据加密过程就是通过加密系统把原始的数字信息（明文），通过加密算法变换成与明文完全不同的数字信息（密文）的过程。数据加密技术主要分为数据存储加密和数据传输加密，数据传输加密主要是对传输中的数据流进行加密。加密是一种主动安全防御策略，用很小的代价即可为信息提供相当大的安全保护，是一种限制网络上传输数据访问权的技术。

（3）安全审计技术

网络安全审计是指按照一定的安全策略，利用记录、系统活动和用户活动等信息，检查、审查和检验操作事件的环境及活动，从而发现系统漏洞、入侵行为或改善系统性能的过程。网络安全审计主要包含日志审计和行为审计，通过日志审计协助管理员在受到攻击后察看网络日志，从而评估网络配置的合理性、安全策略的有效性，追溯分析安全攻击轨迹，并能为实时防御提供手段。通过对员工或用户的网络行为进行审计，能够确认行为的合规性，确保信息及网络使用的合规性。

（4）身份认证技术

身份认证技术是指用来确定访问或介入信息系统用户或者设备身份的合法性的技术，典型的方式有用户名口令、身份识别、PKI 证书和生物认证等。身份认证是系统核查用户身份的过程，其目的在于查明用户是否具有它所请求资源的使用权。身份识别是指用户向系统出示自己身份证明的过程。身份认证至少应包括验证协议和授权协议。当前常用的身份认证技术，除传统的静态密码认证技术以外，还有动态密码认证技术、IC 卡技术、数字证书、指纹识别、人脸识别等。

（5）边界防护技术

边界防护技术是指用于防止外部网络用户以非法手段进入内部网络、访问内部资源，保护内部网络操作环境的特殊网络技术，典型的有防火墙技术和入侵检测系统。防火墙技术是指隔离本地网络与外界网络的防御技术，防火墙的作用是防止未经授权的信息进出被保护的网络。使用防火墙的主要目的有 4 点：一是限制他人进入内部网络，过滤掉不安全服务和非法用户；二是防止入侵者破坏防御设施；三是限定用户访问特殊站点；四是为监视网络安全提供方便。入侵检测系统是一种用于对网络活动进行实时监测的专用系统，该系统处于防火墙之后，可以和防火墙及路由器配合工作，用来检查一个局域网网段上的所有通信，记录和禁止网络活动，并且可以通过重新配置来禁止从防火墙外部进入恶意流量。入侵检测系统能够对网络上的信息进行快速分析，或在主机上对用户进行审计分析，通过集中控制台来管理、检测信息。

（6）容灾技术

一个完整的网络安全体系只有“防范”和“检测”措施是不够的，还必须具有灾难容忍和系统恢复能力。因为任何一种网络安全设施都不可能做到万无一失，一旦发生漏防漏检事件，其后果将是灾难性的。容灾系统是指在相距遥远的异地建立两套或多套功能相同的信息系统，相互可以进行实时状态监视与功能切换，当一处系统因意外（如地震、洪水、火灾等）无法正常运行时，可以切换到异地系统继续服务。容灾技术是系统的高可用性技术的组成部分，容灾系统更加强调外界环境对系统的影响，特别是灾难性事件对整个信息节点的影响，容灾系统能够提供节点级别的系统恢复功能。

4．安全文明用网

当前，网络和信息技术迅猛发展，已经深度融入我国经济社会的各个方面，极大地改变和影响着人们的社会活动和生活方式，在促进技术创新、经济发展、文化繁荣、社会进步的同时，网络安全问题也日益凸显。网络入侵、网络攻击等非法活动，严重威胁着电信、能源、交通、金融以及国防军事、行政管理等重要领域的信息基础设施的安全，云计算、大数据、物联网等新技术、新应用面临着更为复杂的网络安全环境。非法获取、泄露甚至倒卖公民个人信息，侮辱诽谤他人、侵犯知识产权等违法活动在网络上时有发生，严重损害公民、法人和其他组织的合法权益。宣扬恐怖主义、极端主义，煽动颠覆国家政权、推翻社会主义制度，以及传播淫秽色情等违法信息，借助网络传播、扩散，严重危害国家安全和社会公共利益。网络安全已成为关系国家安全和发展、关系人民群众切身利益的重大问题。2017 年 6 月 1 日，《中华人民共和国网络安全法》正式实施，这是我国网络安全领域首部基础性、框架性、综合性的法律。《中华人民共和国网络安全法》是我国网络空间法治建设的重要里程碑，是依法治网、化解网络风险的法律重器，是让互联网在法治轨道上健康运行的重要保障。《中华人民共和国网络安全法》明确了网络空间主权的原则、网络产品和服务提供者的安全义务和网络运营者的安全义务，完善了个人信息保护规则，建立了关键信息基础设施安全保护制度。

随着信息技术和人类生产生活的交汇融合，各类数据迅猛增长、海量聚集，对经济发展、社会治理、人民生活都产生了重大而深刻的影响。数据安全已成为事关国家安全与经济社会发展的重大问题。为了规范数据处理活动，保障数据安全，促进数据开发利用，保护个人、组织的合法权益，维护国家主权、安全和发展利益，《中华人民共和国数据安全法》由中华人民共和国第十三届全国人民代表大会常务委员会第二十九次会议于 2021 年 6 月 10 日通过，自 2021 年 9 月 1 日起施行。当前，数据作为国家新型生产要素和基础战略资源的代表，数据安全已成为保障网络强国建设、护航数字经济发展的安全基石。2022 年 2 月 15 日，国家互联网信息办公室等十三部门联合修订发布的《网络安全审查办法》开始施行，新修订内容针对数据处理活动，聚焦国家数据安全风险，明确运营者赴国外上市的网络安全审查要求，为构建完善国家网络安全审查机制、切实保障国家安全提供了有力抓手。我国网络安全审查制度的不断完善，将为我国数据安全和网络安全保障体系建设打下坚实基础。

网络空间是亿万民众共同的精神家园，网络文明是信息时代人类文明的重要组成部分。2021 年 11 月 19 日，首届中国网络文明大会在北京举行。为发展积极健康的网络文化，促进网络文明建设，营造清朗网络空间，中国网络社会组织联合会联合全国网络社会组织和互联网企业，向社会各界发起共建网络文明行动倡议。

（1）加强思想引领，把握正确导向。坚持以习近平新时代中国特色社会主义思想为指引，把握正确的政治方向、舆论导向、价值取向，推动文明办网、文明用网、文明上网、文明兴网。

（2）培育新风正气，净化网络生态。大力弘扬和践行社会主义核心价值观，唱响主旋律，传播正能量，培育良好道德风尚，有力净化网络环境，争做网络文明建设的参与者、贡献者、维护者。

（3）完善行业自律，践行社会责任。始终把社会效益摆在突出位置，发挥行业组织引导督促作用，认真落实企业主体责任，加强自我规范、自我管理、自我约束，推动行业依法健康有序发展。

（4）规范网络行为，提高文明素养。推进网民网络素养教育，引导广大网民自觉遵守互联网领域法律法规，文明互动、理性表达，增强防范意识，抵制不良倾向，争做新时代的好网民、好公民。

（5）坚持科技向善，助推创新发展。充分发挥科技创新的驱动和赋能作用，通过新技术、新应用、新业态的有效运用，丰富网络文化内涵，提升网络服务水平，推动网络文明建设提质增效。

（6）深化国际交流，促进文明互鉴。秉持开放包容的理念，深化网络空间国际交流合作，促进世界各国民心相通、文明互鉴，携手构建网络空间命运共同体，为人类文明进步贡献中国智慧、中国力量。

让大家共同行动起来，同心同德、砥砺前行，奋力谱写网络文明建设新篇章，为全面建设社会主义现代化国家、实现中华民族伟大复兴的中国梦，凝聚向上向善力量，营造清朗文明环境！

【任务实现】

1. 熟练使用杀毒软件

（1）下载安装 360 杀毒软件

进入 360 杀毒软件官方网站，下载最新版本的 360 杀毒软件安装包。双击下载好的安装包，弹出 360 杀毒软件安装界面。阅读并同意《许可使用协议》和《隐私保护说明》，单击“立即安装”按钮进行安装，或者单击“更改目录”按钮选择安装目录后进行安装，如图 2-19 所示。安装完成之后就可以看到 360 杀毒软件主界面，如图 2-20 所示。

图 2-19　安装 360 杀毒软件

图 2-20　360 杀毒软件主界面

（2）升级病毒库

360 杀毒软件具有自动升级功能，如果进行了自动升级设置，360 杀毒软件会在有新升级包时自动下载并安装升级文件，如图 2-21 所示。360 杀毒软件内含多个查杀引擎，用户可以根据自己的计算机配置及查杀需求对其进行调整。单击主界面右上角的“设置”按钮，打开设置界面，切换到“多引擎设置”选项卡，勾选需要的引擎，然后单击“确定”按钮，如图 2-22 所示。

图 2-21　360 杀毒软件自动升级设置

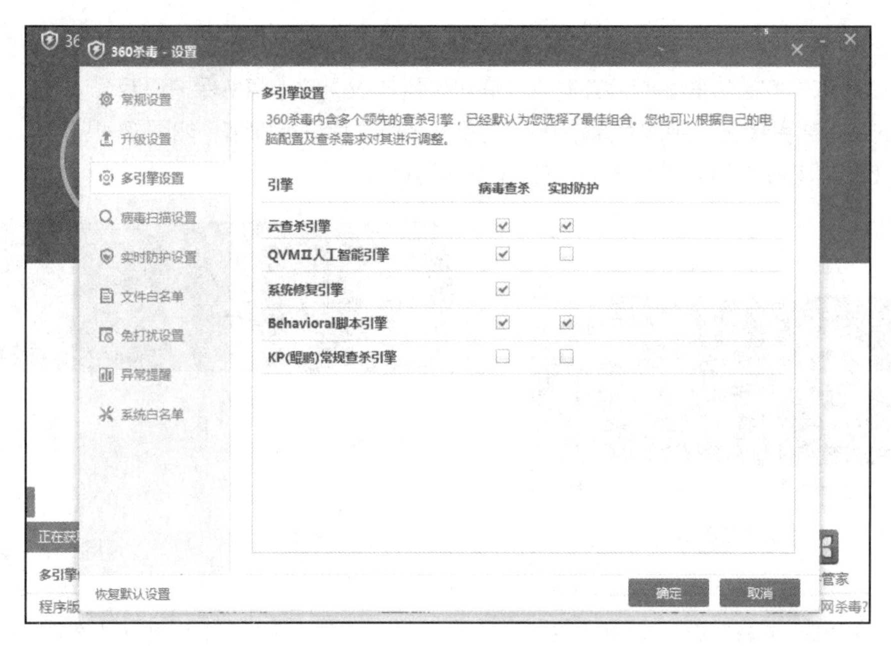

图 2-22　360 杀毒软件多引擎设置

（3）病毒查杀

360 杀毒软件具有实时病毒防护和手动扫描功能，为系统提供全面的安全防护。开启实时防护功能后，360 杀毒软件将在文件被访问时对文件进行扫描，及时拦截活动的病毒，在发现病毒时会通过提示窗口进行警告。360 杀毒软件在主界面中可以直接使用快速扫描、全盘扫描、指定位置扫描，快速扫描界面如图 2-23 所示。在主界面中单击“功能大全”按钮，就能看到全部的工具，如图 2-24 所示，利用这些工具可以辅助解决计算机的一些常见问题。

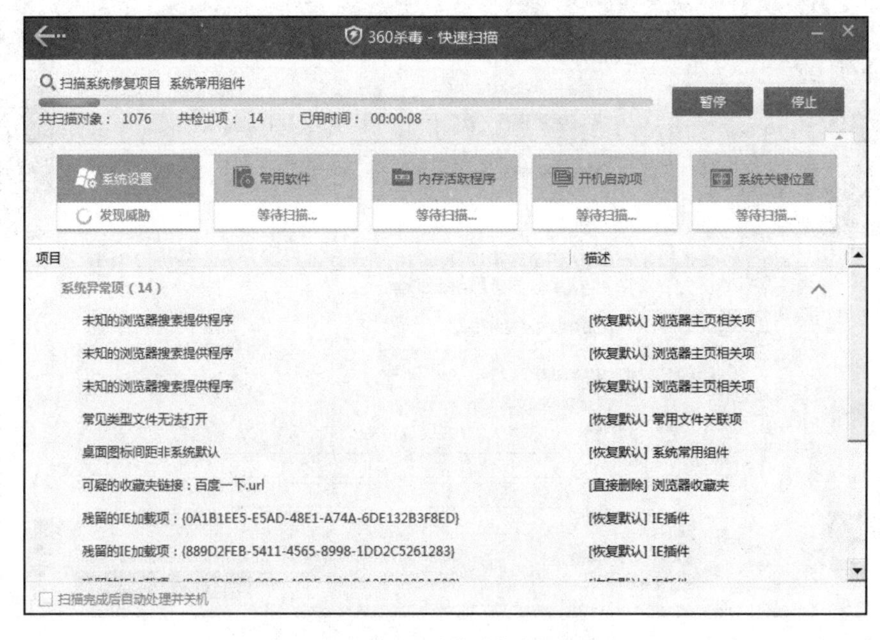

图 2-23　360 杀毒软件快速扫描界面

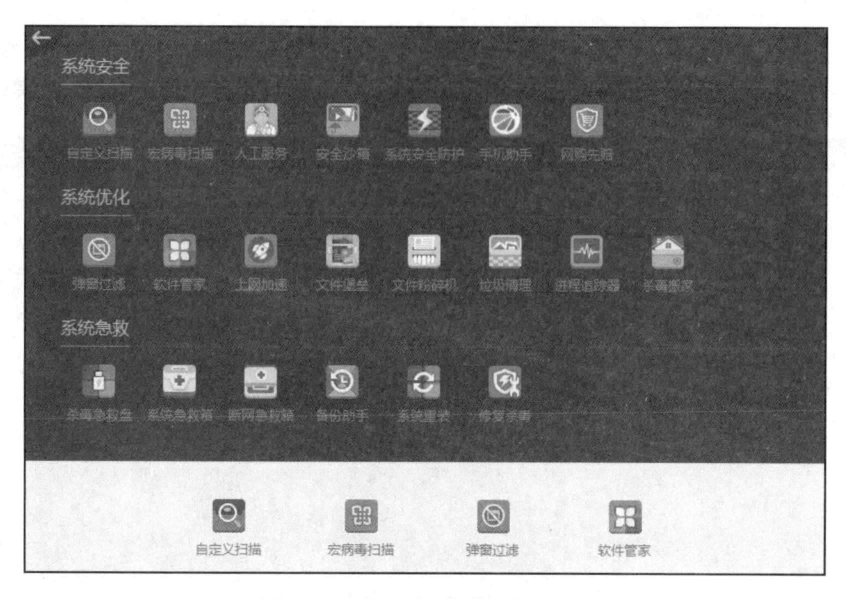

图 2-24　360 杀毒软件的全部工具

（4）下载安装腾讯电脑管家小团队版

腾讯电脑管家是腾讯公司出品的安全软件，提供病毒查杀、计算机加速、软件管理等功能，其小团队版主界面如图 2-25 所示。其中闪电杀毒、全盘杀毒、指定位置杀毒、漏洞修复等功能与 360 杀毒软件的相应功能类似，不再赘述。

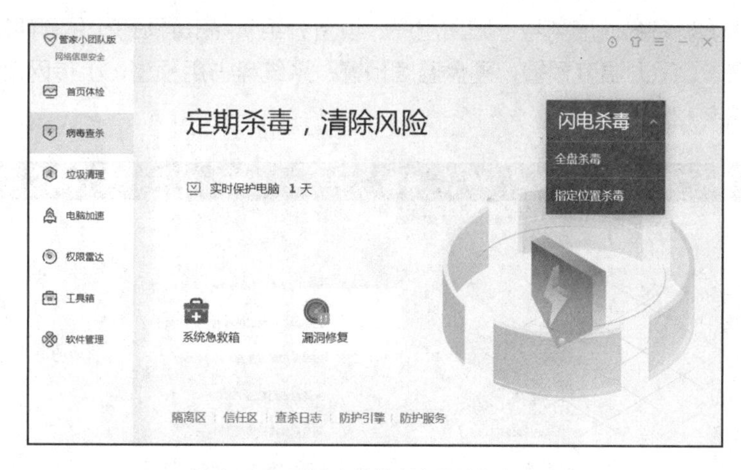

图 2-25　腾讯电脑管家小团队版主界面

（5）练习 U 盘管控功能

通过小团队版，使用一个后台即可管理全公司的计算机，可实时查看计算机运行状态、统计计算机资产及硬件变更情况。

使用 U 盘管控可禁止指定终端接入 USB 存储设备，添加 U 盘信任列表，以及查看 U 盘接入记录，有效防止勒索病毒和内部机密信息泄露。单击“管理”选项卡，在左侧列表中选择“数据安全”下的“U 盘管控”选项，在全部设备列表中勾选策略应用对象。在“启用状态”选项组中选择“禁止读写”单选项。设置完成后，单击“保存”按钮，策略设置成功并立即生效，单击“取消”按钮则撤销该操作，如

图 2-26 所示。在“接入记录”选项卡中，可显示所有未进行 U 盘禁用的 USB 存储设备接入情况，可根据左上方的时间和组别设定来进行筛选，也可在搜索栏中输入设备名或归属用户进行具体搜索。

图 2-26　在腾讯电脑管家小团队版中设置 U 盘管控

（6）设置微信推送预警信息

用户可在预警设置页开启微信推送，在各预警类型旁有微信推送的开关，用户可以开启需要的预警类型的开关。预警日志主要记录设备不正常的运行状态，包括发生时间、预警类型、风险详情、预警设备基本信息（设备名、序列号、归属用户、设备分组）、病毒预警、漏洞预警、CPU 占用预警、内存占用预警、CPU 温度预警、硬盘温度预警、系统盘占用预警、上传网速预警、下载网速预警等内部，如图 2-27 所示。

图 2-27　预警管理界面

2. 了解校园网基本情况

参观学校的网络中心、机房，详细了解校园网的基本情况，填写调查表 2-1。

表 2-1　校园网基本情况调查表

基本情况			
学校网站域名		接入服务提供商	
IP 地址		备案编号	
网络带宽		信息点数量	
技术情况			
网络操作系统			
数据库软件			
应用软件			
服务器品牌、型号及数量			
防火墙品牌、型号及数量			
交换机品牌、型号及数量			
路由器品牌、型号及数量			

3. 查询校园网主要设备信息

使用搜索引擎，查询校园网主要设备的名称和技术参数，填写表 2-2。

表 2-2　校园网主要设备信息表

主要设备名称	技术参数

【知识与技能拓展】

了解网络安全等级保护

2019 年 5 月 13 日，国家市场监督管理总局、国家标准化管理委员会召开新闻发布会，宣布《信息安全技术网络安全等级保护基本要求》《信息安全技术网络安全等级保护测评要求》《信息安全技术网络安全等级保护安全设计技术要求》等国家标准于 2019 年 12 月 1 日开始实施。

网络安全等级保护制度是国家信息安全保障工作的基础，也是一项事关国家安全、社会稳定的政治任务。开展等级保护工作，可以发现企业网络和信息系统与国家安全标准之间存在的差距，找到目前系统存在的安全隐患和不足。通过安全整改，可以提高信息系统的信息安全防护能力，降低系统被攻击的风险。

以上标准规定了等级保护对象第一级到第四级的安全保护基本要求，每个级别的基本要求均由安全通用要求和安全扩展要求构成。安全通用要求细分为技术要求和管理要求。其中技术要求部分分为“安全物理环境”“安全通信网络”“安全区域边界”“安全计算环境”“安全管理中心”；管理要求部分分为“安全管理制度”“安全管理机构”“安全管理人员”“安全建设管理”“安全运维管理”，两者合计共 10 类。

安全技术要求的分类体现了“从外部到内部”的纵深防御思想，对等级保护对象的安全防护应考虑从通信网络、区域边界和计算环境从外到内的整体防护，同时考虑其所处的物理环境的安全防护，对级别较高的还需要考虑对分布在整个系统中的安全功能或安全组件的集中技术管理手段。安全管理要求的分类体现了“从要素到活动”的综合管理思想，安全管理需要的机构、制度和人员三要素缺一不可，同时应对系统的建设整改过程和运行维护过程中的重要活动实施控制和管理，对级别较高的需要构建完备的安全管理体系。安全扩展要求包括云计算、移动互联、物联网、工业控制系统等方面的内容。

在开展网络安全等级保护工作时，应首先明确等级保护对象，等级保护对象包括网络基础设施、信息系统（包含采用移动互联等技术的系统）、云计算平台 / 系统、大数据平台 / 系统、物联网、工业控制系统等。确定了等级保护对象的安全保护等级后，应根据不同对象的安全保护等级完成安全建设或安全整改工作，并应针对等级保护对象特点建立安全管理中心，构建具备相应等级安全保护能力的网络安全综合防御体系。应依据国家网络安全等级保护政策标准体系，开展组织管理、机制建设、安全规划、安全监测、通报预警、应急处置、态势感知、能力建设、技术检测、安全可控、队伍建设、教育培训和经费保障等工作。等级保护安全框架如图 2-28 所示。

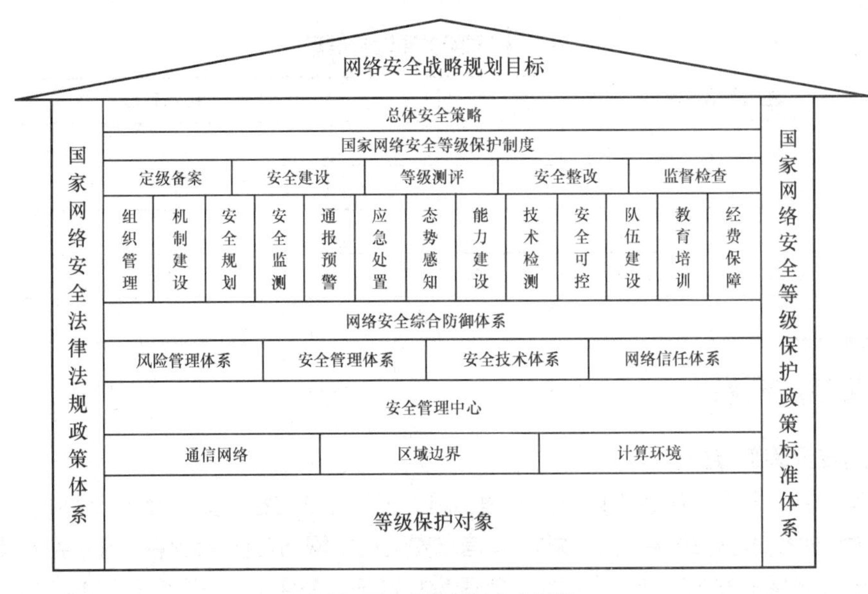

图 2-28　等级保护安全框架

练习与测试

一、选择题

1. 计算机网络的基本功能是（　　）。

A. 安全性好　　B. 运算速度快

C. 内存容量大　　D. 数据传输和资源共享

2. 局域网的英文缩写是（　　）。

A. WAN　　B. LAN　　C. MAN　　D. USB

3. 计算机网络中的广域网和局域网是以（　　）来划分的。

A. 信息交换方式　　B. 传输控制方法

C. 网络使用者　　D. 网络覆盖范围

4. 下列属于计算机网络连接设备的是（　　）。

A. 交换机　　B. 光盘驱动器

C. 显示器　　D. 鼠标器

5. 局域网普遍采用的传输介质是（　　）。

A. 铜缆　　B. 双绞线　　C. 电磁波　　D. 光缆

6. 某大学校园网网络中心到 1 号教学楼网络节点的距离大约为 1500 米，通常连接它们的传输介质是（　　）。

A. 五类双绞线　　B. 微波　　C. 光缆　　D. 同轴电缆

7. 网络协议是支撑网络运行的通信规则，因特网上最基本的协议是（　　）。

A. HTTP　　B. TCP/IP

C. POP3　　D. FTP

8. 在因特网上，每一台主机都有唯一的地址标识，它是（　　）。

A. IP 地址　　B. 用户名

C. 计算机名　　D. 统一资源定位符

9. IP 地址是计算机在因特网上的唯一识别标志，IP 地址中的每一段在使用十进制描述时，其范围是（　　）。

A. 0～128　　B. 0～255

C. -127～127　　D. 1～256

10. WWW 客户端与 WWW 服务器端之间的信息传输使用的协议为（　　）。

A. SMTP　　B. HTML　　C. IMAP　　D. HTTP

11. 下列（　　）选项最符合 HTTP 代表的含义。

A. 高级程序设计语言

B. 网域

C. 域名

D. 超文本传输协议

12. 因特网中用于文件传输的协议是（　　）。

A. Telnet　　B. BBS　　C. WWW　　D. FTP

13. 小明和他的父母因为工作的需要都配备了笔记本电脑，他们经常要在家上网，小明家家庭小型局域网的恰当规划是（　　）。

A. 直接申请 ISP 提供的无线上网服务

B. 申请 ISP 提供的有线上网服务，通过无线路由器实现无线上网

C. 家里可能的地方都预设双绞线上网端口

D. 设一个房间专门用于上网工作

14. DNS 的中文含义是（　　）。

A. 域名服务系统　　B. 服务器系统

C. 邮件系统　　D. 地名系统

15. 下面缩写代表统一资源定位符的是（　　）。

A. HTTP　　B. USB　　C. WWW　　D. URL

16. 下面不属于因特网服务类型的是（　　）。

A. FTP　　B. Telnet　　C. WWW　　D. TCP/IP

17. 因特网服务提供商的英文缩写是（　　）。

A. USB　　B. ISP　　C. ISB　　D. IDP

18. 小明同学在 www.baidu.com 的搜索栏输入“中国国家图书馆”进行搜索，请问他的这种搜索是属于（　　）。

A. 多媒体信息搜索　　B. 专业垂直搜索

C. 全文搜索　　D. 分类搜索

19. 关于电子邮件，以下说法中不正确的是（　　）。

A. 可发送一条由计算机程序自动做出应答的消息

B. 发送消息可包括文本、语言、图像、图形

C. 不可能携带计算机病毒

D. 可向多个收件人发送同一消息

20. 用户到银行去取款时，通常需要输入密码，这属于网络安全技术中的（　　）。

A. 身份认证技术　　B. 加密传输技术

C. 防火墙技术　　D. 网络安全技术

二、简答题

1. 简述 TCP/IP 参考模型的结构。
2. 简述计算机网络及功能。
3. 简述信息安全的基本内容。

项目三 使用 Windows 10 管理计算机

03

项目导读

操作系统是计算机软件工作的平台。Windows 10 是微软公司研发的一款跨平台操作系统，与之前的操作系统相比，它具有方便、快捷、布局更加合理、操作更加人性化等诸多优点。本项目将系统介绍如何使用 Windows 10 管理计算机。

任务 3.1　安装 Windows 10

【任务描述】

新学期开学了，为了更好地完成学业，小白组装了一台个人计算机，但计算机装好以后却不能使用。经过了解，小白才知道要先安装操作系统才能正常使用计算机。下面先介绍操作系统的功能和常用的操作系统，然后使用安装光盘为小白的计算机安装 Windows 10，安装好的 Windows 10 桌面效果如图 3-1 所示。

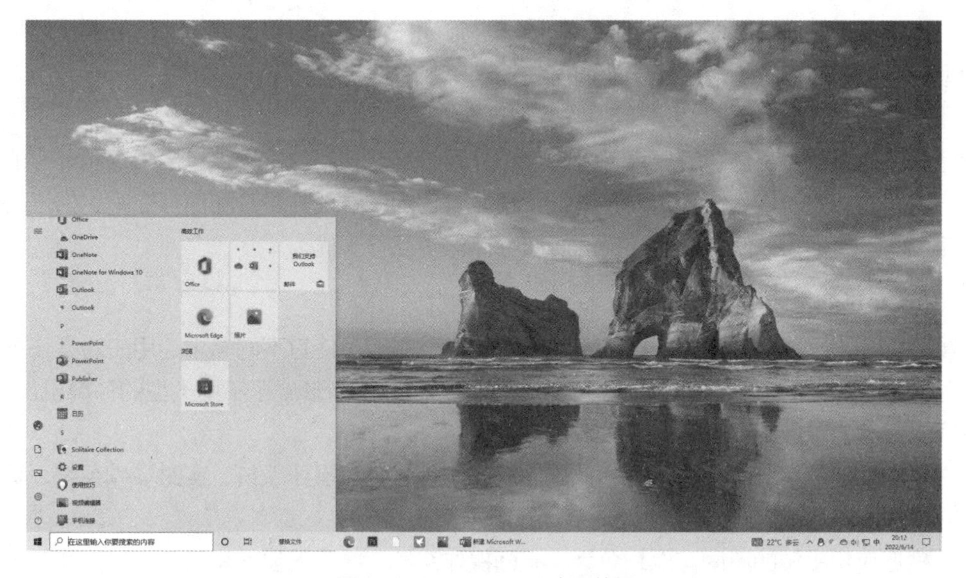

图 3-1　Windows 10 桌面效果

【知识储备】

微课 3-1

3.1.1 操作系统的功能和分类

1. 操作系统的功能

操作系统（Operating System，OS）是重要的系统软件，用于管理和控制计算机软件和硬件资源，是连接用户和计算机的纽带，为软件提供运行环境。

操作系统兼具对计算机的硬件系统和资源进行管理与控制，以及为用户提供良好的使用环境这两大功能。同时，为了给用户营造良好的使用环境，计算机操作系统中通常设有进程管理、文件管理、设备管理、作业管理和存储管理等功能模块。

（1）进程管理

进程是程序的一次执行过程，它是操作系统进行处理器调度和资源分配的基本单位。当用户运行一个程序时，就启动了一个进程。进程是动态的，而程序是指令的集合，它是静态的。进程管理主要包括进程组织、进程控制、进程调度和进程通信等。

（2）文件管理

文件管理又称信息管理，指利用操作系统的文件管理子系统，为用户提供方便、快捷、安全的文件使用环境，同时也包括文件存储空间管理、文件操作、目录管理、读写管理和存取控制等。

（3）设备管理

设备管理是指操作系统负责管理各类外部设备（简称“外设”）。当用户使用外设时，必须提出要求，待操作系统进行统一分配后方可使用。

（4）作业管理

用户请求计算机系统完成的一个独立的操作被称为作业。作业管理就是对作业的执行情况进行系统管理，包括作业输入与输出、作业调度与控制等。

（5）存储管理

存储管理是操作系统功能的集合，以内存和外存的高效利用为目标，包括内存和外存的分别管理及统一管理的相关操作。在针对内存进行管理时，它的主要任务是分配内存空间，保证各作业占用的存储空间不冲突，并使各作业在自己所属存储区中互不干扰。

2. 操作系统的分类

计算机技术的迅速发展和计算机在不同领域的广泛应用，使有不同需求的用户对操作系统的功能、使用环境和使用方式不断提出更新、更高的要求，因此逐渐形成了不同类型的计算机操作系统。根据不同的标准，操作系统可划分为以下几种类型。

（1）根据功能的不同可以划分为：批处理操作系统、分时操作系统、实时操作系统、网络操作系统、分布式操作系统等。

（2）根据应用领域的不同可以划分为：桌面操作系统、服务器操作系统、主机操作系统、嵌入式操作系统等。

（3）根据工作方式的不同可以划分为：单用户单任务操作系统（如 MS-DOS 等）、单用户多任务操作系统（如 Windows98 等）、多用户多任务分时操作系统（如 Linux、UNIX、Windows 7 及以上版本等）。

（4）根据源代码开放程度的不同可以划分为：开源操作系统（Linux、Android、Chrome OS）和闭源操作系统（Windows 系列）等。

3. 常用操作系统

（1）Windows 操作系统

Windows 操作系统是微软公司在 20 世纪 90 年代研制成功的图形化界面操作系统，俗称“视窗操作系统”。该操作系统支持多线程、多任务、多处理，它的即插即用特性使安装各种即插即用设备变得极其便捷，Windows 操作系统也是目前最流行的计算机操作系统之一。

（2）UNIX 操作系统

UNIX 操作系统是最早出现的操作系统之一，UNIX 操作系统发展到现在已趋于成熟，需要大量专业知识才能操作。此外，UNIX 操作系统具有强大的可移植性，适用于多种硬件平台。

UNIX 操作系统具有良好的用户界面，程序接口提供了 C 语言相关库函数及系统调用，用户可以通过 SHELL 执行命令。UNIX 系统的可操作性很强，其在安全性和稳定性方面也优于 Linux 操作系统，但是需要专业的硬件平台支持，门槛较高。

（3）Linux 操作系统

Linux 操作系统是开源的类 UNIX 操作系统，是一个基于 POSIX 和 UNIX 的多用户、多任务、支持多线程和多 CPU 的操作系统。它能运行主要的 UNIX 工具软件、程序和网络协议。它支持 32 位和 64 位硬件，Android 操作系统就是基于 Linux 操作系统开发的。由于其是开源的，因此系统的漏洞更容易被发现，也更容易被修补。Linux 操作系统的基本思想有两点：第一，一切都是文件；第二，每个软件都有确定的用途。其中第一条详细来讲就是系统中的所有命令、硬件、软件设备、进程等对于操作系统内核而言，都是拥有各自特性或类型的文件。

（4）iOS 操作系统

iOS 操作系统是苹果公司开发的移动设备操作系统，它与苹果计算机的 Mac OS 操作系统一样，都是基于 UNIX 操作系统开发的。iOS 主要针对苹果公司的产品，对其他公司的移动终端或计算机并不支持。

（5）Android 操作系统

Android 操作系统是一种基于 Linux 操作系统的开源操作系统，主要应用于移动设备，如智能手机和平板电脑。目前，Android 操作系统是智能手机上主要使用的操作系统。

（6）鸿蒙操作系统

2019 年 8 月，华为在开发者大会上正式发布鸿蒙系统。鸿蒙操作系统是一款“面向未来”、面向全场景（移动办公、运动健康、社交通信、媒体娱乐等）的分布式操作系统。在传统的单设备系统能力的基础上，鸿蒙操作系统提出了基于同一套系统能力、适配多种终端形态的分布式理念，能够支持手机、平板、智能穿戴、智慧屏、车机等多种终端设备。

3.1.2　Windows 10 的硬件配置和设置

1. 检查硬件配置

Windows 10 是微软公司面向大多数用户和平台推出的一款兼顾中、低档配置的操作系统。虽然其对计算机的配置并没有过高的要求，但用户在安装前也应先检查计算机的硬件配置是否满足 Windows 10 的安装条件。Windows 10 的硬件配置要求如图 3-2 所示。

- 处理器：主频为1GHz或以上
- 内存：1GB（32位）或2GB（64位）
- 硬盘空间：16GB（32位）或20GB（64位）
- 显卡：DirectX9或更高版本（含WDDM10驱动程序）
- 显示器：最低支持800像素×600像素分辨率

图 3-2　Windows 10 的硬件配置要求

在安装前应断开所有外部设备（鼠标、键盘、网线除外），准备 Windows 10 安装光盘或带引导系统的 U 盘安装盘，同时备份计算机上的所有数据，原因是安装时可能会清除计算机上的所有文件。

2. 设置 BIOS 第一启动设备

（1）启动计算机，按下进入 BIOS 设置的功能键（主板型号不同可能功能键不同，常见的有【Del】、【F8】、【F9】、【F12】或【Esc】键），将光盘放入光驱。

（2）进入设置窗口后，找到 Boot 项（即引导次序设置项），将 Boot Option#1 设置为光驱。注意，若是用 U 盘安装，则第一引导应设置为 USB HDD。保存后退出，重启计算机。

【任务实现】

（1）将 Windows 10 的安装光盘放入光驱中，重新启动计算机，出现“press any key to boot from CD or DVD...”提示信息后，按任意键从光盘开始安装。

微课 3-2

（2）进入启动界面。

（3）选择语言，弹出“选择语言、体系结构和版本”界面，如图 3-3 所示。设置语言、版本、体系结构，勾选“对这台电脑使用推荐的选项”复选框后单击“下一步”按钮。

（4）进入安装界面，单击“现在安装”按钮，如图 3-4 所示。

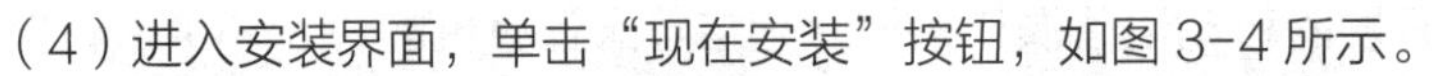

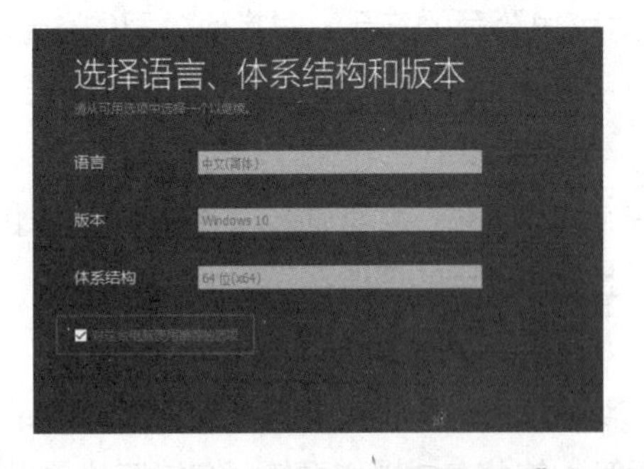

图 3-3　勾选“对这台电脑使用推荐的选项”复选框

图 3-4　“现在安装”界面

（5）进入“激活 Windows”界面，输入购买 Windows 10 时微软公司提供的密钥，单击“下一步”按钮。

（6）选择系统版本，单击“下一步”按钮。

（7）勾选“我接受许可条款”复选框，单击“下一步”按钮。

（8）如要采用升级的方式安装 Windows 10，可以单击“升级”按钮。如果是全新安装，可以单击“自定义：仅安装 Windows（高级）”按钮。

（9）进入“你想将 Windows 安装在哪里？”界面，此时的硬盘为没有分区的状态，因此首先要进行分区操作。在“你想将 Windows 安装在哪里？”界面中选择“新建”选项，即可新建磁盘分区。若是已经分区的硬盘，只需要在选择安装区域后，单击“下一步”按钮完成剩余步骤即可。

小贴士：磁盘分区

- 如果已经为磁盘设置好分区，可先选择要安装操作系统的分区，再选择“格式化”选项将其格式化，然后单击“下一步”按钮，在该分区上安装操作系统。
- 也可以先安装好操作系统，再创建其他磁盘分区。

任务 3.2　认识 Windows 10

【任务描述】

在安装好 Windows 10 系统后，小白发现桌面上只有一个回收站图标，并没有其他常用图标，桌面背景和工作环境也不是自己喜欢的。他决定订制一个更加个性化的 Windows 10 工作环境。同时，为了避免在其他同学使用自己的计算机时更改设置，小白还计划为自己的计算机设置一个专门的私人账户。下边就来完成这项任务。

【知识储备】

控制面板

微课 3-3

Windows 10 允许用户根据自己的使用习惯订制桌面。利用“控制面板”就可以实现 Windows 10 的个性化设置，包括设置屏幕显示效果、修改系统时间和日期、添加删除程序等。

单击“开始”按钮，在“开始”菜单中选择“Windows 系统”文件夹下的“控制面板”选项，如图 3-5 所示，打开“控制面板”窗口，如图 3-6 所示。所有系统设置工具都按类别地显示在“控制面板”窗口中。

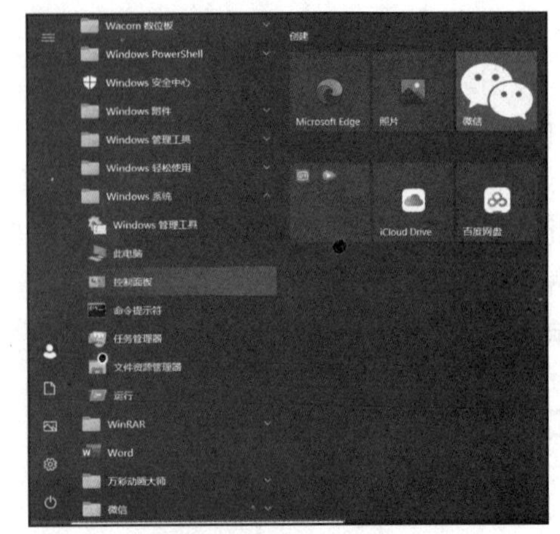

图 3-5　选择“控制面板”选项

图 3-6　“控制面板”窗口

更改这些设置的具体操作如下。

（1）确定想要修改的设置属于哪个类别，然后单击该类别的标题链接。

（2）在打开的窗口中显示相应类别下的具体工具，单击要使用的工具链接。

（3）在打开的工具窗口中进行修改设置。

（4）单击工具窗口左上角的“返回”←按钮或“上一级”按钮↑，可在显示过的窗口中切换。完成设置后关闭工具窗口。

【任务实现】

1. 桌面操作

在日常的计算机使用过程中，我们通常会把常用的程序、文件夹、文件、快捷方式图标等放置在桌面上，方便随时查找和使用。刚安装好的 Windows 10 的桌面上只有“回收站”和“浏览器”图标，若想添加其他程序至桌面，需要执行以下操作。

（1）在桌面空白区域单击鼠标右键，在弹出的快捷菜单里执行“个性化”命令，如图 3-7 所示，打开“设置”窗口，在左侧的“个性化”列表中选择“主题”选项。在右侧的“主题”界面的“相关的设置”类别下，单击“桌面图标设置”链接，如图 3-8 所示。

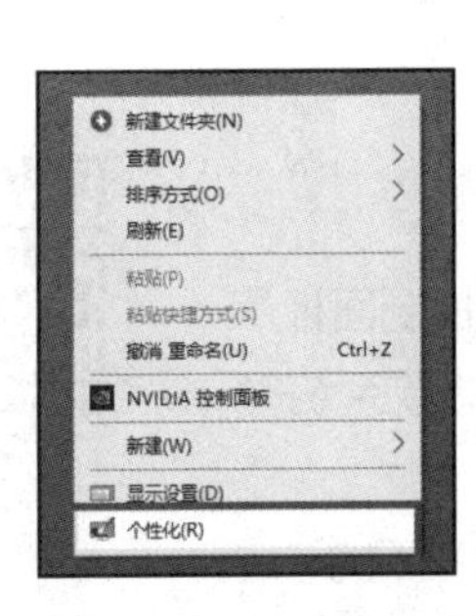

图 3-7　“个性化”选项

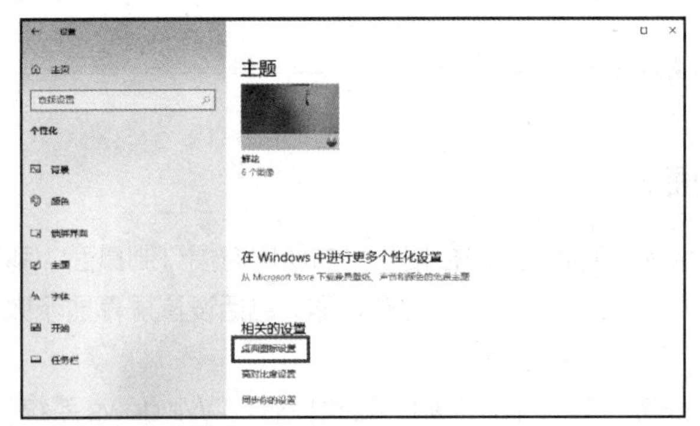

图 3-8　桌面图标设置

（2）在打开的“桌面图标设置”对话框中选择需要添加的桌面图标，单击“确定”按钮，如

图 3-9 所示。

（3）返回桌面后，可以看到选择的图标已经在桌面添加完成。

图 3-9　添加桌面图标

2. 创建快捷方式图标

（1）打开“开始”菜单，找到需要创建快捷方式图标的程序，在其上单击鼠标右键，在弹出的快捷菜单中执行“更多”-“打开文件位置”命令。

（2）在打开的窗口中选择“管理-快捷工具”-“打开位置”选项，定位到该应用程序所在位置，单击鼠标右键，在弹出的快捷键菜单中执行“创建快捷方式”命令，即可创建该程序的桌面快捷方式图标，如图 3-10 所示。

3. 创建文件或文件夹快捷方式图标

在需要创建快捷方式图标的文件或文件夹上单击鼠标右键，在弹出的快捷菜单中执行“发送到”-“桌面快捷方式”命令，即可完成创建。

4. 设置图标大小及整理图标顺序

（1）在桌面空白区域单击鼠标右键，在弹出的快捷菜单中执行“查看”命令，在子菜单中可以选择大、中、小 3 种图标查看方式，如图 3-11 所示，用户可根据需要自行选择。

图 3-10　创建桌面快捷方式图标

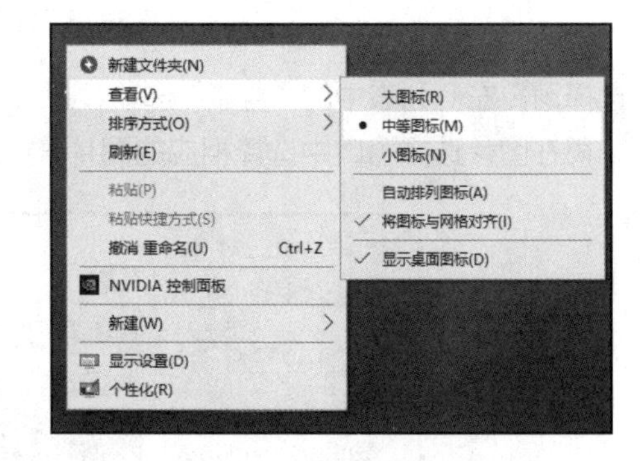

图 3-11　3 种图标查看方式

（2）在桌面空白区域单击鼠标右键，在弹出的快捷菜单中执行“排序方式”命令，在子菜单中可以选择按名称、大小、项目类型、修改日期 4 种方式进行排序。

5. 应用主题并设置桌面背景

（1）在“控制面板”窗口中单击“外观和个性化”链接，打开该窗口。

（2）单击“任务栏和导航”类别下的“导航属性”链接，打开“设置”窗口，如图 3-12 所示。

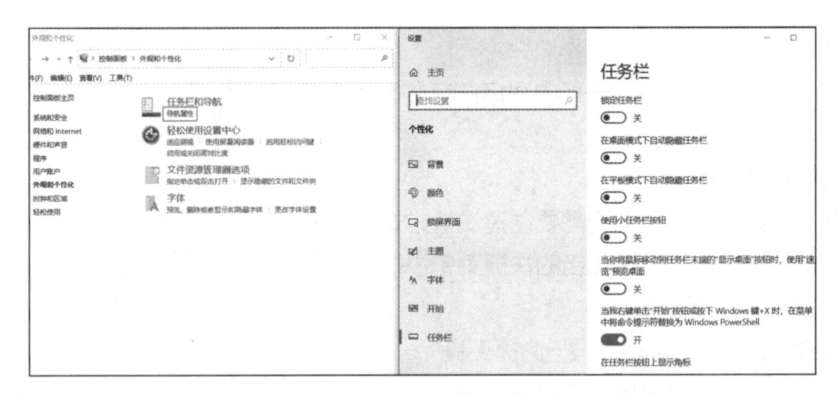

图 3-12　任务栏和导航设置窗口

（3）在窗口左侧列表中选择“主题”选项，在窗口右侧选择一个个性化主题，如“鲜花”主题，系统将自动应用该主题，如图 3-13 所示。

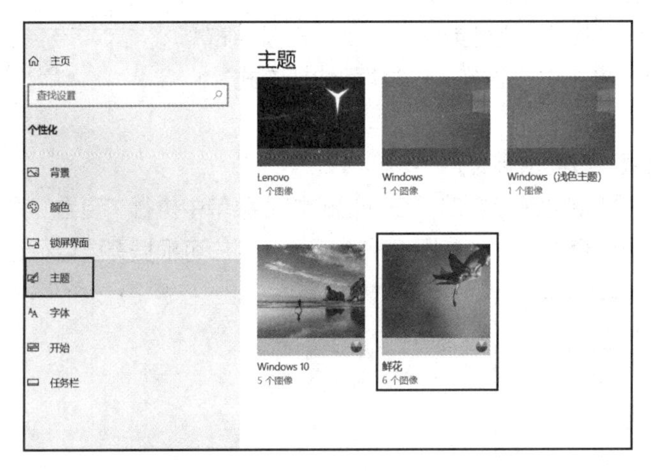

图 3-13　主题设置

（4）选择窗口左侧列表中的“背景”选项，进入背景设置窗口，在“背景”下拉列表中选择“图片”选项，再在图片选择窗口中选择相应的图片，如图 3-14 所示。

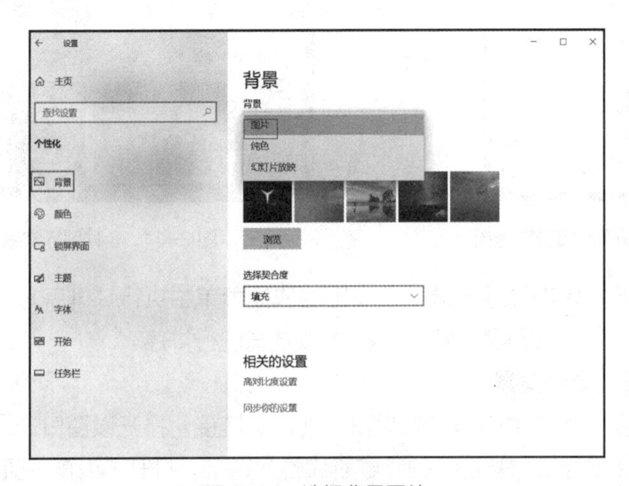

图 3-14　选择背景图片

6. 屏幕保护程序设置

屏幕保护程序可以用来显示精美的画面，在用户离开计算机时暂时遮挡屏幕，其设置操作如下。

（1）在桌面空白区域单击鼠标右键，在弹出的快捷菜单中执行“个性化”命令，如图 3-15 所示，打开设置窗口。

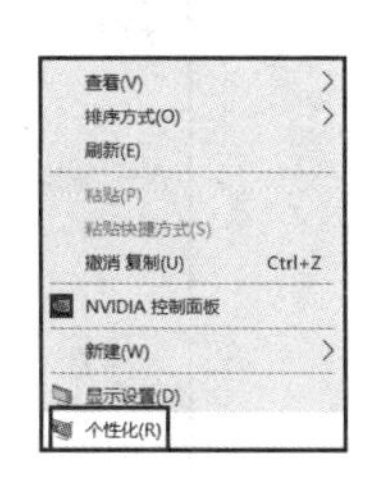

图 3-15　个性化选项

（2）在窗口左侧选择“锁屏界面”选项，在窗口右侧可以选择相应的图片作为屏幕保护程序的显示图片。

> **小贴士：设置动态屏幕保护程序**
>
> 在窗口右侧选择“屏幕保护程序设置”选项，打开该对话框，在“屏幕保护程序设置”下拉列表中选择“3D 文字”选项，即可设置动态屏幕保护程序。

7. 设置 Windows 10 个人账户

Windows 10 支持多用户的操作环境，当多人使用同一台计算机时，可以分别为每个用户创建一个账户，这样不同的用户可以使用自己的账户和密码在同一台计算机上登录。

例如，小白为自己创建一个个人账户，并用该账户登录，操作如下。

（1）打开“控制面板”窗口，选择“用户账户”选项，打开“用户账户”窗口，可以看到默认情况下 Windows 10 只有一个管理员账户。单击“管理其他账户”链接，如图 3-16 所示。

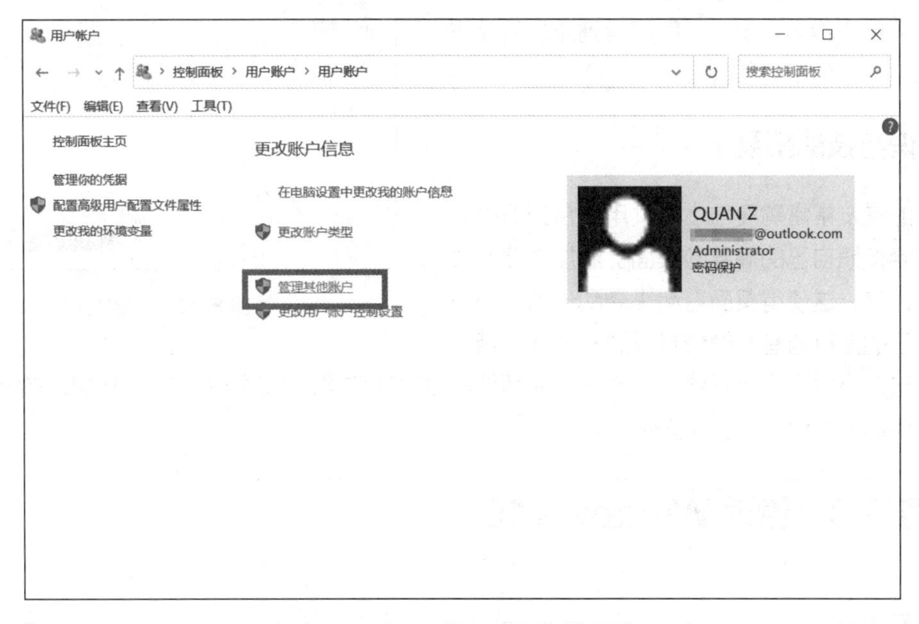

图 3-16　单击“管理其他账户”链接

（2）在打开的“管理账户”窗口中单击“在电脑设置中添加新用户”链接，如图 3-17 所示。

图 3-17　单击“在电脑设置中添加新用户”链接

（3）打开“家庭和其他用户”窗口，选择“将其他人添加到这台电脑”选项，执行以下操作。

在“此人将如何登录？”界面中选择“我没有这个人的登录信息”-“添加一个没有 Microsoft 账户的用户”，打开“为这台电脑创建用户”界面，如图 3-18 所示，在该界面输入新的用户名和密码。

（4）返回“设置”窗口，即可看到添加的用户账户显示在“其他用户”区域。

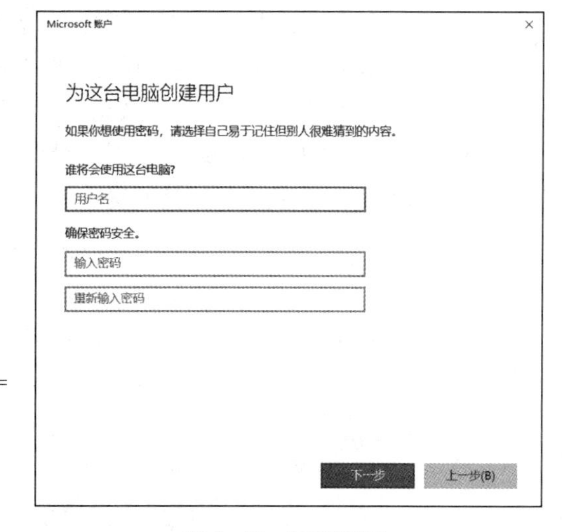

图 3-18　创建新账户

【知识与技能拓展】

小白的室友常常需要与小白共用一台计算机，两个人都会按照自己的需要向桌面上添加快捷方式图标和文件夹，这使得桌面看起来杂乱无章。小白常常将自己的资料与室友的资料弄混，为此他苦恼不已。请帮助小白为同桌新建一个账户，使两位学生每次登录系统时可以进入自己独立的桌面，使计算机的使用更加便捷，更加人性化。

任务 3.3　管理 Windows 10

【任务描述】

在开始使用操作系统之前，小白首先熟悉了一下 Windows 10 的桌面窗口等功能。他发现

Windows 10 采用了更加人性化的界面设计，用户可以根据个人喜好对“开始”菜单进行编辑。下面介绍 Windows 10 的操作。

【知识储备】

3.3.1 认识 Windows 10 的桌面与窗口

微课 3-4

Windows 10 相比之前的版本进行了一些更新和调整，“开始”菜单进行了全新升级，新的“开始”菜单不仅具有 Windows 8 的动态磁贴功能，操作上也兼顾了平板电脑用户。

3.3.2 熟悉文件、文件夹与文件路径

1. 文件与文件夹

文件是数据在计算机中的组织形式。计算机中的所有数据都是以文件的形式保存在计算机的外存储器（如硬盘、光盘和 U 盘等）中的。Windows 10 中的文件是用图标和文件名来标识的，其中文件名由主文件名和扩展名两部分组成，中间用“ • ”分隔。

（1）主文件名：最多可以由 255 个英文字符或 127 个汉字组成，也可以混合使用字符、汉字和空格；不能含有“ \ ”“ / ”“ : ”“ < ”“ > ”“? ”“*”“ " ”“|”等字符；字母不区分大小写。

（2）扩展名：通常为 3 个英文字符，它决定了文件的类型，也决定了可以使用什么程序来打开文件；常说的文件格式指的就是文件的扩展名；在 Windows 10 中，每种程序生成文件时都会为文件添加默认的扩展名，用于区分文件类型。

文件夹是用来协助用户管理计算机文件的，每一个文件夹对应一块磁盘空间，它提供了指向对应磁盘空间的路径地址。文件夹可以包含若干文件和文件夹。

2. 文件路径

文件路径是指文件的存储位置。例如，“D:\素材与实例 \ 素材文字.docx”就是一个文件路径。它指的是一个 Word 文件“素材文字”存储在 D 盘中的“素材与实例”文件夹中。用户若要打开这个文件，按照文件路径逐级找到此文件即可。

【任务实现】

1. 了解 Windows 10 的新功能

微课 3-5

（1）使用“开始”菜单

单击桌面左下角的“开始”按钮，打开“开始”菜单。“开始”菜单由固定项目列表、应用列表、动态磁贴面板、开始屏幕组件构成，如图 3-19 所示。

① 固定项目列表中包含“Administrator”“文档”“图片”“设置”“电源”5 个选项。

② 应用列表中显示计算机中的程序。

③ 在动态磁贴中可根据最近使用程序的情况显示最新动态。

④ “开始”菜单中包含多个动态磁贴和程序的快捷方式图标，方便用户快速启动常用程序。

（2）将常用程序固定到“开始”菜单中

将常用程序固定到“开始”菜单中，就可以快速打开和查找程序。

① 打开程序列表，在需要被固定到“开始”菜单中的程序上单击鼠标右键，在弹出的快捷菜单中执行“固定到‘开始’屏幕”命令，如图 3-20 所示。

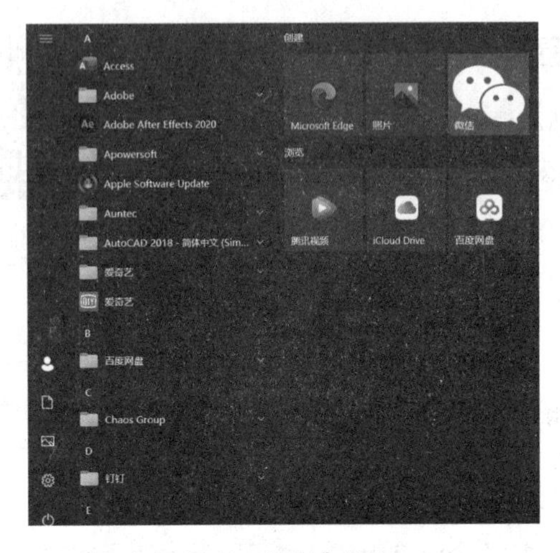

图 3-19 “开始”菜单

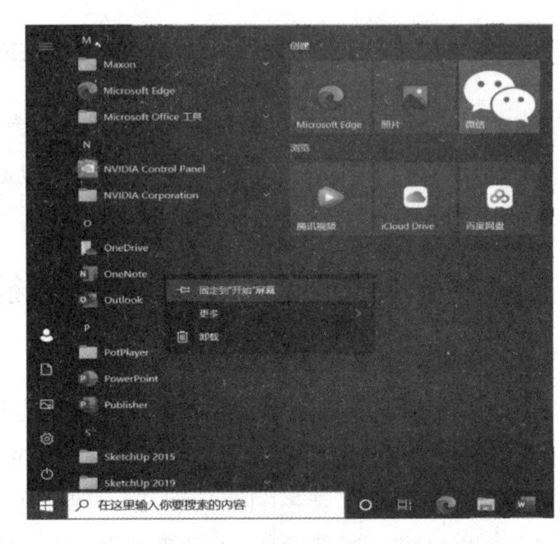

图 3-20 执行“固定到‘开始’屏幕”命令

② 若要将已经固定到“开始”菜单中的程序删除，可以在该程序上单击鼠标右键，在弹出的快捷菜单中执行“从‘开始’屏幕取消固定”命令，如图 3-21 所示。

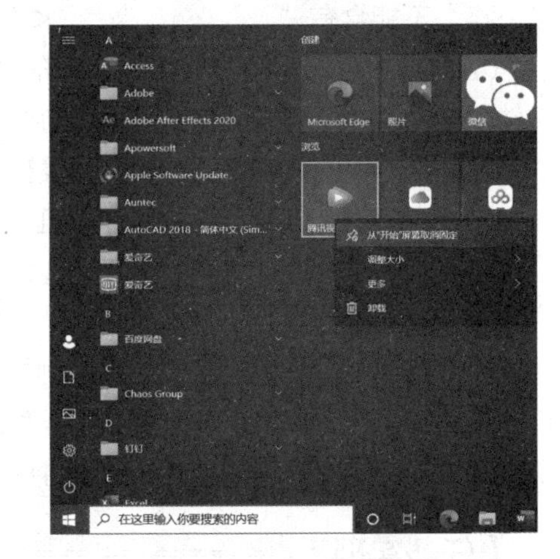

图 3-21 执行“从‘开始’屏幕取消固定”命令

（3）使用动态磁贴

动态磁贴可以帮助用户及时了解程序的更新信息与最新动态。

① 打开动态磁贴：在需要打开动态磁贴的程序上单击鼠标右键，在弹出的快捷菜单中执行“更多”-“打开动态磁贴”命令，如图 3-22 所示。

② 关闭动态磁贴：在需要关闭动态磁贴的程序上单击鼠标右键，在弹出的快捷菜单中执行“更多”-“关闭动态磁贴”命令，如图 3-23 所示。

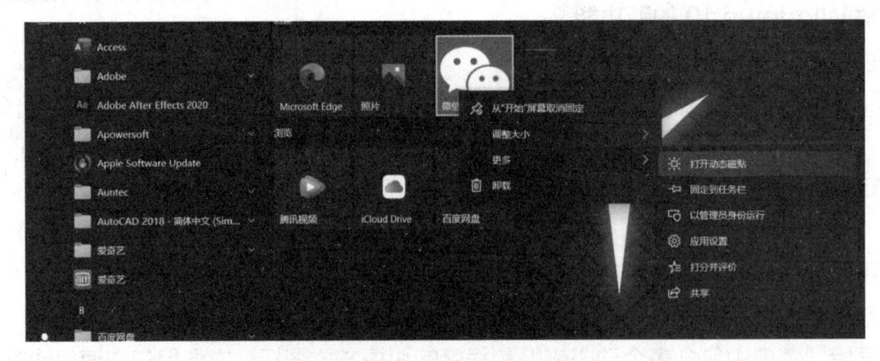

图 3-22 打开动态磁贴

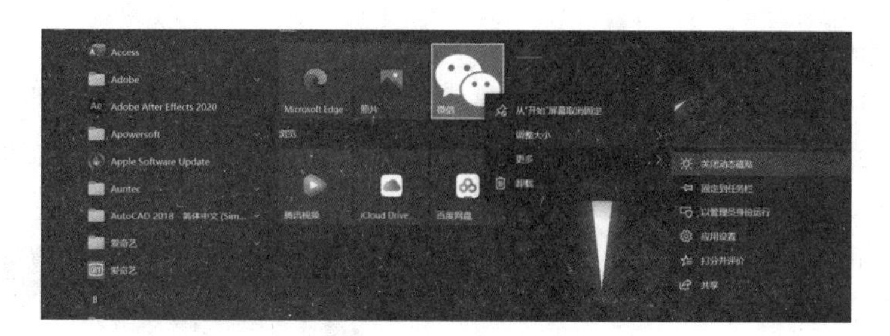

图 3-23　关闭动态磁贴

（4）管理“开始”屏幕

用户还可以根据使用习惯新建和整合动态磁贴，如新建磁贴组、整合磁贴组等，以提高用户使用体验。

① 新建磁贴组：将同一类程序拖曳到空白区域，如图 3-24 所示，当出现实色栏时释放鼠标，反复操作，将同一类型程序排放在一起。

将鼠标指针移动到“命名组”栏，单击“命名组”栏右侧的“=”按钮，将光标定位到文本框中，输入磁贴组名称后，按【Enter】键确认，如图 3-25 所示。

② 整合磁贴组：将同类的动态磁贴拖曳至目标磁贴组中，可以将其整合为一个磁贴组，如图 3-26 所示。

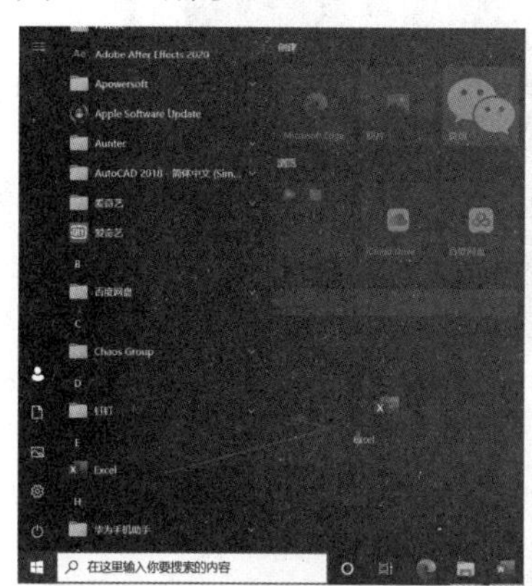

图 3-24　拖曳程序到空白区域

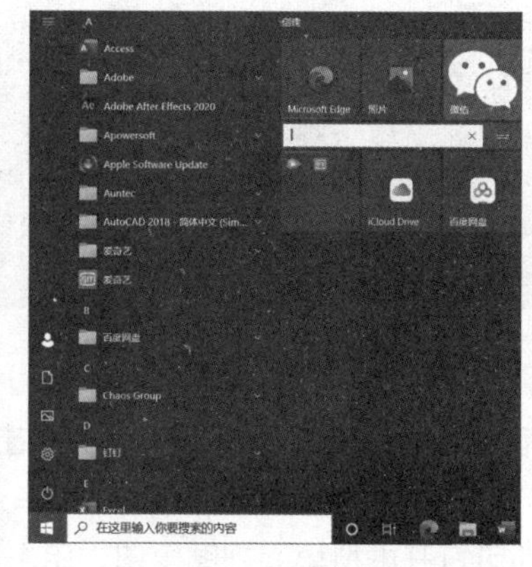

图 3-25　为磁贴组命名

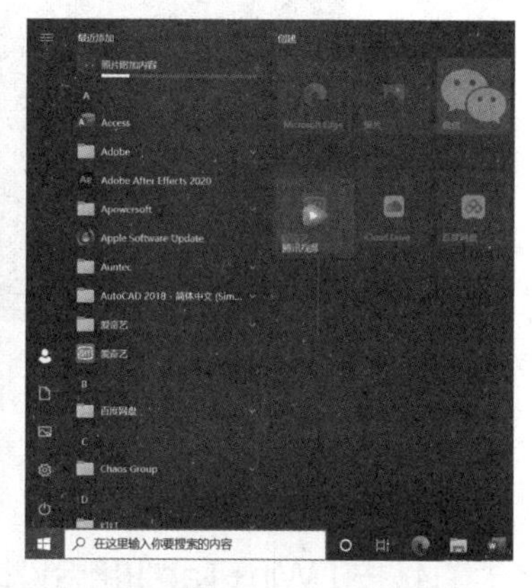

图 3-26　拖曳动态磁贴至目标磁贴组

整合之后同类型的动态磁贴可以同时以小图标的形式存在于同一个磁贴组中，如图 3-27 所示。用户可以为磁贴组重命名，如图 3-28 所示。

图 3-27　同类型的动态磁贴组成一个磁贴组

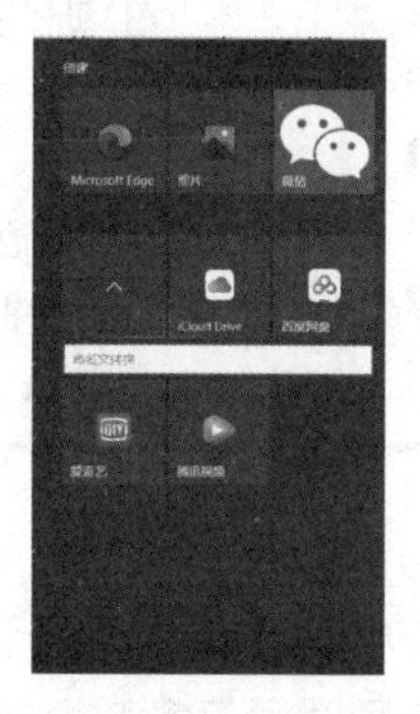

图 3-28　重命名磁贴组

（5）使用虚拟桌面

Windows 10 新增的虚拟桌面，可以为同一个用户提供多个桌面环境。例如，办公室计算机或家庭计算机需要满足私人使用和他人共用两种条件，此时可设置一个私人桌面和一个共用桌面。下面以创建一个私人桌面和一个共用桌面为例，介绍虚拟桌面的使用方法与技巧。

① 单击任务栏搜索框右侧的“任务视图”按钮，如图 3-29 所示，进入虚拟桌面操作界面。

图 3-29　单击“任务视图”按钮

② 单击“新建桌面”按钮，如图 3-30 所示，系统自动新建一个桌面，将其命名为“桌面 2”。

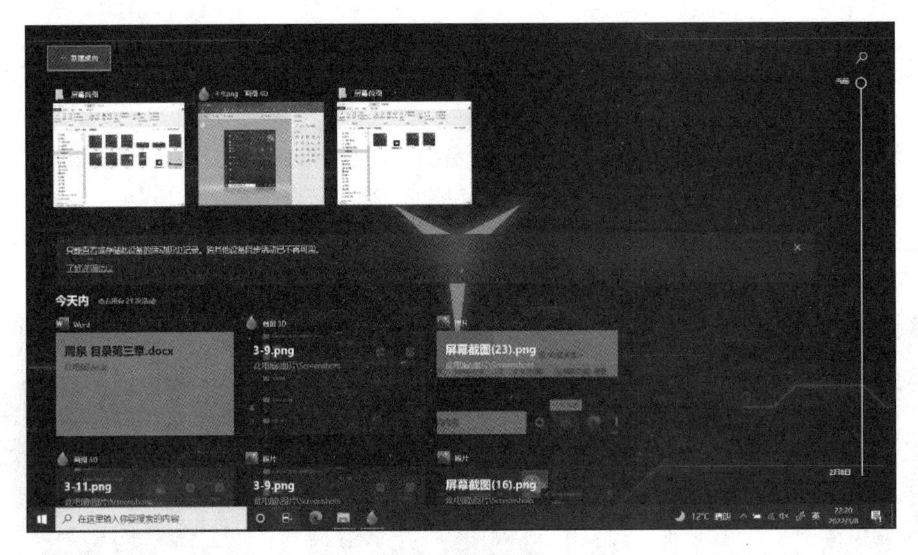

图 3-30　新建桌面

③ 进入“桌面 1”，在任意窗口图标上单击鼠标右键，在弹出的快捷菜单中执行“移动到”-“桌面 2”命令。

④ 按【Win+Tab】组合键即可打开虚拟桌面视图窗口，单击桌面即可进行切换。

> **小贴士：Windows 10 创建虚拟桌面没有数量限制**
>
> 按【Win+Tab+→】和【Win+Tab+←】组合键，可以快速向左、向右切换虚拟桌面。

（6）使用分屏功能

在实际工作中，用户经常会打开多个程序或窗口，并不停地切换。使用 Windows 10 中的分屏功能可以在桌面同时显示多个窗口，方便用户进行切换。下面以将屏幕分成 3 个区域，分别显示 3

个窗口为例，介绍分屏功能的使用方法。

① 拖曳一个程序窗口到屏幕右侧，当出现窗口停靠虚线框时释放鼠标，如图 3-31 所示。

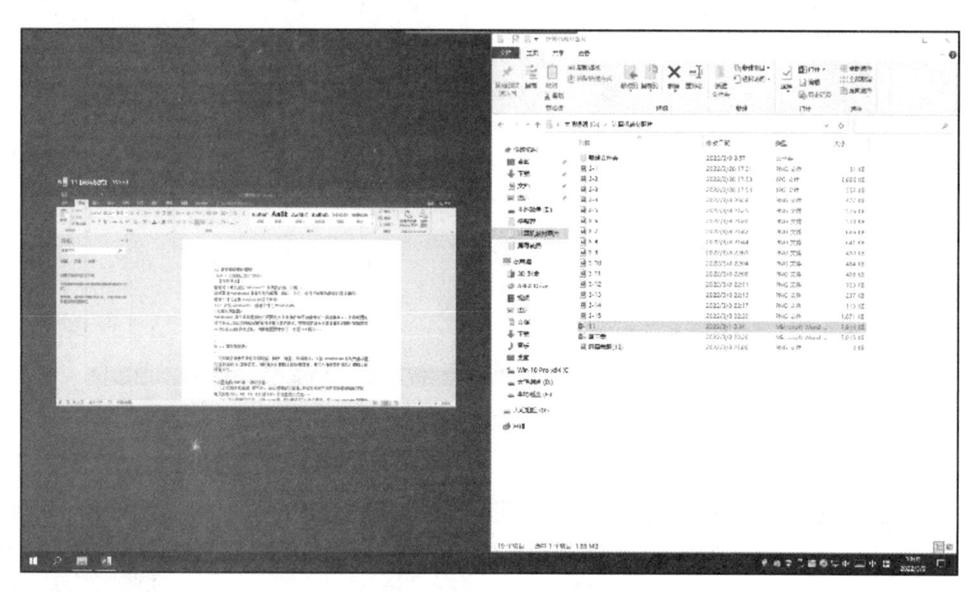

图 3-31　拖曳程序窗口到屏幕右侧，显示分屏

② 此时该程序窗口在右侧占据一半桌面，选择另一个程序窗口。

③ 将其拖曳到屏幕左侧，此时选择的程序窗口将停靠到桌面左侧，占满剩余的桌面，双屏分屏效果如图 3-32 所示。若单击左侧空白位置，则将退出停靠状态。

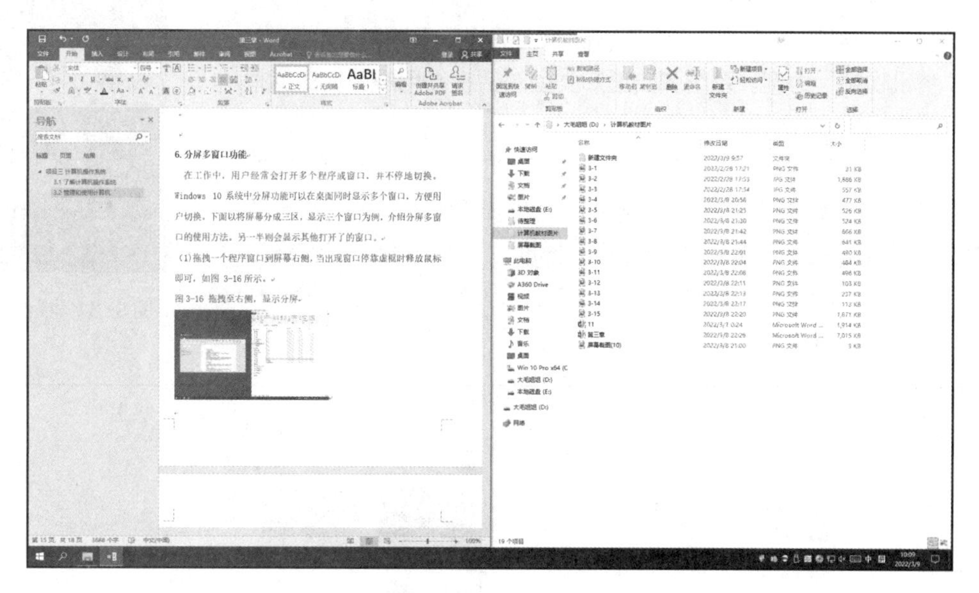

图 3-32　双屏分屏效果

④ 将程序窗口拖曳到桌面左上角，此时程序窗口将停靠在桌面的左上方，左下方将显示其他程序窗口。在下方任务栏中显示的程序图标上单击，即可将窗口停靠在左下方，屏幕分 3 屏效果如图 3-33 所示。

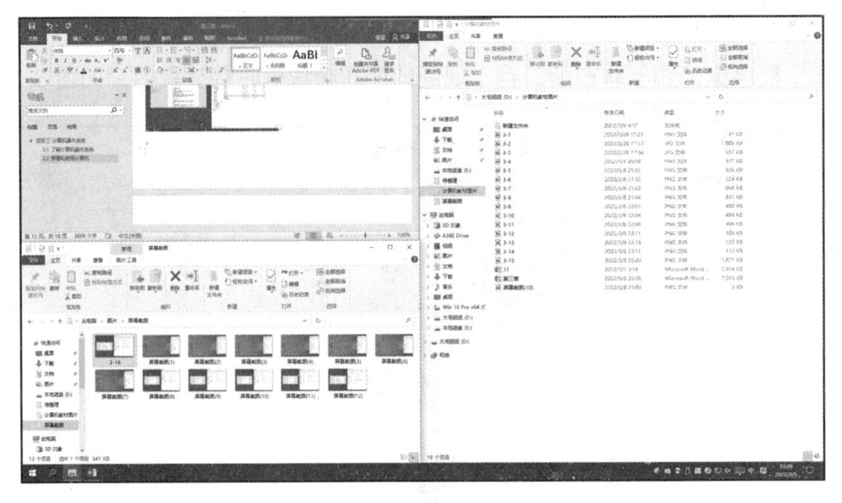

图 3-33　屏幕分 3 屏效果

（7）使用操作中心

Windows 10 还引入了新的操作中心，使用操作中心可以在扩展面板中统一显示来自计算机的通知、邮件通知和其他信息等。

单击桌面右下角的操作中心图标 ，即可打开操作中心。按【Win+A】组合键也可以快速打开操作中心。操作中心由通知信息和快捷操作按钮两部分组成。单击列表中的通知信息即可查看信息详情或打开相关设置界面。自左向右滑动通知信息即可将其从操作中心删除，单击顶部的“清除所有通知”将清空通知信息列表，操作中心如图 3-34 所示。

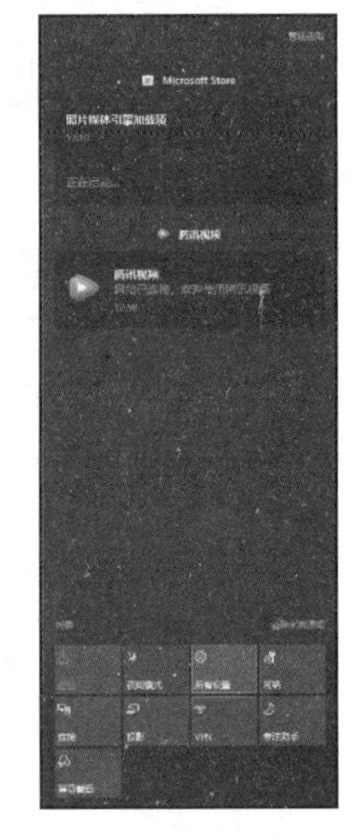

图 3-34　操作中心

① 更改通知类型。在“设置”窗口右侧单击需修改通知类型的程序，这里以“腾讯视频”为例。系统弹出通知类型对话框，用户可在对话框中自行设置通知情况，如图 3-35 所示。

② 编辑快捷按钮。在“设置”窗口左侧选择“通知和操作”选项，在界面右侧单击“编辑快速操作”链接，如图 3-36 所示，在打开的窗口中进行设置。在弹出的“管理通知”界面中，单击快捷操作选项右上角的“图钉”图标可将其删除，单击“添加”按钮可增加快捷操作选项，如图 3-37 所示。

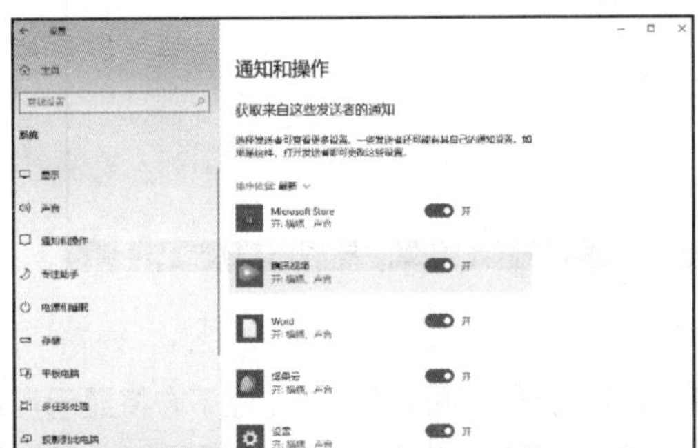

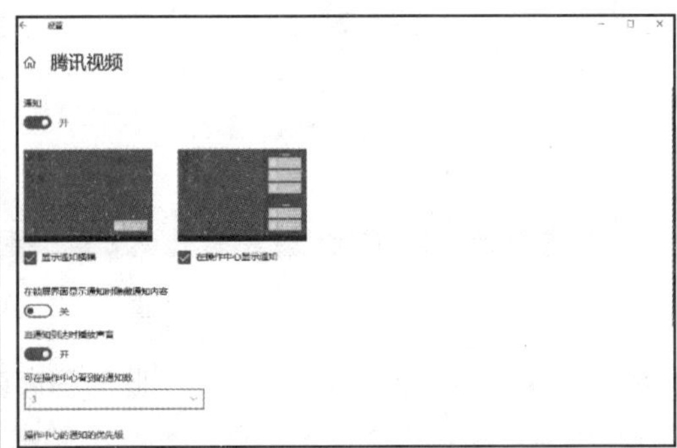

图 3-35　设置通知情况

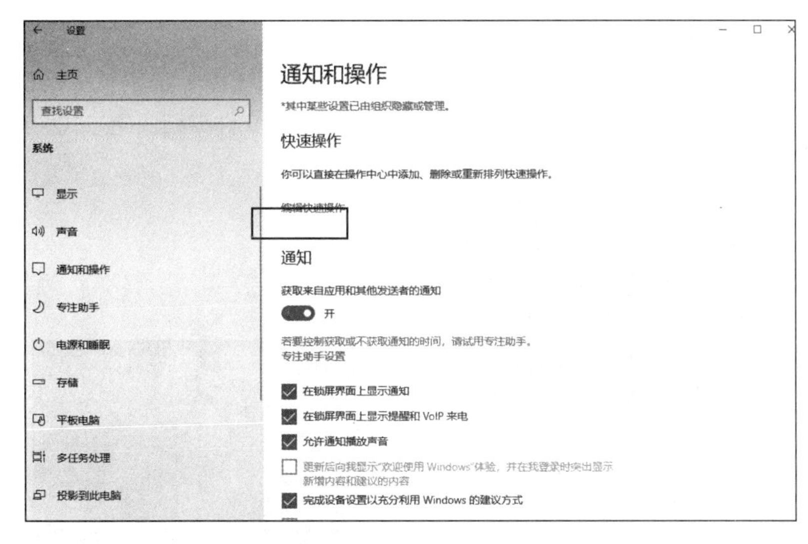

图 3-36　单击“编辑快速操作”链接

图 3-37　“管理通知”界面

2. 管理文件/文件夹

微课 3-6

（1）访问最近使用的文件

按【Win+E】组合键可以快速打开“资源管理器”窗口，选择“快速访问”选项，窗口中会显示常用文件夹和最近使用的文件，如图 3-38 所示。

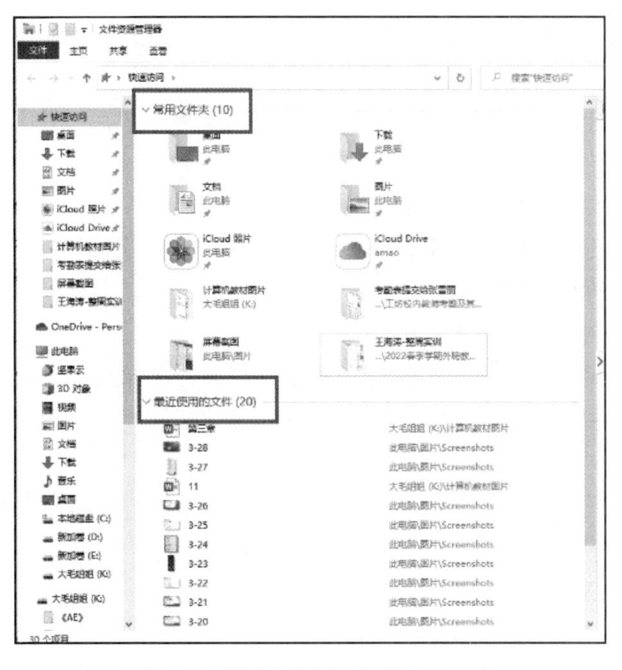

图 3-38　常用文件夹和最近使用的文件

（2）新建文件/文件夹

在桌面空白区域单击鼠标右键，在弹出的快捷菜单中执行“新建”-“文件夹”命令，新建文件夹。同理，可通过快捷菜单新建各种类型的文件，如图 3-39 所示。

（3）选择文件/文件夹

① 框选多个文件/文件夹。按住鼠标左键并拖曳，框选需要的文件/文件夹和快捷方式图标，如图 3-40 所示。

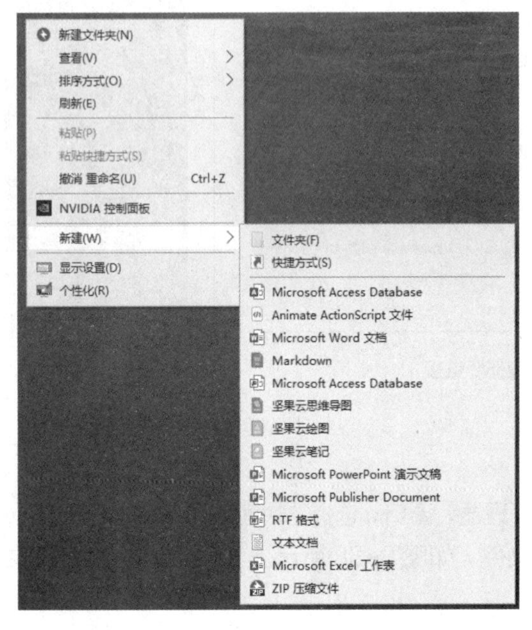

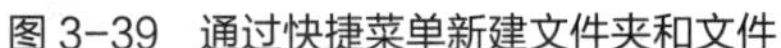
图 3-39　通过快捷菜单新建文件夹和文件

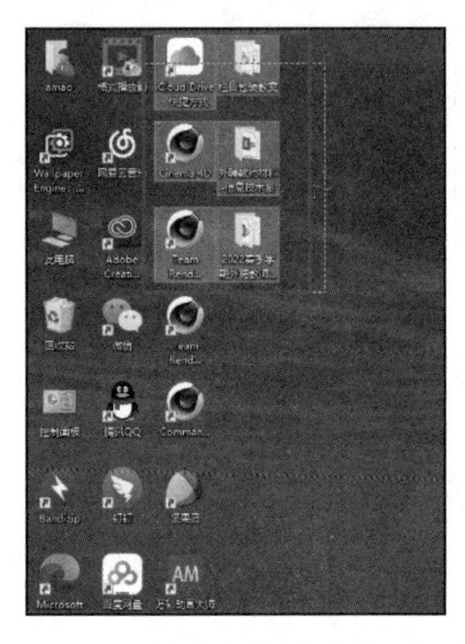
图 3-40　框选多个文件夹和快捷方式图标

② 选择不相邻的文件/文件夹。按住【Ctrl】键单击需要的文件/文件夹即可将其选中，若要取消选择，再次单击该文件/文件夹即可。

③ 选择连续的多个文件/文件夹。单击第一个文件/文件夹，然后按住【Shift】键单击最后一个文件/文件夹，则两个文件/文件夹之间的对象均被选中。

（4）选择当前窗口中所有的文件/文件夹

在打开的窗口中单击“主页”选项卡“选择”组中的“全部选择”按钮，或直接按【Ctrl+A】组合键即可全选所有文件/文件夹。

（5）删除和还原文件/文件夹

① 删除文件/文件夹。在文件/文件夹上单击鼠标右键，在弹出的快捷菜单中执行“删除”命令；或将所选文件/文件夹拖曳至桌面回收站；或选择文件/文件夹后按【Delete】键，即可删除该文件/文件夹。

② 还原文件/文件夹。双击桌面中的“回收站”图标，打开“回收站”窗口，在其中可看到删除的文件/文件夹，选择需要还原的文件/文件夹，单击鼠标右键，在弹出的快捷菜单中执行“还原”命令，即可还原该文件/文件夹。

（6）移动、复制、重命名文件/文件夹

① 移动文件/文件夹。单击需要移动的文件/文件夹，按【Ctrl+X】组合键可剪切该文件/文件夹，在需要移动的目标位置按【Ctrl+V】组合键，即可完成移动操作。用鼠标右键单击需要移动的文件/文件夹，在弹出的快捷菜单中执行“剪切”命令，在需要移动的目标位置再次单击鼠标右键，在弹出的快捷

菜单中执行“粘贴”命令，也可完成操作。

② 复制文件/文件夹。单击需要移动的文件/文件夹，按【Ctrl+C】组合键，在需要复制的地方按【Ctrl+V】组合键，即可完成复制操作。用鼠标右键单击需要复制的文件/文件夹，在弹出的快捷菜单中执行“复制”命令，再在需要复制的区域单击鼠标右键，在弹出的快捷菜单中执行“粘贴”命令，也可完成复制操作。

③ 重命名文件/文件夹。用鼠标右键单击需要重命名的文件/文件夹，在弹出的快捷菜单中执行“重命名”命令，输入修改后的文件名，即可完成重命名操作。用鼠标右键单击需要重命名的文件/文件夹，按快捷键【M】，输入修改后的文件名，也可完成重命名操作。

（7）查找文件/文件夹

当文件/文件夹较多时，常会发生找不到某个文件/文件夹的情况，此时可借助 Windows 10 的搜索功能进行查找。例如，要查找“此电脑”中的“素材文字”文件，可执行如下操作：打开“此电脑”窗口，在窗口右上角的搜索框中输入要查找的文件名称“素材文字”，如图 3-41 所示。

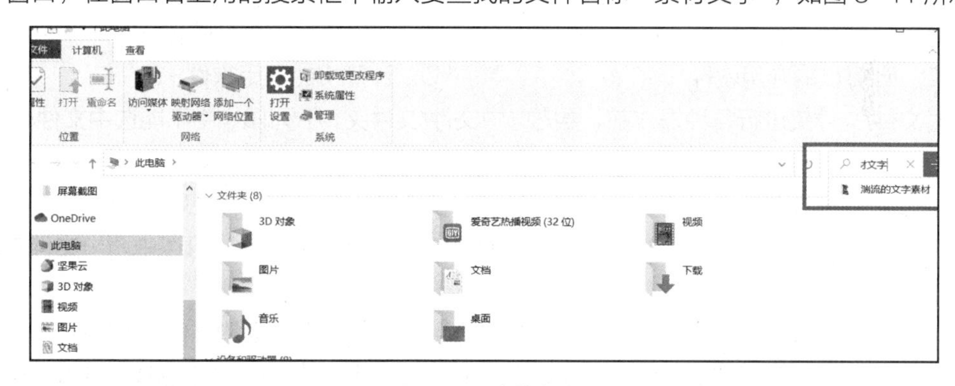

图 3-41　查找文件

小贴士：查找时可以借助通配符

如果记不清文件/文件夹的全名，可使用通配符进行模糊查找。常用的通配符有星号“*”和问号“？”两种，其中，“*”代表一个或多个任意字符，“？”只代表一个字符。例如，*.* 表示所有文件和文件夹；*.jpg 表示扩展名为 jpg 的所有文件；？aa.doc 表示扩展名为.doc，文件名为 3 位并且必须是以 aa 为文件名结尾的所有文件。

【知识与技能拓展】

小白在使用计算机的过程中常常把文件随意地放在桌面上，随着时间的推移，堆积的文件/文件夹越来越多，常常找不到需要的文件。为此小白决定利用所学知识整理自己计算机中的文件夹，并在需要的时候利用分屏功能将桌面进行“学习”和“娱乐”分区。

练习与测试

一、选择题

1. 在 Windows 10 中，要选择多个连续的文件/文件夹，应首先选中第一个文件/文件夹，然后按住（　　）键单击最后一个文件/文件夹。

A.【Ctrl】　　B.【Shift】　　C.【Tab】　　D.【Alt】

2. 计算机操作系统的功能是（　　）。

A. 对计算机的硬件系统和资源进行管理与控制，以及为用户提供良好的使用环境

B. 对源程序进行翻译

C. 对用户数据文件进行管理

D. 对汇编语言程序进行翻译

3. 计算机的操作系统是（　　）。

A. 计算机中使用最广的应用软件　　B. 计算机系统软件的核心

C. 计算机的专用软件　　D. 计算机的通用软件

4. 对文件/文件夹进行各种操作前，要先选中文件/文件夹，下列操作中不能选中文件/文件夹的是（　　）。

A. 按住鼠标左键并拖曳，框选需要选择的多个文件夹，然后释放鼠标

B. 选中第一个文件夹，按住【Shift】键单击最后一个文件夹，可选中两个文件夹之间的所有对象

C. 按住【Ctrl】键依次单击文件/文件夹，可选中多个不连续的文件/文件夹

D. 直接按【Ctrl+Z】组合键，或选择“主页”-“选择”→“全部选择”选项，可以选择当前窗口中的所有文件/文件夹

5. 下列操作中不正确的是（　　）。

A. 在背景设置窗口中可以更改背景图片、选择图片契合度、设置纯色或幻灯片放映等

B. 在颜色设置窗口中可以为系统设置不同的颜色，也可以单击“自定义颜色”按钮，在打开的对话框中自定义自己喜欢的主题颜色

C. 在锁屏界面设置窗口中可以选择系统默认的图片，也可以单击“浏览”按钮，将本地图片设置为锁屏画面

D. 在开始设置窗口中，可以自定义主题的背景、颜色、声音及鼠标指针样式等项目

二、操作题

1. 完成以下操作。

（1）在计算机的 D 盘中新建 AAA、BBB 和 CCC 3 个文件夹，再在 AAA 文件夹中新建 AA-1 子文件夹，在该子文件夹中新建一个“学习 txt”文件。

（2）将 AA-1 子文件夹中的“学习 txt”文件复制到 BBB 文件夹中。

（3）修改“学习 txt”文件的名称为“计算机应用技术 txt”。

2. 将“附件”中的“计算器”工具固定到“开始”菜单中。

3. 将 IE 浏览器锁定到任务栏。

4. 新建一个虚拟桌面，将其命名为“娱乐”。

项目四 使用 WPS 文字处理文档

04

项目导读

文字处理软件是常用的办公软件，使用文字处理软件可以实现文档的录入、编辑与排版。目前常用的文字处理软件有微软公司开发的 Microsoft Office Word 和金山公司开发的 WPS 文字。本项目将以 WPS 文字为例，通过任务导入，介绍文档的编辑与排版、文档中的表格制作、图文混排等内容。

任务 4.1 制作计算机社团招聘通知

【任务描述】

新学期伊始，学院团委计划在大一新生中招聘部分新成员，为社团注入新的活力。现需要制作一份计算机社团招聘通知发放到各个班级。下面使用 WPS 文字来完成此任务，计算机社团招聘通知效果如图 4-1 所示。

排版要求如下。

（1）页面设置：纸张大小为 A4，页边距上、下、左、右分别为 3.7 厘米、3.5 厘米、2.8 厘米、2.6 厘米。

（2）标题：黑体、小二、加粗、1.5 倍行距、段前段后间距 0.5 行、居中对齐。

（3）一级标题：仿宋、三号、加粗、1.5 倍行距、首行缩进 2 字符、左对齐。

（4）正文：仿宋、小三、1.5 倍行距、首行缩进 2 字符、两端对齐。

（5）单位及日期：仿宋、小三、1.5 倍行距、右对齐。

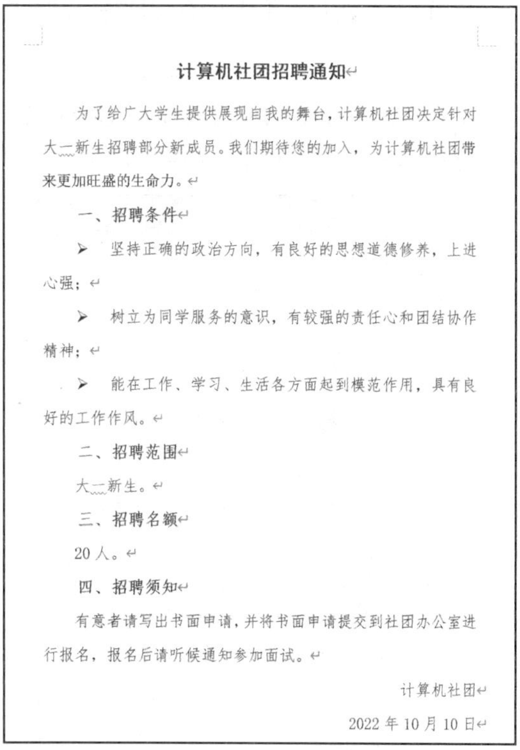

计算机社团招聘通知

为了给广大学生提供展现自我的舞台，计算机社团决定针对大一新生招聘部分新成员。我们期待您的加入，为计算机社团带来更加旺盛的生命力。

一、招聘条件

➢ 坚持正确的政治方向，有良好的思想道德修养，上进心强；

➢ 树立为同学服务的意识，有较强的责任心和团结协作精神；

➢ 能在工作、学习、生活各方面起到模范作用，具有良好的工作作风。

二、招聘范围

大一新生。

三、招聘名额

20 人。

四、招聘须知

有意者请写出书面申请，并将书面申请提交到社团办公室进行报名，报名后请听候通知参加面试。

计算机社团

2022 年 10 月 10 日

图 4-1 计算机社团招聘通知效果

【知识储备】

4.1.1 常见的办公处理软件

使用办公处理软件可以让企业的办公效率更高。我们的工作和生活离不开对文档的处理，目前较常用的办公处理软件有两个：微软公司开发的 Microsoft Office 和金山公司开发的 WPS Office。

微课 4-1

1. Microsoft Office

Microsoft Office 是微软公司开发的一个基于 Windows 操作系统的办公处理软件套装，常用的组件有 Word、Excel、PowerPoint 等，其中 Word 是用于文档处理的一个组件。

2. WPS Office

WPS Office 是由金山公司开发的一个国产办公处理软件套装，其英文全称是 Word Processing System。WPS Office 2019 之前的版本安装后会在桌面上显示 WPS 文字、WPS 表格、WPS 演示 3 个图标，而 WPS Office 2019 安装后只有一个图标。

目前，WPS Office 越来越受欢迎，占有较大的市场份额。

本项目将通过 WPS Office 2019 来学习文档的处理。

4.1.2 WPS Office 2019 的安装

用户可以通过 360 安全卫士中的软件管家安装 WPS Office 2019，如图 4-2 所示。安装完成后，在"开始"菜单中会增加"WPS Office"应用程序，同时在桌面上生成快捷方式图标，如图 4-3 所示。该版本与之前版本的不同之处是，它将之前的 WPS 文字、WPS 表格和 WPS 演示集成到一个工作界面中。

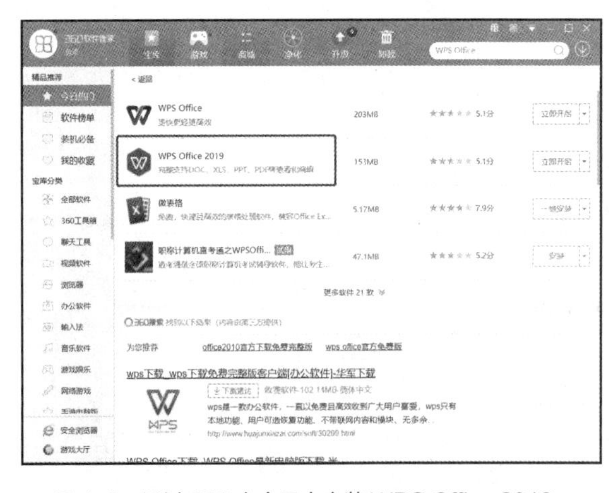

图 4-2 通过 360 安全卫士安装 WPS Office 2019

图 4-3 WPS Office 2019 快捷方式图标

4.1.3 WPS Office 2019 的工作界面

WPS Office 2019 的工作界面如图 4-4 所示。

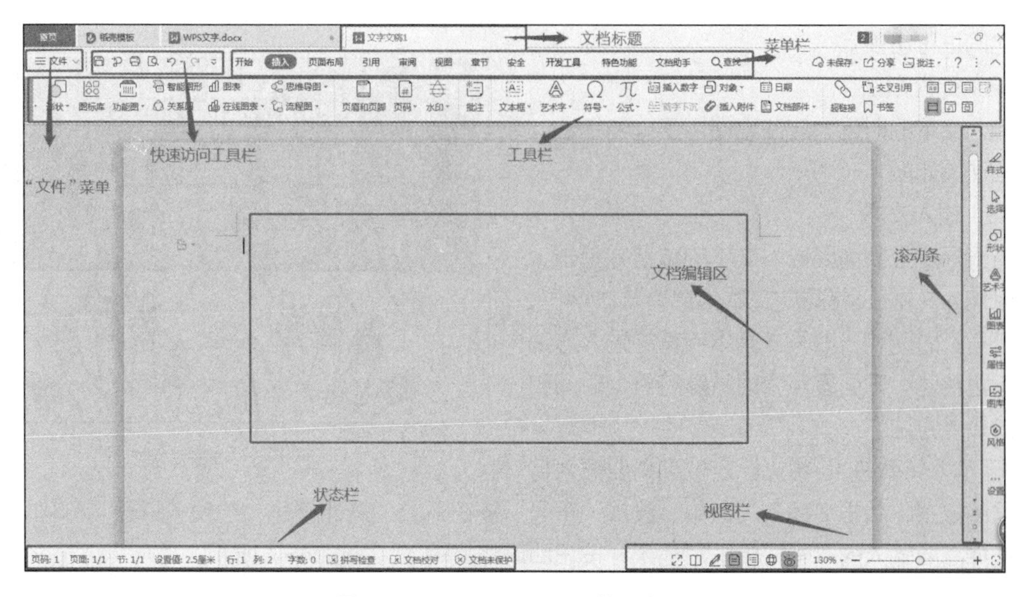

图 4-4 WPS Office 2019 的工作界面

（1）文档标题：用于显示文件名。

（2）"文件"菜单：执行"文件"菜单里的命令，可以对文件进行打开、新建、保存、编辑等操作。

（3）快速访问工具栏：用于存放经常使用的工具，可以单击右侧的下拉按钮自定义快速访问工具栏。

（4）菜单栏：用于存放菜单。

（5）工具栏：每一个菜单下方都对应一个工具栏，有的工具后面有一个倒三角按钮，单击倒三角按钮可以打开相应的对话框，在其中可进行更多设置。

（6）文档编辑区：用于输入文字的区域。

（7）滚动条：分为水平和垂直滚动条，用于拖曳页面显示更多的信息。

（8）状态栏：用于显示文档的页码、行、列、字数等信息。

（9）视图栏：用于根据需要放大或缩小页面以及选择其他版式。

4.1.4 文本输入与编辑的基础知识

1. 输入文本

输入文本时，若想提高输入速度，需要选择合适的输入法，同时注意使用正确的指法。

（1）输入法切换

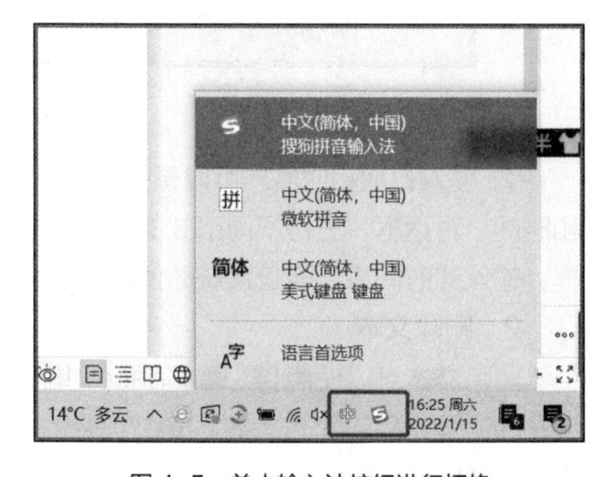

图 4-5 单击输入法按钮进行切换

在输入文本之前，需要进行输入法切换，主要有两种方法：一种方法是单击桌面下方任务栏右侧的输入法按钮进行切换，如图 4-5 所示；另一种方法是按【Ctrl+Shift】组合键在不同的输入法之间进行切换，按【Ctrl+Space】组合键可以在中英文输入法之间进行切换。

（2）键盘指法

输入文本的时候，应注意使用正确的指法，键盘指法图如图 4-6 所示。

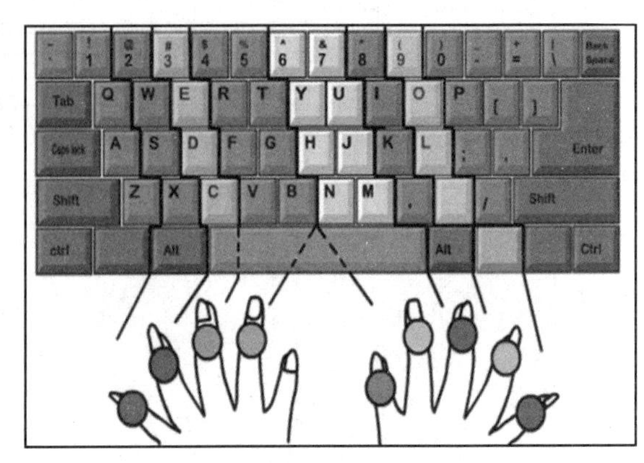

图 4-6　键盘指法图

（3）输入文本

将光标定位到需要插入文本的位置并单击，就可以输入文本了。常见的文本信息有基本字符、特殊符号、时间和日期等。基本字符的输入方法这里不再赘述，下面重点介绍特殊符号、时间和日期的输入方法。

① 输入特殊符号：将光标定位到需要插入特殊符号的位置，单击“插入”菜单，选择“符号”按钮下的“其他符号”选项，打开“符号”对话框，选择需要输入的符号，单击“插入”按钮即可将其输入，如图 4-7 所示。

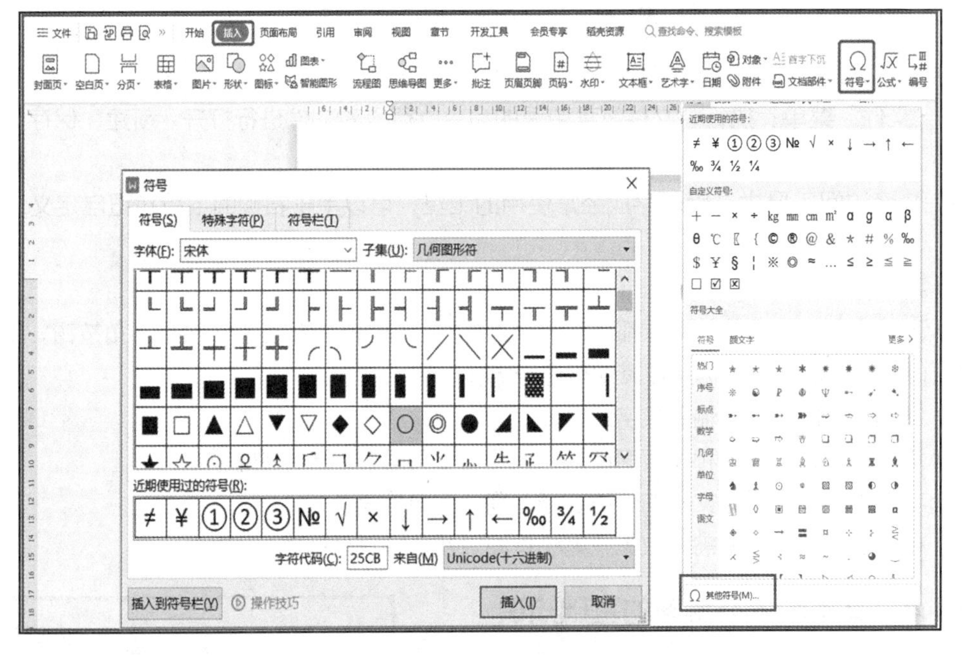

图 4-7　输入特殊符号

② 输入日期和时间：可以直接输入，也可以单击“插入”菜单下的“日期”按钮，打开“日期和时间”对话框，进行不同格式的输入。在对话框右下方有一个“自动更新”复选框，勾选此复选框，输入的时间将会随着系统时间进行变化，如图 4-8 所示。

2. 删除文本

删除文本可以使用【BackSpace】键和【Delete】键。将光标定位到文本中，按【BackSpace】键删除的是光标前面的文本，按【Delete】键删除的是光标后面的文本。也可以先选中需要删除的文本，然后按【BackSpace】键或【Delete】键将其删除。

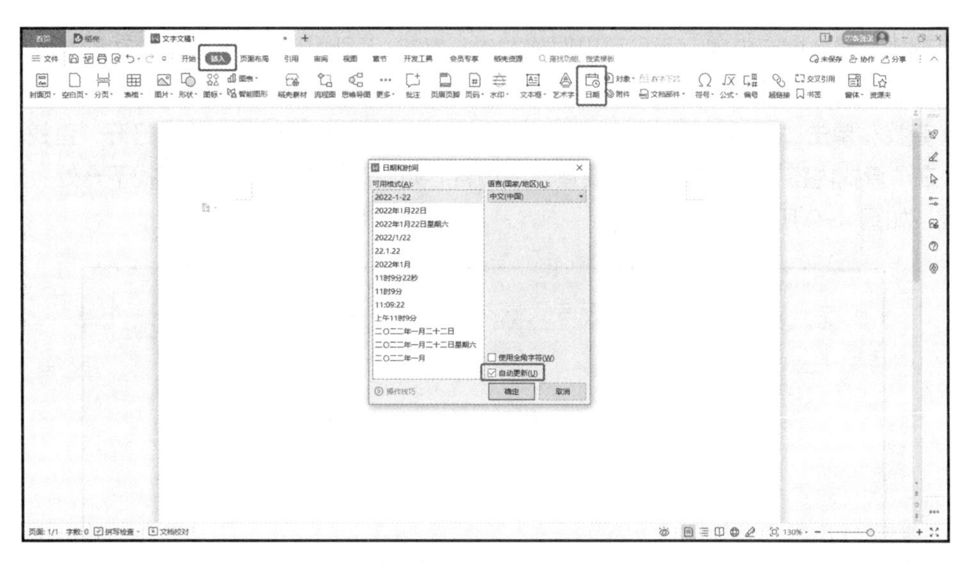

图 4-8　输入日期和时间

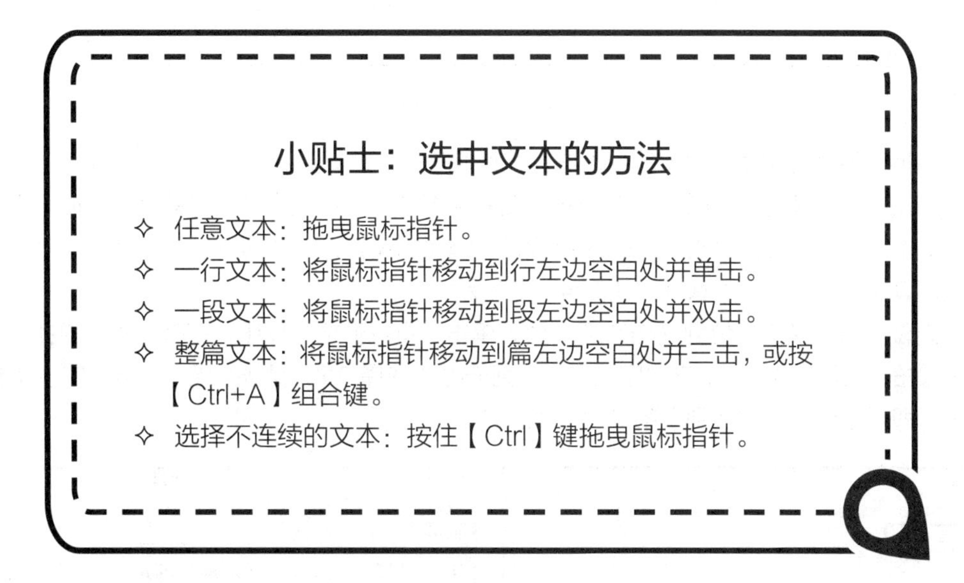

小贴士：选中文本的方法
✧ 任意文本：拖曳鼠标指针。
✧ 一行文本：将鼠标指针移动到行左边空白处并单击。
✧ 一段文本：将鼠标指针移动到段左边空白处并双击。
✧ 整篇文本：将鼠标指针移动到篇左边空白处并三击，或按【Ctrl+A】组合键。
✧ 选择不连续的文本：按住【Ctrl】键拖曳鼠标指针。

3. 复制或移动文本

在编辑文档时，有时需要将重复的一段文本从一个位置复制或移动到另一个位置，具体操作如下。

（1）复制文本：选中需要复制的文本，单击鼠标右键，在弹出的快捷菜单中执行“复制”命令（或按【Ctrl+C】组合键），然后将光标定位到新位置，单击鼠标右键，在弹出的快捷菜单中执行“粘贴”命令（或按【Ctrl+V】组合键）。

（2）移动文本：选中需要移动的文本，单击鼠标右键，在弹出的快捷菜单中执行“剪切”命令（或按【Ctrl+X】组合键），然后将光标定位到新位置，单击鼠标右键，在弹出的快捷菜单中执行“粘贴”命令（或按【Ctrl+V】组合键）

4. 查找、替换、定位文本

当用户使用 WPS 文字编辑文档时，经常会用到查找、替换、定位功能。使用该功能不仅可以帮助用户查找、替换指定内容，而且可以对格式进行替换，同时还可以通过定位功能快速定位到文档的某一页。

（1）查找：单击“开始”菜单，单击工具栏中的“查找替换”按钮，可以打开“查找和替换”对话框，在“查找内容”文本框中输入要查找的内容，如“计算机”，单击“查找下一处”按钮即可开始查找，如图 4-9 所示。

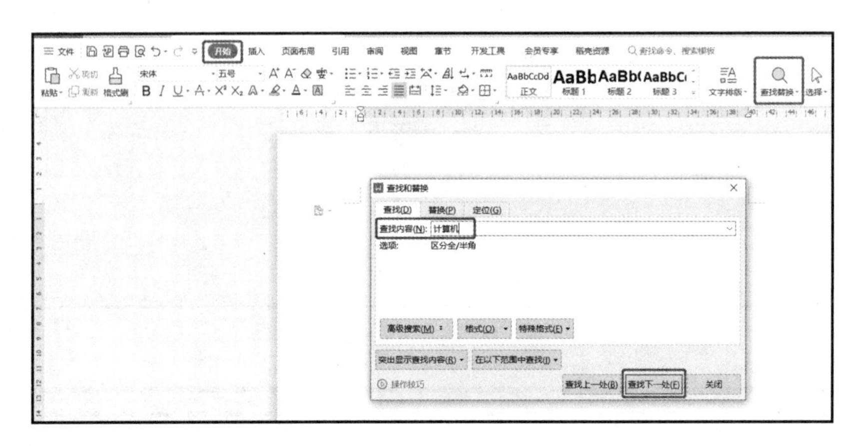

图 4-9　查找和替换

（2）替换：将文档中多次出现的词语进行快速准确替换，如要将“计算机”替换为“计算机应用”，可以单击“查找替换”按钮，在打开的“查找和替换”对话框中单击“替换”选项卡，在“查找内容”文本框中输入“计算机”，在“替换为”文本框中输入“计算机应用”，单击“全部替换”按钮，便可以实现一次性全部替换，如图 4-10 所示。

（3）定位：若想快速定位到文档的第 9 页，单击“查找替换”按钮，在弹出的“查找和替换”对话框中单击“定位”选项卡，在“定位目标”列表框中选择“页”选项，输入页号“9”，单击“定位”按钮，即可看到页面跳转到了第 9 页，如图 4-11 所示。

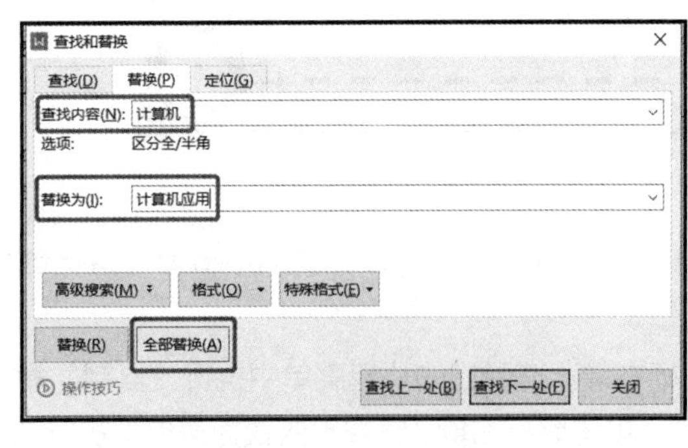

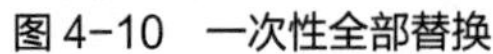

图 4-10　一次性全部替换

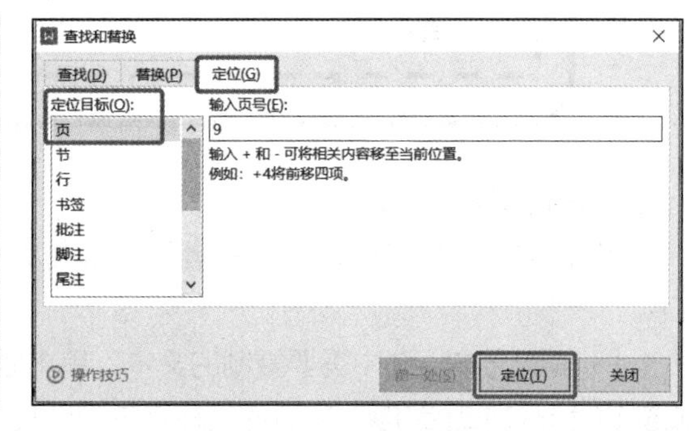

图 4-11　“定位”选项卡

5. 撤销与恢复

（1）撤销：单击快速访问工具栏中的“撤销”按钮（或按【Ctrl+Z】组合键）；如果要撤销多步操作，可以连续单击该按钮。

（2）恢复：如果要恢复已撤销的操作，可以单击快速访问工具栏中的“恢复”按钮（或按【Ctrl+Y】组合键）。

小贴士：常用组合键小集合

✧ 保存：【Ctrl+S】 ✧ 复制：【Ctrl+C】
✧ 撤销：【Ctrl+Z】 ✧ 粘贴：【Ctrl+V】
✧ 恢复：【Ctrl+Y】 ✧ 剪切：【Ctrl+X】

4.1.5 字符格式化与段落格式化

1. 字符格式化

字符格式化主要是对字符（英文字母、汉字、数字以及其他特殊符号）的字体、大小、字形、颜色、字符间距、文字效果等进行设置。简单的字符格式化可以通过“开始”菜单下“字体”选项卡中的常用按钮实现，要实现复杂的字符格式化效果可以单击该组件右下方的扩展按钮，如图 4-12 所示，打开“字体”对话框进行设置，如图 4-13 所示。

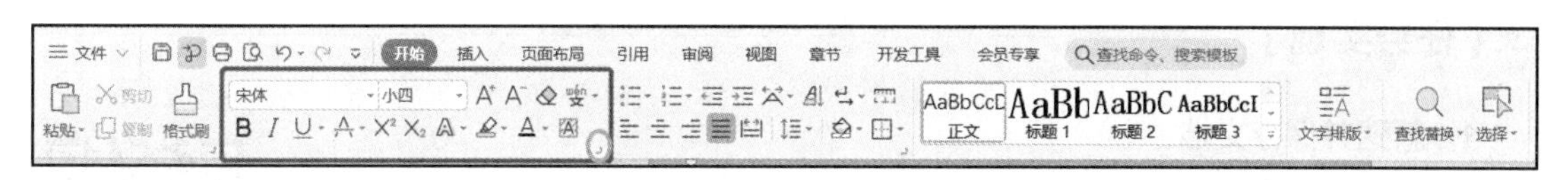

图 4-12 “字体”选项卡

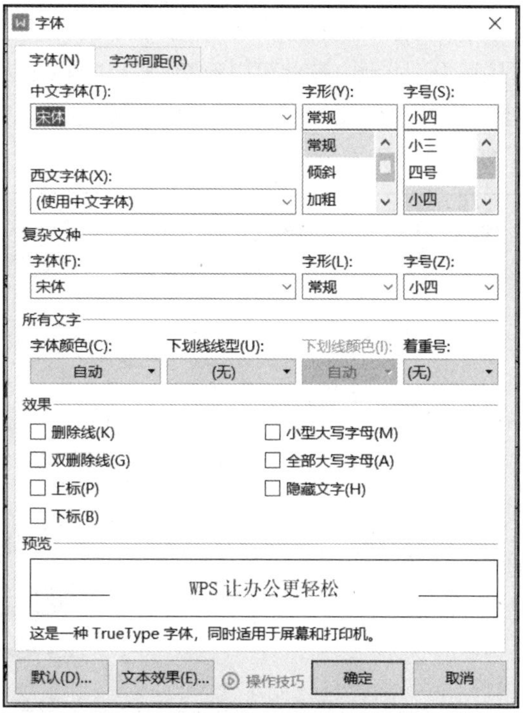

图 4-13 “字体”对话框

2. 段落格式化

段落格式化主要对段落的对齐方式、缩进方式、行间距及段落间距等进行设置，“开始”菜单下的“段落”选项卡如图 4-14 所示。同样，可以单击该组件右下方的扩展按钮，打开“段落”对话框进行更多设置，如图 4-15 所示。

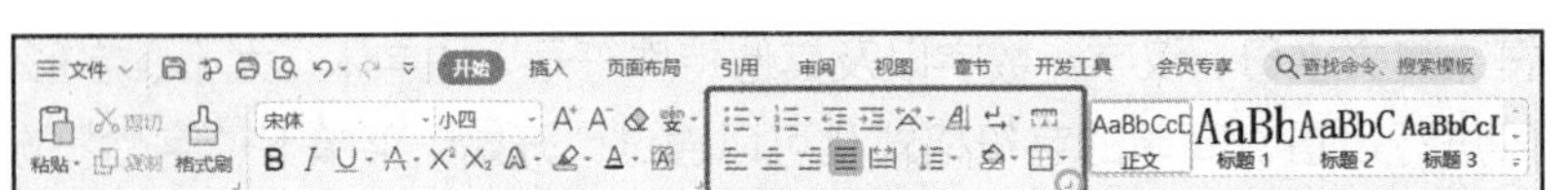

图 4-14 “段落”选项卡

图 4-15 “段落”对话框

【任务实现】

1. 新建并保存文档

（1）新建文档

微课 4-2

在进行文本输入之前，必须先创建文档。在桌面上双击 WPS Office 2019 快捷方式图标，或在系统“开始”菜单中找到“WPS Office 2019”程序并单击，进入初始界面，如图 4-16 所示，在此可以新建空白文档、在线文档或软件提供的其他模板文档。单击“W 文字”选项卡中的“新建空白文档”按钮，新建一个空白文档，如图 4-17 所示。

图 4-16 WPS Office 2019 启动后的初始界面

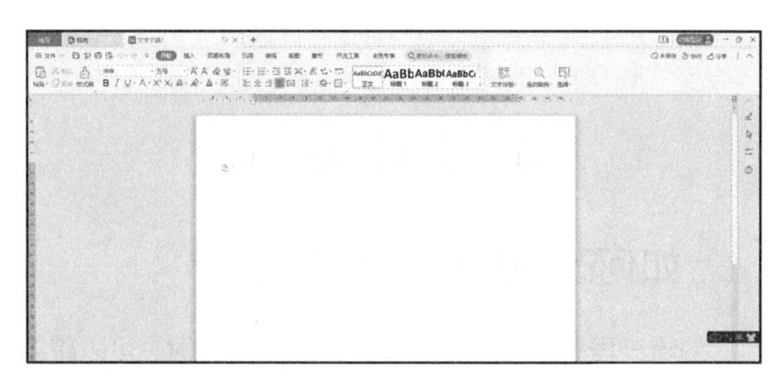

图 4-17　新建空白文档

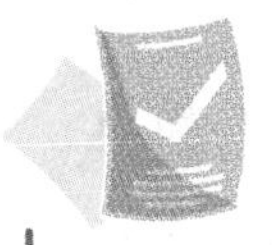

答疑解惑

如何多人协作编辑文档?

生活中，我们经常需要多人查看或编辑同一个文档，此时需要开启 WPS 在线文档。

新建在线文档：在图 4-16 所示的初始界面中直接单击“新建在线文档”按钮。值得注意的是，在新建在线文档时，需要先注册登录。

将已有的文档改为在线文档：单击文档右上方的“协作”按钮，然后将在线文档通过微信或 QQ 分享给协作者。

（2）保存文档

文档的保存有 3 种实现方式：第 1 种是单击“文件”菜单下的“保存”按钮；第 2 种是单击工具栏上的“保存” 按钮；第 3 种，是按【Ctrl+S】组合键。新建的文档第一次保存时，需要指定保存位置。下面将文档保存到“我的桌面”，输入文件名为“计算机社团招聘通知”，单击“保存”按钮，如图 4-18 所示。

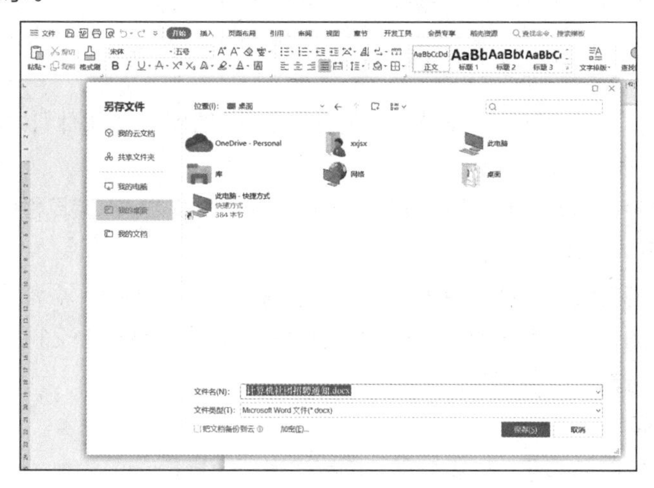

图 4-18　保存文档

答疑解惑

如何改变文档的保存位置？

在文档的编辑过程中，如果想改变文档的保存位置，可以单击“文件”菜单下的“另存为”按钮，在弹出的对话框中重新选择保存位置。需要注意的是，另存为之后所有的操作均会保存到新位置。

2．输入文本

在新建的文档中，根据给出的效果图 4-1 输入相应文本，或打开文本素材，复制粘贴文本，完成后按【Ctrl+S】组合键进行保存。

3．设置字符格式及段落格式

文档的字符格式及段落格式要求如表 4-1 所示，下面设置文档的字符格式。

表 4-1　字符格式及段落格式要求

内容	字符格式要求			段落格式要求			
	字体	字号	字形	对齐方式	行距	段前段后间距	特殊格式
题目	黑体	小二	加粗	居中对齐	1.5 倍	0.5 行	无
一级标题	仿宋	三号	加粗	两端	1.5 倍	0	首行缩进 2 字符
正文	仿宋	小三	常规	两端对齐	1.5 倍	0	首行缩进 2 字符
单位及日期	仿宋	小三	常规	右对齐	1.5 倍	0	无

选中第一行题目，单击“开始”菜单，在工具栏中设置字体为“黑体”，字号为“小二”，字形为“加粗”。如图 4-19 所示。

按住鼠标左键，拖曳鼠标指针选中除题目以外剩余的正文文本，在工具栏中设置字体为“仿宋”，字号为“小三”，如图 4-20 所示。

按住鼠标左键，拖曳鼠标指针选中第一个一级标题“一、招聘条件”，然后按住【Ctrl】键选中不连续的其他一级标题，设置字号为“三号”，字形为“加粗”，如图 4-21 所示。

至此，文档的字符格式设置完成。

4．设置段落格式

下面根据文档的段落格式要求，进行文档的段落格式设置。

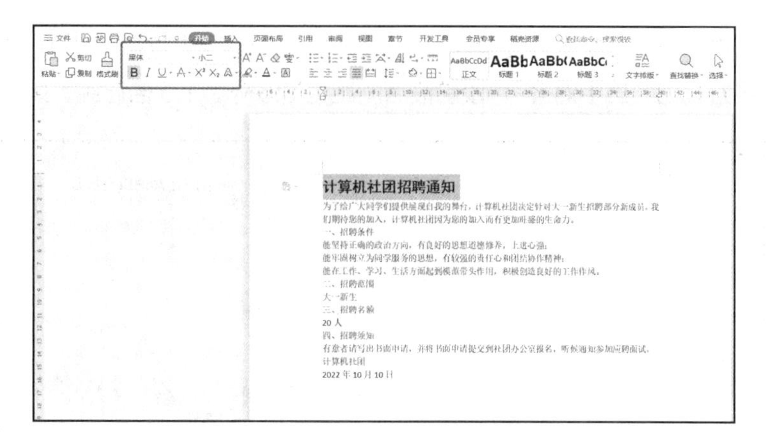

图 4-19　设置题目的字符格式

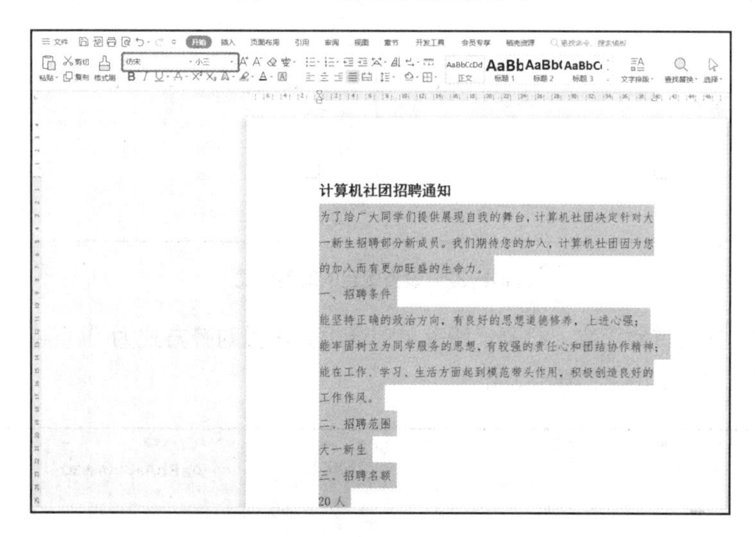

图 4-20　设置正文的字符格式

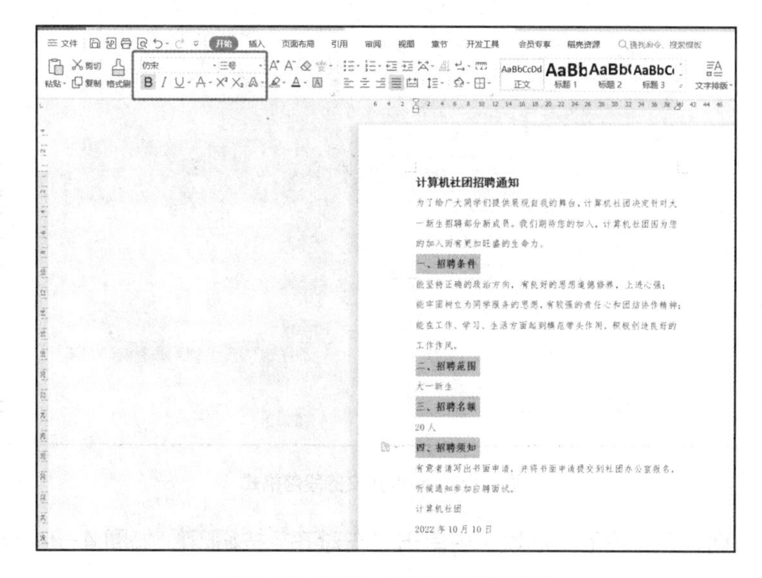

图 4-21　设置一级标题的字符格式

选中第一行题目，单击“开始”菜单，单击“段落”选项卡右下方的扩展按钮，打开“段落”对话框，设置对齐方式为“居中对齐”，段前段后间距为 0.5 行，1.5 倍行距，如图 4-22 所示。

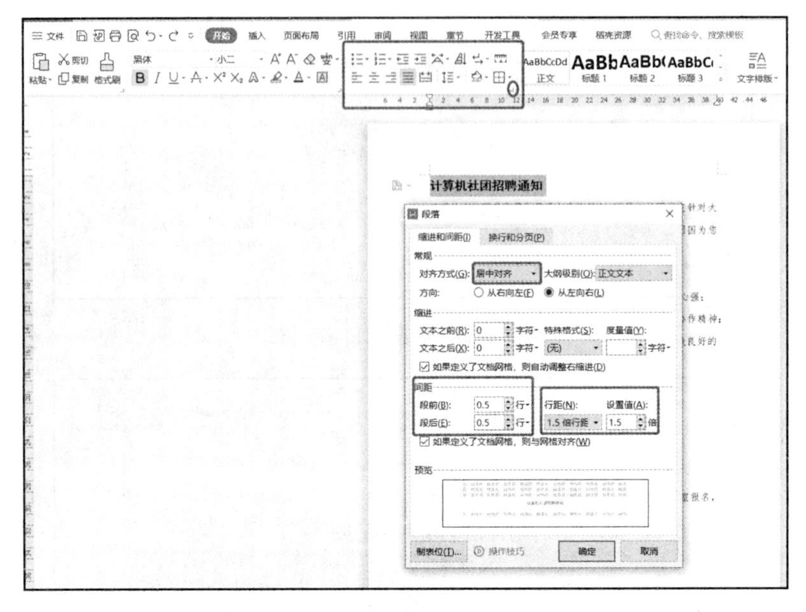

图 4-22　设置题目的段落格式

选中除题目以外的其他正文，打开“段落”对话框，设置对齐方式为“两端对齐”，首行缩进 2 字符，1.5 倍行距，如图 4-23 所示。

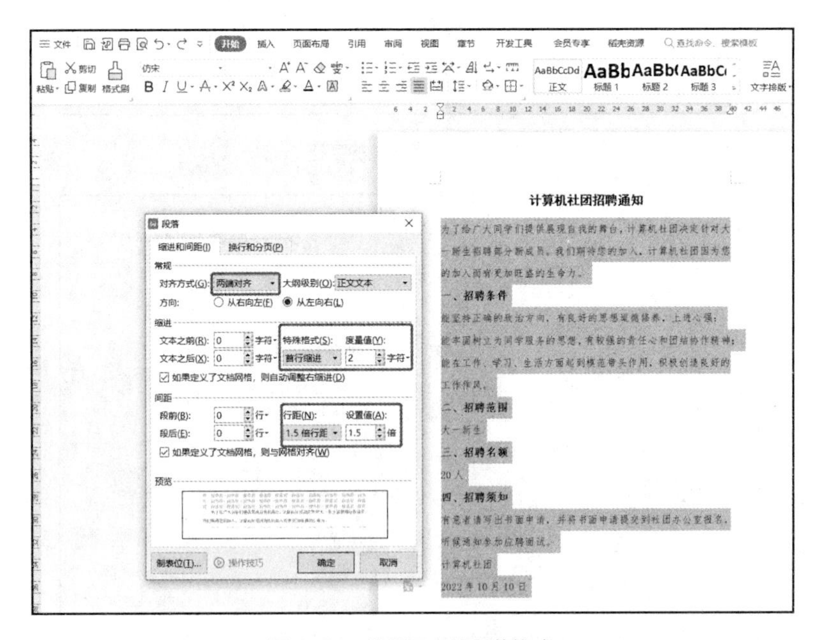

图 4-23　设置正文的段落格式

选中单位及日期，在“段落”选项卡内单击“右对齐”按钮，如图 4-24 所示。

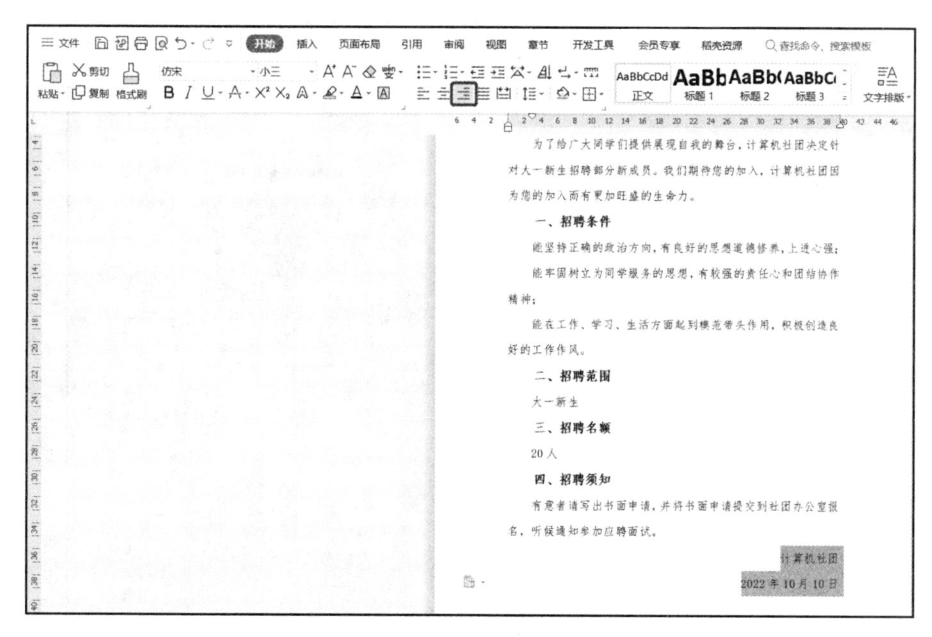

图 4-24　单位及日期的段落设置

至此，文档的段落格式设置完成。

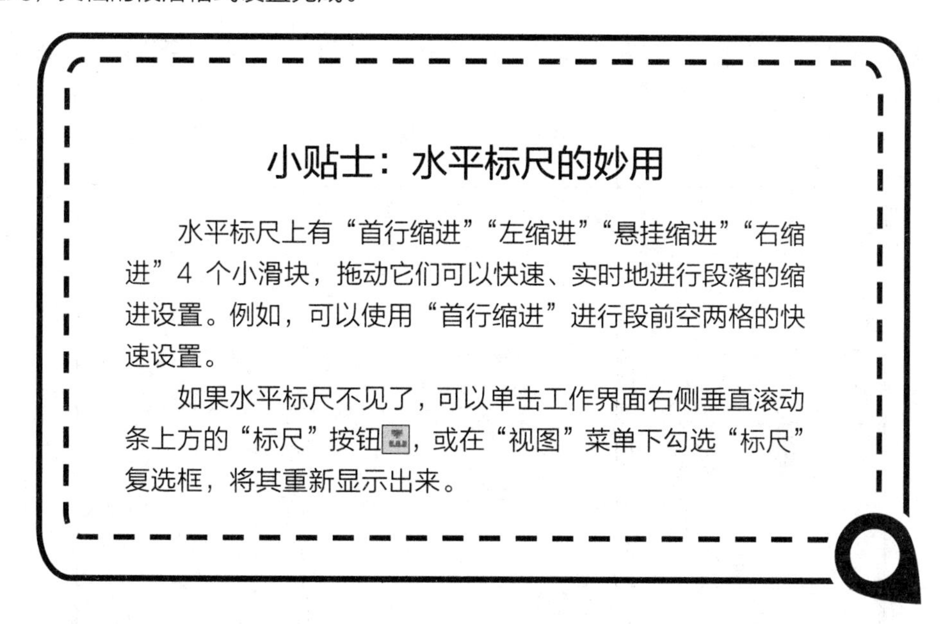

小贴士：水平标尺的妙用

水平标尺上有“首行缩进”“左缩进”“悬挂缩进”“右缩进”4 个小滑块，拖动它们可以快速、实时地进行段落的缩进设置。例如，可以使用“首行缩进”进行段前空两格的快速设置。

如果水平标尺不见了，可以单击工作界面右侧垂直滚动条上方的“标尺”按钮，或在“视图”菜单下勾选“标尺”复选框，将其重新显示出来。

5. 页面设置

接下来对文档进行页面设置。单击“页面布局”菜单，在工具栏中根据要求设置页边距上、下、左、右分别为“3.7cm”“3.5cm”“2.8cm”“2.6cm”，单击“纸张大小”按钮，选择“A4”选项（默认选项）。页面设置效果如图 4-25 所示。

6. 打印文档

对文档进行基本排版后，最好先保存一下文档，避免因意外情况丢失文档。接下来将通知打印出来，以便发放给各班级。

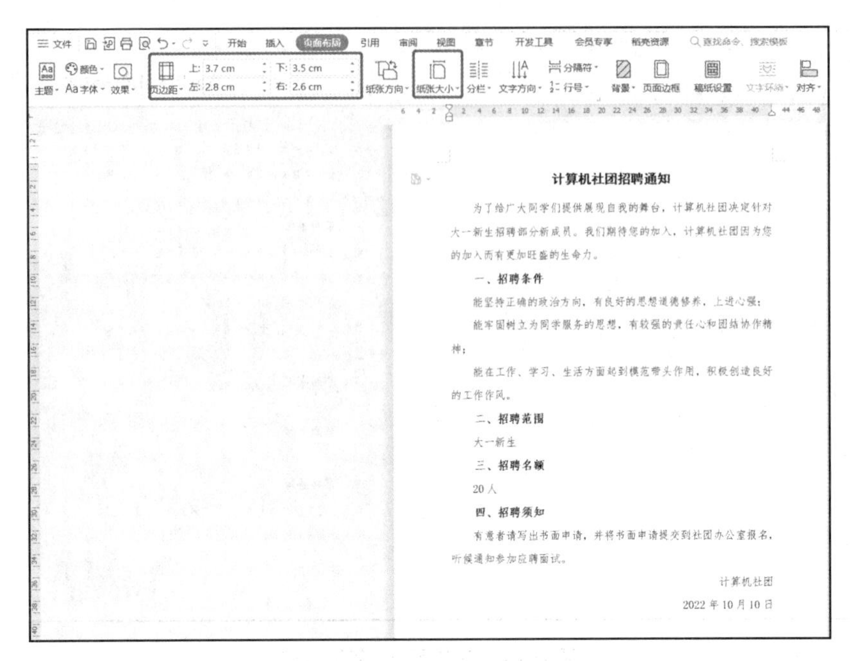

图 4-25　页面设置

（1）打印预览

为了确保打印质量，在打印之前可以先进行打印预览，查看打印效果是否满意。这样可以避免盲目打印，浪费纸张。

在“文件”菜单下单击“打印”下的“打印预览”按钮，进行打印预览，如图 4-26 所示。

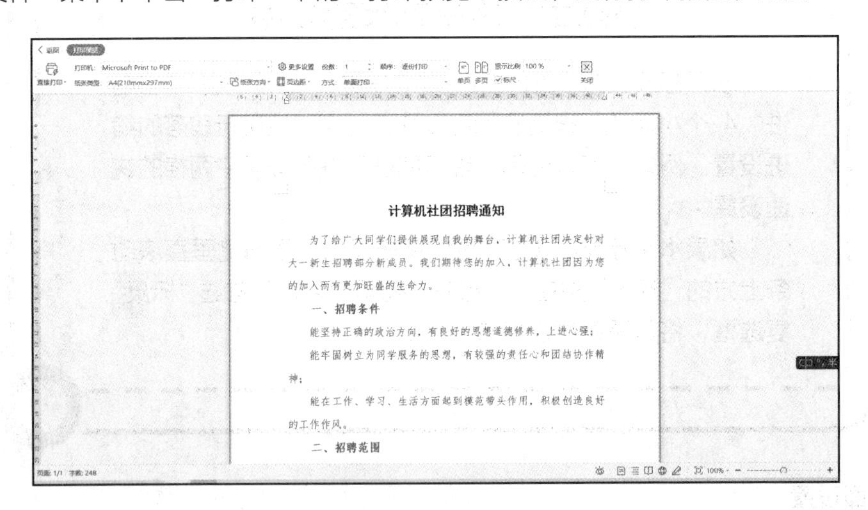

图 4-26　打印预览

拖曳右下角的滑块，可以设置显示比例，在上方的“显示比例”下拉列表框中也可以设置显示比例。

（2）打印文档

对预览效果满意后，就可以对文档进行打印了。单击快速访问工具栏中的“打印”按钮（或按【Ctrl+P】组合键），打开“打印”对话框，在其中可以进行打印设置，如图 4-27 所示。

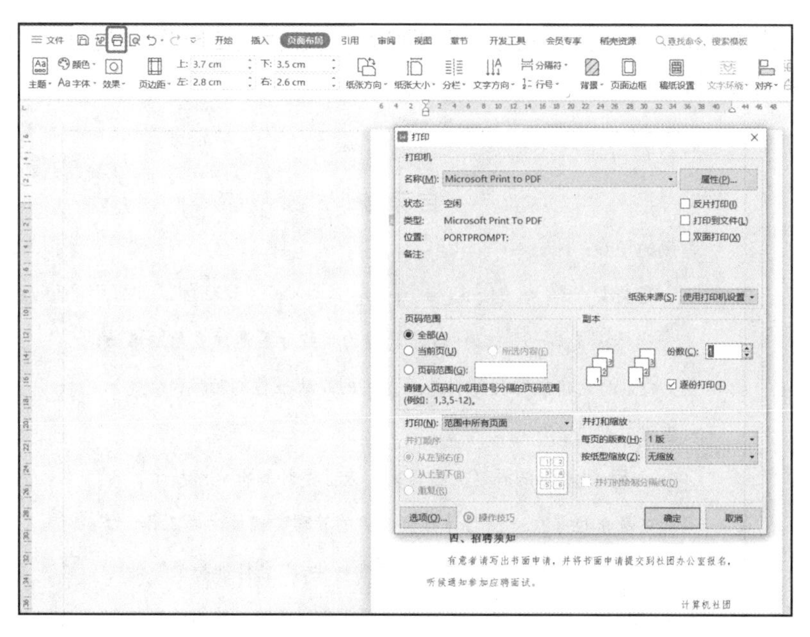

图 4-27 “打印”对话框

该对话框中的主要选项如下。

① 名称：选择要使用的打印机。

② 页码范围：选择“全部”单选项，将打印整个文档；选择“当前页”单选项，将打印插入点所在的页面；选择“页码范围”单选项，可以自由指定页码，连续页码之间用“-”连接，不连续的页码之间用“,”间隔。

③ 双面打印：可以对多页文档进行双面打印。

④ 份数：可以输入数值设置打印份数。

打印机准备好后，单击“确定”进行打印。

答疑解惑

拒绝浪费！如何将多页文档打印到一张纸上？

在一些非正式场合，为了避免浪费纸张，我们可以将多页文档打印到一张纸上。当文档页数过多时，这样做还可以节省打印时间。

方法：打开“打印”对话框，在对话框下方的“每页的版数”下拉列表框中，选择每页需要打印的版数，单击“确定”按钮。

你还有其他避免浪费纸张的方法吗？一起探讨一下吧！

【知识与技能拓展】

小白马上要毕业了，现在她需要制作一份求职简历，求职简历中需要附上一封自荐信，要求根据提供的素材，调整字体、字号、行间距、页边距等，使自荐信在一页内显示，清晰整洁，美观大方。自荐信效果如图 4-28 所示。

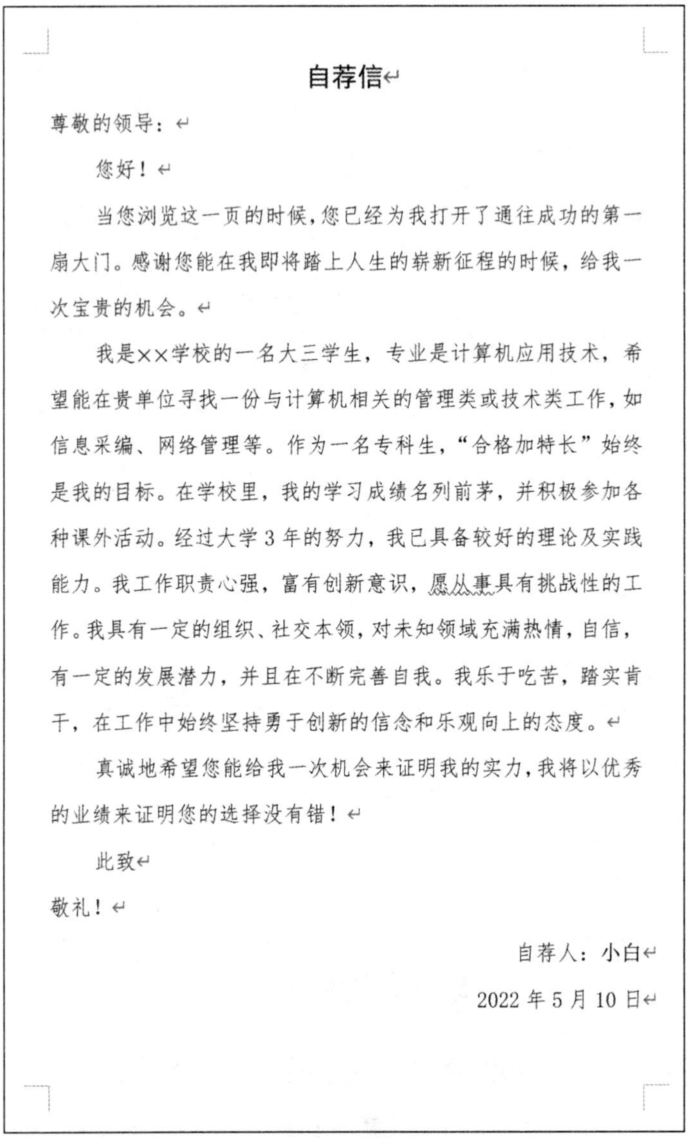

自荐信

尊敬的领导：

您好！

当您浏览这一页的时候，您已经为我打开了通往成功的第一扇大门。感谢您能在我即将踏上人生的崭新征程的时候，给我一次宝贵的机会。

我是××学校的一名大三学生，专业是计算机应用技术，希望能在贵单位寻找一份与计算机相关的管理类或技术类工作，如信息采编、网络管理等。作为一名专科生，“合格加特长”始终是我的目标。在学校里，我的学习成绩名列前茅，并积极参加各种课外活动。经过大学 3 年的努力，我已具备较好的理论及实践能力。我工作职责心强，富有创新意识，愿从事具有挑战性的工作。我具有一定的组织、社交本领，对未知领域充满热情，自信，有一定的发展潜力，并且在不断完善自我。我乐于吃苦，踏实肯干，在工作中始终坚持勇于创新的信念和乐观向上的态度。

真诚地希望您能给我一次机会来证明我的实力，我将以优秀的业绩来证明您的选择没有错！

此致

敬礼！

自荐人：小白

2022 年 5 月 10 日

图 4-28　自荐信效果

任务 4.2　制作计算机社团招新报名表

【任务描述】

计算机社团在招聘新成员时，需要制作一份计算机社团招新报名表。下面使用 WPS 文字来完成此任务，计算机社团招新报名表效果如图 4-29 所示。

计算机社团招新报名表

姓名		性别		籍贯	
出生年月		班级			
宿舍		移动电话			
申请部门		申请职位			
个人简历（包括曾担任过的职务、个人特长等）					
申请理由					

图 4-29　计算机社团招新报名表效果

【知识储备】

表格的制作可以用多种软件实现。对于不规则的表格，推荐用 WPS 文字制作；而对于用于进行数据比较的表格，则推荐用 WPS 表格制作。本任务介绍在 WPS 文字中使用表格的方法。

微课 4-3

4.2.1　创建表格

1. 快速插入法

将光标定位到需要插入表格的位置，单击“插入”菜单下的“表格”按钮，选择需要的行数和列数，即可快速插入表格，如图 4-30 所示。

2. 指定行列数法

将光标定位到需要插入表格的位置，单击“插入”菜单下的“表格”按钮，在下拉列表中选择“插入表格”选项，打开“插入表格”对话框，指定表格的行数和列数，单击“确定”按钮即可创建表格，如图 4-31 所示。

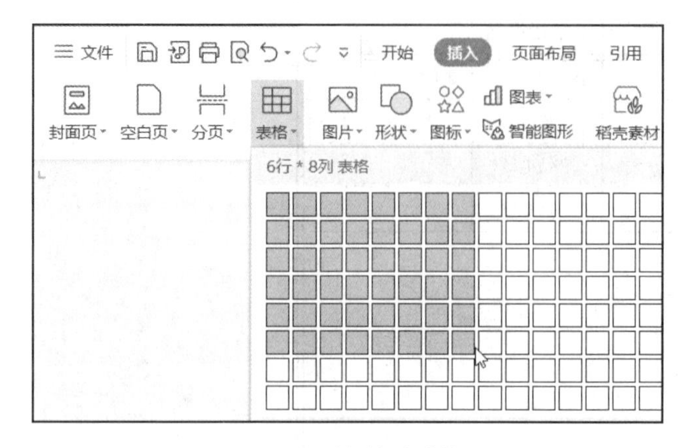

图 4-30　快速插入表格

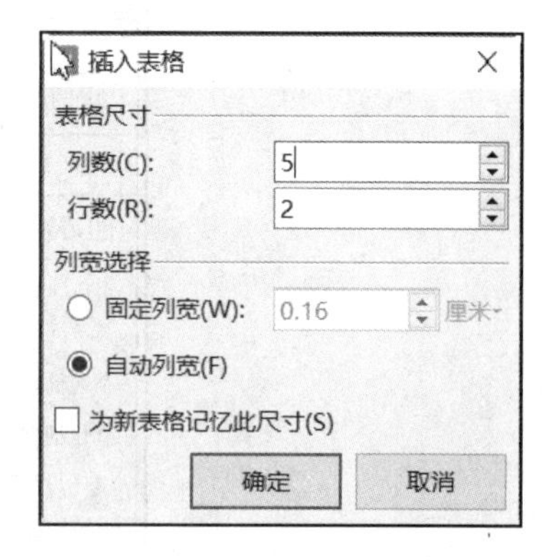

图 4-31　指定行数和列数创建表格

3. 手动绘制法

如果想绘制不规则的复杂表格，可以手动完成，方法如下。

（1）在“插入”菜单下选择“表格”下拉列表中的“绘制表格”选项。

（2）在文档按住鼠标左键并拖曳，即可实现表格的绘制。

4.2.2　编辑表格

1. 选择表格

在对表格进行编辑前，需要先选择表格，常见的有以下 3 种情况。

（1）选择行

将鼠标指针移动至表格相应行左侧，当鼠标指针变成箭头时，单击可以选中该行。或者将光标定位到该行最左侧单元格中，按住鼠标左键，拖曳鼠标指针到最右侧以选中该行。

（2）选择列

将鼠标指针移动至表格相应列上方，当鼠标指针变成箭头时，单击可以选中该列。或者将光标定位到该列最上方单元格中，按住鼠标左键，拖曳鼠标指针到最下方以选中该列。

（3）选择整个表格

将鼠标指针移动到表格左上角，单击“全选”按钮，可选中整个表格。或者将光标定位到表格左上角第一个单元格中，按住鼠标左键，拖曳鼠标指针到右下方最后一个单元格以选中整个表格。

2. 调整表格结构

调整表格结构主要包括插入、删除等操作。

（1）插入单元格、行或列：将光标定位到某一单元格中，单击鼠标右键，将鼠标指针移动到弹出的快捷键菜单中的“插入”命令上，会看到图 4-32 所示的子命令，在此可以进行插入单元格、行或列的操作。

（2）删除单元格、行或列：将光标定位到需要删除单元格、行或列所在区域的任一位置，单击鼠标右键，在弹出的快捷键菜单中执行“删除单元格”命令，打开“删除单元格”对话框，在此可以进行删除单元格、删除整行或删除整列的操作，如图 4-33 所示。

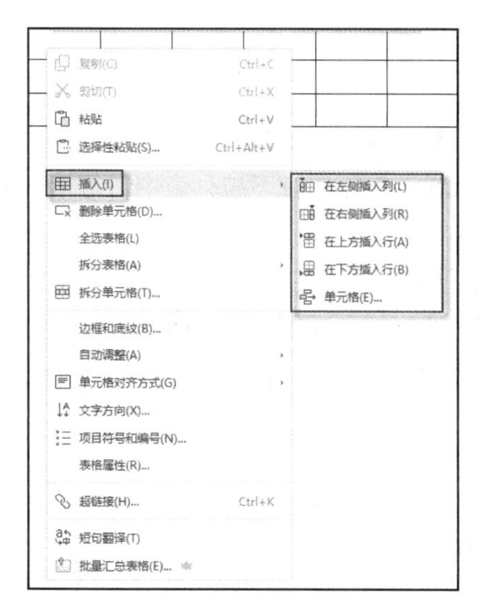

图 4-32　插入单元格、行或列

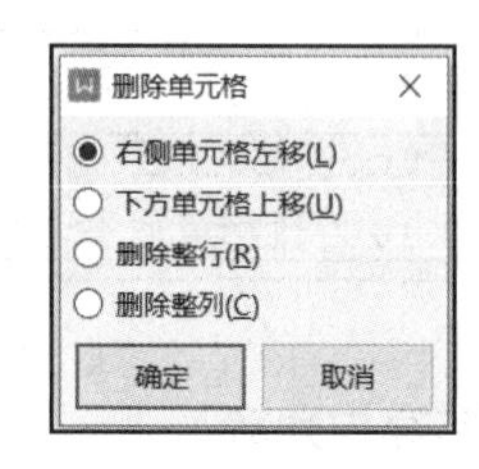

图 4-33　“删除单元格”对话框

3. 文字、表格相互转换

使用 WPS 文字可以进行文字与表格的互相转换。

（1）将表格转换成文字

具体操作如下：选择整个表格，单击“插入”菜单，单击“表格”按钮，在下拉列表中选择“表格转换成文本”选项，在打开的“表格转换成文本”对话框中进行相应的设置，单击“确定”按钮，如图 4-34 所示。

（2）将文字转换成表格

具体操作如下：选择需要转换的文字，单击“插入”菜单，单击“表格”按钮，在下拉列表中选择“文本转换成表格”选项，在打开的“将文字转换成表格”对话框中进行相应的设置，单击“确定”按钮，如图 4-35 所示。

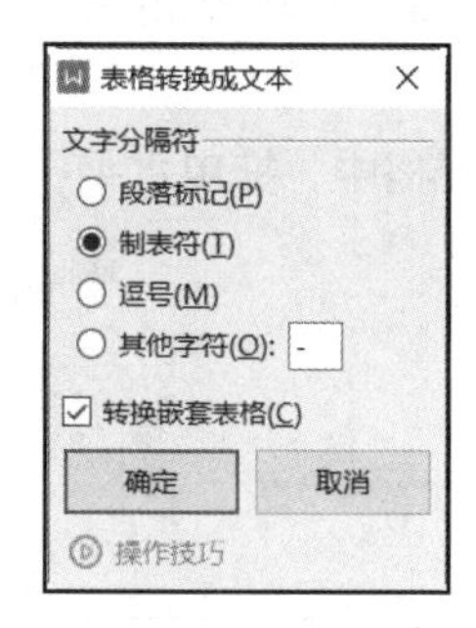

图 4-34　“表格转换成文本”对话框

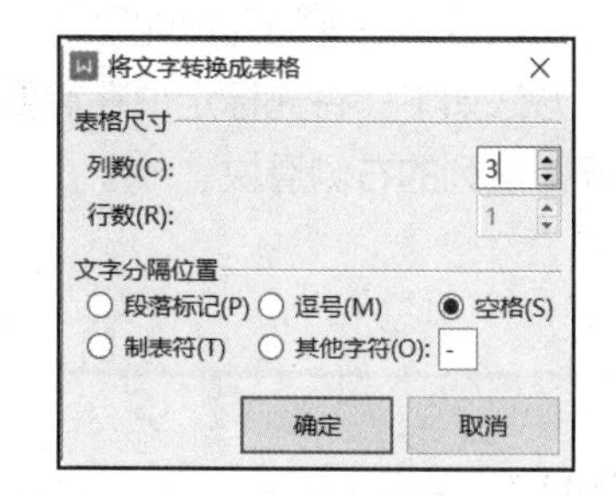

图 4-35　“将文字转换成表格”对话框

4.2.3　美化表格

表格的美化可以从以下几方面进行。

1. 设置数据的对齐方式

设置数据在单元格中的对齐方式的具体方法如下：选中单元格，单击“表格工具”菜单，单击

“对齐方式”按钮，在下拉列表中选择需要的对齐方式。

2. 设置边框和底纹

可以对整个表格或者部分单元格进行边框和底纹的设置，具体方法如下：选中需要设置的对象，单击“表格样式”菜单，单击“边框”按钮或“底纹”按钮，在下拉列表中进行相应设置。

3. 套用表格样式

除了自定义表格样式以外，WPS 文字还提供了许多内置的表格样式可供套用，具体方法如下：选中整个表格，单击“表格样式”菜单，单击相应的样式，如图 4-36 所示。

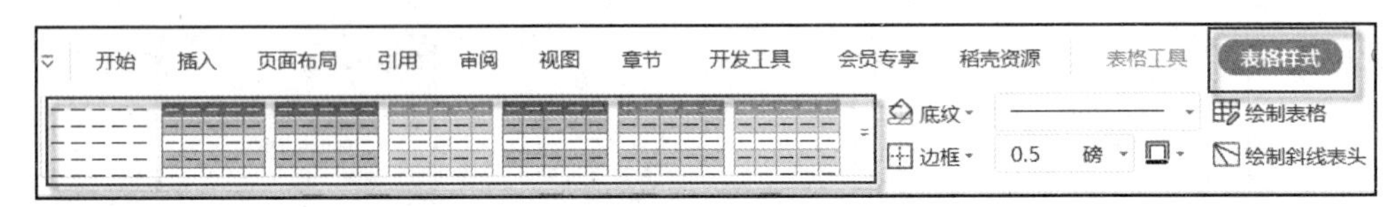

图 4-36　套用表格样式

4. 调整行高与列宽

（1）手动调整：选中需要调整的表格的垂直框线，左右拖曳可以调整相邻两列的宽度；选中需要调整高度的行的水平下框线，上下拖曳可以调整行高。

（2）精确设置：选中需要调整的行或列（或者将光标定位在需要调整的行或列的任一单元格中），单击鼠标右键，在弹出的快捷键菜单中执行“表格属性”命令，打开对话框，单击“行”或“列”选项卡，在其中指定相应高度。

答疑解惑

如何调整单列表格的列宽？

在使用“拖曳垂直框线”的方法调整列宽时，会同时影响两列的宽度。如何调整单列的列宽呢？

方法如下：将光标定位在需要调整的列的任一单元格中，拖曳水平标尺上该列的右侧滑块。

【任务实现】

1. 输入和设置表格标题

（1）新建一个文档，将其命名为“计算机社团招新报名表”。

（2）打开文档，输入表格标题“计算机社团招新报名表”，并调整字体属性为黑体、小二、居中对齐。

微课 4-4

2. 插入表格

（1）单击“插入”菜单，单击“表格”按钮，在下拉列表中选择“插入表格”选项，打开“插入表格”对话框。

（2）在对话框中，设置“列数”为 4、“行数”为 6，单击“确定”按钮，表格效果如图 4-37所示。

（3）在“表格”下拉列表中选择“绘制表格”选项，在第 1 行的最后两个单元格内，手动添加两条垂直线，效果如图 4-38 所示。

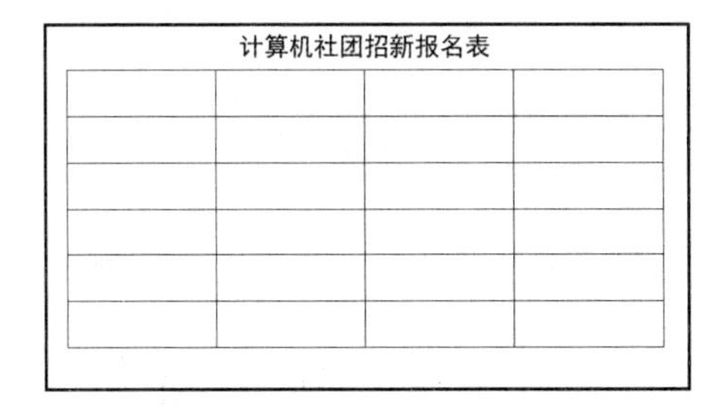

图 4-37 插入 6 行 4 列的表格

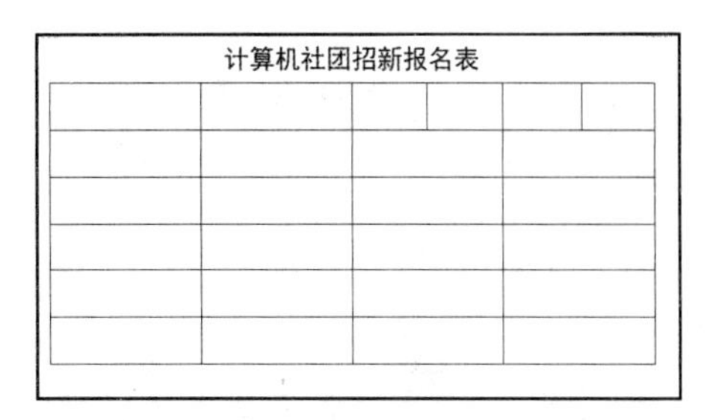

图 4-38 绘制垂直线

3. 输入文字

在表格内输入相应文字，并调整字体属性为宋体、四号，如图 4-39 所示。

4. 编辑及美化表格

（1）合并单元格

选择第 5 行的第 2、3、4 列单元格，单击“表格工具”菜单，单击“合并单元格”按钮，或者在选定区域单击鼠标右键，在弹出的快捷菜单中执行“合并单元格”命令，实现单元格的合并。用同样的方法合并第 6 行的第 2、3、4 列单元格，如图 4-40 所示。

计算机社团招新报名表

姓名		性别		籍贯	
出生年月		班级			
宿舍		移动电话			
申请部门		申请职位			
个人简历（包括曾担任过的职务、个人特长等）					
申请理由					

图 4-39 输入文字

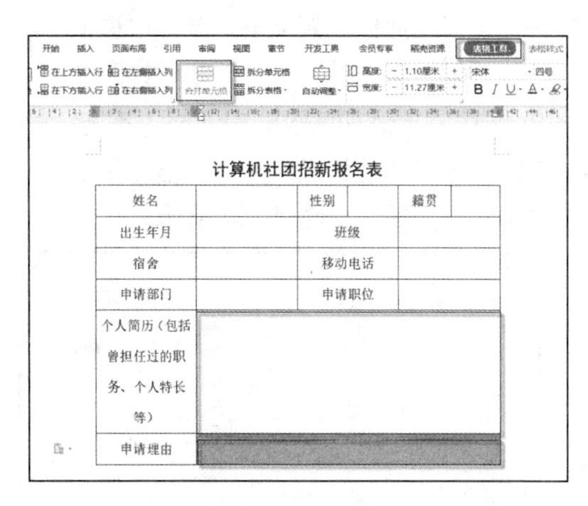

图 4-40 合并单元格

（2）调整列宽和行高

① 将光标定位在表格的任一单元格中，拖曳水平标尺上的各个滑块，手动调整表格的列宽。

② 选中第 5 行和第 6 行，单击“表格工具”菜单，设置“高度”为 8 厘米，或者单击鼠标右键，在弹出的快捷菜单中执行“表格属性”命令，在打开的“表格属性”对话框的“行”选项卡中指定行的高度为 8 厘米，如图 4-41 所示。

（3）设置对齐方式

单击表格左上方的“全选”按钮，选中整个表格，单击鼠标右键，将“对齐方式”设置为“居中”。或者单击“表格工具”菜单，单击“对齐方式”按钮，在下拉列表中选择“水平居中”选项，如图 4-42 所示。

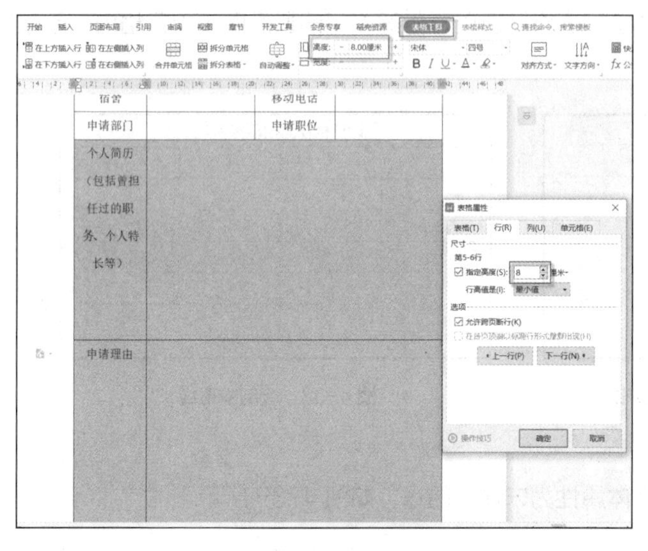

图 4-41　调整行高

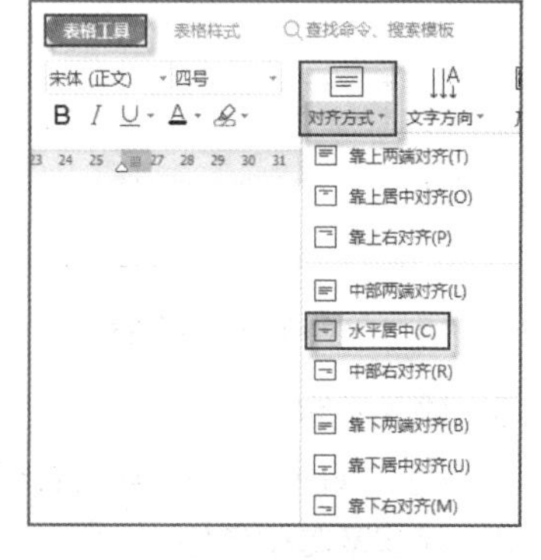

图 4-42　设置对齐方式

（4）设置表格边框和单元格底纹

① 单击表格左上方的“全选”按钮，选中整个表格，单击“表格样式”菜单，单击工具栏中的“边框”按钮，打开“边框和底纹”对话框，或者在选中的表格上单击鼠标右键，通过弹出的快捷菜单打开“边框和底纹”对话框。单击“边框”选项卡，在“设置”列表中选择“网格”选项，线型选择 “双线”，单击“确定”按钮，如图 4-43 所示。

② 选中需要添加底纹的单元格（不连续的单元格可以通过按住【Ctrl】键进行选择），用上一步的方法打开“边框和底纹”对话框，单击“底纹”选项卡，设置填充颜色，将其应用于单元格，单击“确定”按钮，如图 4-44 所示。

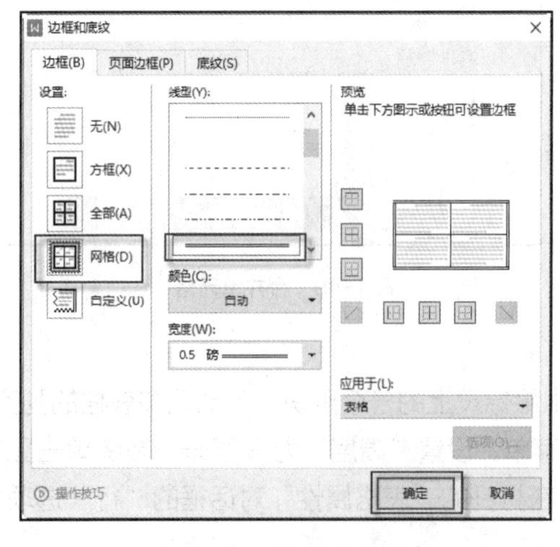

图 4-43　设置表格边框

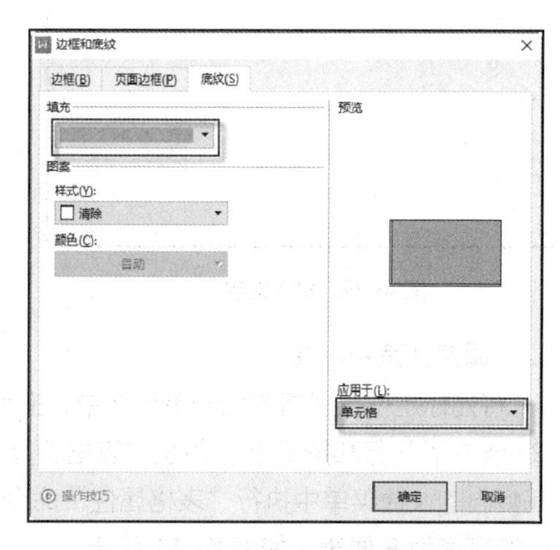

图 4-44　设置单元格底纹

至此，计算机社团招新报名表制作完成。

【知识与技能拓展】

小白马上要毕业了，需要制作一份求职简历。求职简历中需要一个简历表格将个人的基本信息呈现出来，求职简历表格效果如图 4-45 所示。

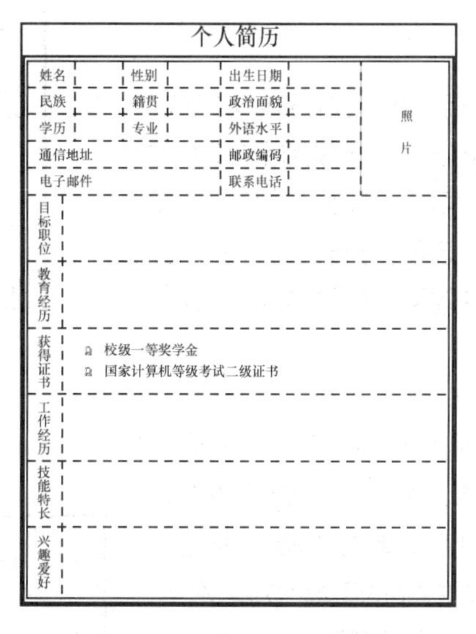

个人简历						
姓名		性别		出生日期		照片
民族		籍贯		政治面貌		
学历		专业		外语水平		
通信地址				邮政编码		
电子邮件				联系电话		
目标职位						
教育经历						
获得证书	校级一等奖学金 国家计算机等级考试二级证书					
工作经历						
技能特长						
兴趣爱好						

图 4-45　求职简历表格效果

任务 4.3　制作计算机社团简报

【任务描述】

新学期开始了，计算机社团的宣传部计划推出本年度第一期简报。简报主要宣传社团近期的活动和计算机相关的新技术。要求纸张为 A4，上、下、左、右边距均为 2.5 厘米，正文为宋体、小四，标题采用艺术字，图片设置为四周型环绕，计算机社团简报效果如图 4-46 所示。

计算机社团简报

本刊编辑委员会
主任：刘丽
主编：张伟
责任编辑：李强
2022 年第 2 期（总第 17 期）

计算机社团义务维修活动

新学期，新气象，我们又迎来了一年一度的“学习雷锋精神，电脑义务维修”活动。经过社团全体成员的共同努力，本次活动圆满结束。

本次活动让我们收获很多，社团成员积极参加这次活动，宣传工作到位，到场参与的师生非常多，咨询处的成员忙碌而又有序。针对现场解决不了的问题，社团成员进行了登记，后期将进行跟踪服务。

今后，社团将举行更多有意义的活动，调动社团成员积极性，充分发挥每个人的魅力，让我们的社团丰富多彩，共同创造美好的明天，使它成为一道亮丽的风景线。

预祝计算机社团明天更美好！

元宇宙六大核心技术

元宇宙有六大核心技术，每种技术名的第一个字母组成了单词“BIGANT”，所以也叫“大蚂蚁”。

第一，是区块链（B）。第二，是交互技术（I）。第三，是游戏（G）。第四，是人工智能（AI）。第五，是这些信息需要的就是网络及其运算技术（N）。第六，是将物理世界和虚拟世界连接起来的物联网技术（T）。这 6 项技术就像蚂蚁的 6 条腿缺一不可。

Win10 超给力的备份功能你用过吗

Win10 的备份其实由 3 部分组成：“旧版备份与还原”、“还原点”和“文件历史记录”。尽管三者有先有后，却并非简单的替代关系。其中“旧版备份与还原”、“还原点”主要用于系统备份与还原，而“文件历史记录”则专门用来进行用户文件恢复。

Win10 的这 3 组备份功能，基本涵盖了日常需求的方方面面，特别是“文件历史记录”，在实际工作中用处很大。

图 4-46　计算机社团简报效果

【知识储备】

4.3.1　文本框

所谓文本框，就是一个矩形框，文本框中可以输入不同格式的文本。在文档中，文本框就像图片、图形等一样，以对象的形式出现。可以在文档中对文本框进行各种属性设置，甚至还可以将多个文本框或者将文本框与其他对象组合起来，实现更多的效果。文本框内的文字可以随文本框一起移动、旋转，非常灵活。因此，在编辑报纸版面等复杂的图文排版效果时，往往需要用到文本框。使用文本框可以将一段文字精确地置于文档的任何位置。

文本框的插入方法如下：将光标定位到需要插入文本框的位置，单击“插入”菜单，单击“文本框”按钮，在下拉列表中选择不同的文本框，拖曳鼠标指针即可完成文本框的绘制。

4.3.2 分栏

使用 WPS 文字可以将文档中的文本分成两栏或多栏，这是文档编辑中的一个基本方法，一般用于排版。具体操作如下：单击“页面布局”菜单，单击“分栏”按钮，在下拉列表中选择“更多分栏”选项，打开“分栏”对话框，在此可以设置多样化的分栏效果，如图 4-47 所示。

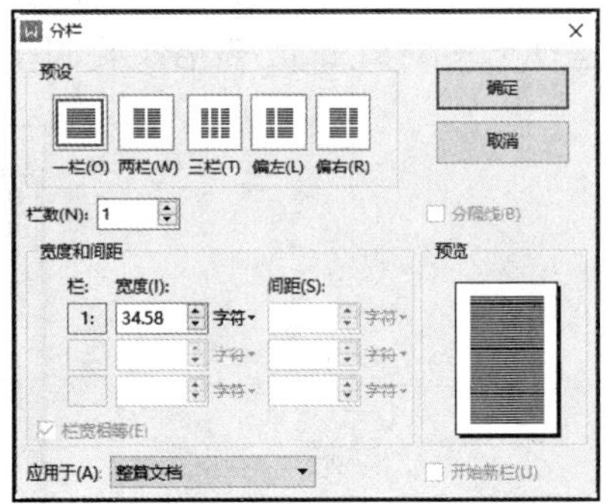

图 4-47 “分栏”对话框

4.3.3 艺术字

艺术字是具有特殊装饰效果的文字。在设计、排版的过程中，有时候为了突出主题，需要插入艺术字，方法如下：单击“插入”菜单，单击“艺术字”按钮，在“艺术字库”中选择艺术字样式后，单击“确定”按钮。单击“文本工具”菜单，使用工具栏中的工具可对艺术字进行文本或形状的填充、轮廓及效果设置等。

4.3.4 页面边框

在文档中可以设置页面周围的边框，有普通的线型页面边框和艺术型页面边框可供选择。设置页面边框可以使文档更富有表现力。具体操作如下：单击“页面布局”菜单，单击“页面边框”按钮，打开“边框和底纹”对话框，单击“页面边框”选项卡，在“页面边框”选项卡内可以进行线型、颜色以及宽度等设置，如图 4-48 所示。

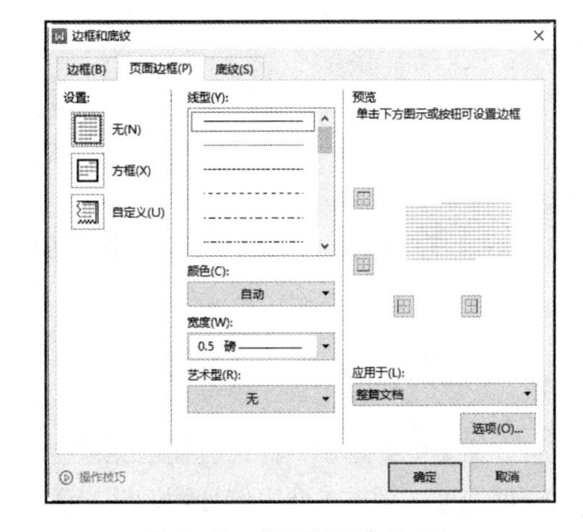

图 4-48 “页面边框”选项卡

【任务实现】

1. 设置页边距

打开“计算机社团简报素材”文档，根据任务要求设置上、下、左、右页边距均为 2 厘米。

微课 4-5

2. 插入艺术字标题

（1）选中“计算机社团”文本，单击“插入”菜单，单击“艺术字”按钮，在下拉列表中选择需要的艺术字样式，插入艺术字。调整艺术字为两行显示。

（2）选中“简报”文本，用同样的方法插入艺术字，通过换行使其纵向显示。

单击艺术字边框，选中艺术字，分别调整两个艺术字的位置，效果如图 4-49 所示。

3. 插入分割线

（1）单击“插入”菜单，在“形状”下拉列表中选择“线条”下的直线。按住【Shift】键，在标题下方绘制一条水平分割线，在标题右方绘制一条垂直分割线。

（2）选中水平分割线，单击鼠标右键，在弹出的快捷键菜单中执行“设置对象格式”命令。工作界面右侧显示“属性”任务窗格。在“填充与线条”选项卡的“线条”选项组中，设置“预设线条”为“长短线”，“宽度”为 1.75 磅。在“效果”选项卡下设置“外部”阴影为“右下斜偏移”。

（3）选中垂直分割线，用同样的方法，将其设置为“系统短划线”“双线”。

分别选中分割线，使用键盘上的方向键进行微调，效果如图 4-50 所示。

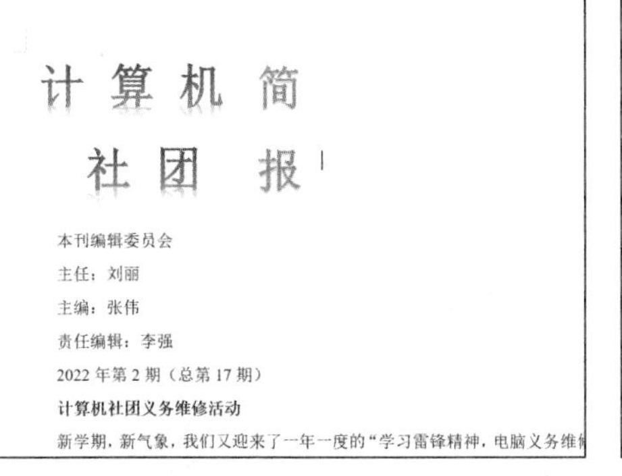

计 算 机 简
社 团 报

本刊编辑委员会
主任：刘丽
主编：张伟
责任编辑：李强
2022 年第 2 期（总第 17 期）
计算机社团义务维修活动
新学期，新气象，我们又迎来了一年一度的“学习雷锋精神，电脑义务维

图 4-49　插入艺术字标题

计 算 机 简
社 团 报

本刊编辑委员会
主任：刘丽
主编：张伟
责任编辑：李强
2022 年第 2 期（总第 17 期）
计算机社团义务维修活动
新学期，新气象，我们又迎来了一年一度的“学习雷锋精神，电脑义务维修”活动。

图 4-50　分割线效果

4. 插入文本框

（1）插入标题右侧文本框。单击“插入”菜单，单击“文本框”按钮，选择“横向”选项，拖曳鼠标，在标题右侧绘制一个文本框，将刊物基本信息移动到文本框内。用鼠标右键单击文本框线，在弹出的快捷菜单中执行“设置对象格式”命令，在打开的对话框的“填充与轮廓”选项卡下选择“无线条”选项，效果图如图 4-51 所示。

（2）插入下方两个文本框

① 插入文本框。先在第二篇文章后加入一个空行，然后选中第二篇文章，单击“插入”菜单，单击“文本框”按钮插入文本框，然后选中第三篇文章，用同样的方法插入文本框。这样两篇文章便以文本框的形式呈现，如图 4-52 所示。

② 调整文本框大小及位置。分别选中文本框，拖曳上、下、左、右的编辑点调节文本框大小，然后拖曳文本框调整位置，使之呈现图 4-53 所示的效果。

③ 设置文本框效果及文章标题效果。双击左侧文本框的边线，在右侧任务窗格激活其属性。单击“形状填充”菜单，在“填充与线条”选项组内选择“庚斯博罗灰色”纯色填充，设置线条为系统短划线、实线。用同样的方法设置右侧文本框，设置填充色为“刚蓝，浅色 80%”，设置线条效果为“长划线”“点线”，1.5 磅。

将“元宇宙六大核心技术”标题设置为艺术字、居中，将“Win10 超给力的备份功能你用过吗”标题设置为黑体、加粗、居中。

最终效果如图 4-54 所示。

计 算 机 简
社 团 报

本刊编辑委员会
主任：刘丽
主编：张伟
责任编辑：李强
2022 年第 2 期（总第 17 期）

计算机社团义务维修活动

新学期，新气象，我们又迎来了一年一度的“学习雷锋精神，电脑义务维修”活动。经过社团全体成员的共同努力，本次活动圆满结束。

本次活动让我们收获很多，社团成员积极参加这次活动，宣传工作到位。到场参与的师生非常多，咨询处的成员忙碌而又有序。针对现场解决不了的问题，社团成员进行了登记，后期将进行跟踪服务。

图 4-51 标题右侧文本框效果

今后，社团将举行更多有意义的活动，调动社团成员积极性，充分发挥每个人的能力，让我们的社团丰富多彩，共同创造美好的明天，使它成为一道亮丽的风景线。

预祝计算机社团明天更美好！

元宇宙六大核心技术

元宇宙有六大核心技术，每种技术名的第一个字母组成了单词“BIGANT”，所以也叫“大蚂蚁”。

第一，是区块链（B）。第二，是交互技术（I）。第三，是游戏（G）。第四，是人工智能（AI）。第五，是这些信息需要的就是网络及其运算技术（N）。第六，是将物理世界和虚拟世界连接起来的物联网技术（T）。这 6 项技术就像蚂蚁的 6 条腿缺一不可。

Win10 超给力的备份功能你用过吗

Win10 的备份其实由 3 部分组成：“旧版备份与还原”、“还原点”和“文件历史记录”。尽管三者有先有后，却并非简单的替代关系。其中“旧版备份与还原”、“还原点”主要用于系统备份与还原，而“文件历史记录”则专门用来进行用户文件恢复。

Win10 的这 3 组备份功能，基本涵盖了日常需求的方方面面。特别是“文件历史记录”，在实际工作中用处很大。

图 4-52 为后两篇文章插入文本框效果

图 4-53 调整文本框大小及位置

图 4-54 后两篇文章的文本框效果

5. 为第一篇文章设置分栏效果

选中第一篇文章的正文，单击“页面布局”菜单，在“分栏”下拉列表中选择“更多分栏”选项，在打开的对话框内设置正文为两栏、有分割线，调整文章标题为宋体、三号、加粗、居中，效果如图 4-55 所示。

6. 插入图片

将光标定位在第一篇文章内，单击“插入”菜单，单击“图片”按钮，插入素材图片“维修计算机活动”。

选中图片，在图片右侧的快捷工具栏中选择“布局选项”选项，设置图片环绕方式为“四周型环绕”。

此时，整个布局可能会发生变化。设置下方两个文本框的布局为“浮于文字上方”，然后调整图片和文本框的大小和位置，使之在一页内显示，插入图片后的效果如图 4-56 所示。

7. 设置页面边框

单击“页面布局”菜单，单击“页面边框”按钮，在打开的对话框内设置页面边框为艺术型边框，计算机社团简报最终效果如图 4-57 所示。

计算机社团简报

本刊编辑委员会
主任：刘丽
主编：张伟
责任编辑：李强
2022 年第 2 期（总第 17 期）

计算机社团义务维修活动

新学期，新气象，我们又迎来了一年一度的“学习雷锋精神，电脑义务维修”活动。经过社团全体成员的共同努力，本次活动圆满结束。

本次活动让我们收获很多，社团成员积极参加这次活动，宣传工作到位。到场参与的师生非常多，咨询处的成员忙碌而又有序。针对现场解决不了的问题，社团成员进行了登记，后期将进行跟踪服务。

今后，社团将举行更多有意义的活动，调动社团成员积极性，充分发挥每个人的能力，让我们的社团丰富多彩，共同创造美好的明天，使它成为一道亮丽的风景线。

预祝计算机社团明天更美好！

元宇宙六大核心技术

元宇宙有六大核心技术，每种技术名的第一个字母组成了单词“BIGANT”，所以也叫“大蚂蚁”。

第一，是区块链（B）。第二，是交互技术（I）。第三，是游戏（G）。第四，是人工智能（AI）。第五，是这些信息需要的就是网络及其运算技术（N）。第六，是将物理世界和虚拟世界连接起来的物联网技术（T）。这 6 项技术就像蚂蚁的 6 条腿缺一不可。

Win10 超给力的备份功能你用过吗

Win10 的备份其实由 3 部分组成：“旧版备份与还原”、“还原点”和“文件历史记录”。尽管三者有先有后，却并非简单的替代关系。其中“旧版备份与还原”、“还原点”主要用于系统备份与还原，而“文件历史记录”则专门用来进行用户文件恢复。

Win10 的这 3 组备份功能，基本涵盖了日常需求的方方面面。特别是“文件历史记录”，在实际工作中用处很大。

图 4-55 为第一篇文章设置分栏效果

计算机社团简报

本刊编辑委员会
主任：刘丽
主编：张伟
责任编辑：李强
2022 年第 2 期（总第 17 期）

计算机社团义务维修活动

新学期，新气象，我们又迎来了一年一度的“学习雷锋精神，电脑义务维修”活动。经过社团全体成员的共同努力，本次活动圆满结束。

本次活动让我们收获很多，社团成员积极参加这次活动，宣传工作到位。到场参与的师生非常多，咨询处的成员忙碌而又有序。针对现场解决不了的问题，社团成员进行了登记，后期将进行跟踪服务。

今后，社团将举行更多有意义的活动，调动社团成员积极性，充分发挥每个人的能力，让我们的社团丰富多彩，共同创造美好的明天，使它成为一道亮丽的风景线。

预祝计算机社团明天更美好！

元宇宙六大核心技术

元宇宙有六大核心技术，每种技术名的第一个字母组成了单词“BIGANT”，所以也叫“大蚂蚁”。

第一，是区块链（B）。第二，是交互技术（I）。第三，是游戏（G）。第四，是人工智能（AI）。第五，是这些信息需要的就是网络及其运算技术（N）。第六，是将物理世界和虚拟世界连接起来的物联网技术（T）。这 6 项技术就像蚂蚁的 6 条腿缺一不可。

Win10 超给力的备份功能你用过吗

Win10 的备份其实由 3 部分组成：“旧版备份与还原”、“还原点”和“文件历史记录”。尽管三者有先有后，却并非简单的替代关系。其中“旧版备份与还原”、“还原点”主要用于系统备份与还原，而“文件历史记录”则专门用来进行用户文件恢复。

Win10 的这 3 组备份功能，基本涵盖了日常需求的方方面面。特别是“文件历史记录”，在实际工作中用处很大。

图 4-56 插入图片后的效果

计算机社团简报

本刊编辑委员会
主任：刘丽
主编：张伟
责任编辑：李强
2022 年第 2 期（总第 17 期）

计算机社团义务维修活动

新学期，新气象，我们又迎来了一年一度的“学习雷锋精神，电脑义务维修”活动。经过社团全体成员的共同努力，本次活动圆满结束。

本次活动让我们收获很多，社团成员积极参加这次活动，宣传工作到位。到场参与的师生非常多，咨询处的成员忙碌而又有序。针对现场解决不了的问题，社团成员进行了登记，后期将进行跟踪服务。

今后，社团将举行更多有意义的活动，调动社团成员积极性，充分发挥每个人的能力，让我们的社团丰富多彩，共同创造美好的明天，使它成为一道亮丽的风景线。

预祝计算机社团明天更美好！

元宇宙六大核心技术

元宇宙有六大核心技术，每种技术名的第一个字母组成了单词“BIGANT”，所以也叫“大蚂蚁”。

第一，是区块链（B）。第二，是交互技术（I）。第三，是游戏（G）。第四，是人工智能（AI）。第五，是这些信息需要的就是网络及其运算技术（N）。第六，是将物理世界和虚拟世界连接起来的物联网技术（T）。这 6 项技术就像蚂蚁的 6 条腿缺一不可。

Win10 超给力的备份功能你用过吗

Win10 的备份其实由 3 部分组成：“旧版备份与还原”、“还原点”和“文件历史记录”。尽管三者有先有后，却并非简单的替代关系。其中“旧版备份与还原”、“还原点”主要用于系统备份与还原，而“文件历史记录”则专门用来进行用户文件恢复。

Win10 的这 3 组备份功能，基本涵盖了日常需求的方方面面。特别是“文件历史记录”，在实际工作中用处很大。

图 4-57 计算机社团简报最终效果

至此，计算机社团简报制作完成。

任务 4.4 制作计算机应用能力大赛参赛证

【任务描述】

为了引导学生学习并掌握计算机与互联网知识，提高计算机技能的应用能力，计算机社团计划组织第七届计算机应用能力大赛，希望通过此次大赛激发学生学习计算机知识、技术的兴趣和潜能，提升运用信息技术解决实际问题的综合实践能力、创新创业能力，并培养团队合作精神。现需要批量制作此次计算机应用能力大赛参赛证，效果如图 4-58 所示。

图 4-58 计算机应用能力大赛参赛证效果

【知识储备】

4.4.1 什么是邮件合并

邮件合并是 WPS 文字中一项用于批量处理信息的功能。用它可以将一组变化的信息（如参赛学生姓名、参赛名称等）逐条插入一个含有模板的 WPS 文档中，进而批量生成需要的文档。使用邮件合并可以大大提高工作效率。

4.4.2 邮件合并的应用领域

邮件合并可以应用于多种需要批量生成不同内容的场景，常见的有以下几种。

（1）批量打印信封：按统一的格式，将电子表格中的邮编、收件人地址和收件人打印出来。

（2）批量打印信件：从电子表格中调用收件人，只需要换一下称呼，信件内容基本不变。

（3）批量打印请柬：和批量打印信件的情况类似。

（4）批量打印工资条：从电子表格调用数据。

（5）批量打印个人简历：从电子表格中调用不同字段数据，每人一页，对应不同信息。

（6）批量打印学生成绩单：从电子表格中调用个人信息，并设置评语字段，编写不同评语。

（7）批量打印各类获奖证书：在电子表格中调用姓名、获奖名称等资料，在 WPS 文字中设置打印格式。

（8）批量打印准考证、明信片、信封等。

总之，只要有数据源（电子表格、数据库）等，并且是一个标准的二维表，就可以很方便地按一个记录一页的方式从 WPS 文字中用邮件合并将其打印出来。

4.4.3 如何实现邮件合并

在 WPS 文字中，先建立两个文档——一个包括所有文件共有内容的主文档（如未填写的信封等）和一个包括变化信息的数据源表格（填写的收件人、发件人、邮编等），然后使用邮件合并在主文档中插入变化的信息，合成后的文件可以保存为 WPS 文档，可以打印出来，也可以以邮件的形式发送出去，具体操作步骤将在后文中进行演示。

【任务实现】

1. 设计参赛证

微课 4-6

（1）新建一个文档，命名为“计算机应用能力大赛参赛证”。单击“页面布局”菜单，在“纸张大小”下拉列表中，选择“其他页面大小”选项，打开“页面设置”对话框，单击“纸张”选项卡，设置纸张宽度为“8”厘米，高度为“11”厘米，如图 4-59 所示。在“页边距”选项卡中设置页边距为“1”厘米。

（2）利用“插入”菜单下的形状绘制参赛证中的图形，并使用文本框输入文字，设置文本框的外框线条为“无线条”。“参赛证”字体为微软雅黑、25；“郑州财税金融职业学院第七届计算机应用能力大赛”字体为微软雅黑、小六号，设置颜色为白色，背景色为蓝色。在参赛证下方空白处插入 5 行 2 列的表格，调整行高及列宽，设置表格边框为“无线条”，并输入相应文字。参赛证最终效果如图 4-60 所示。

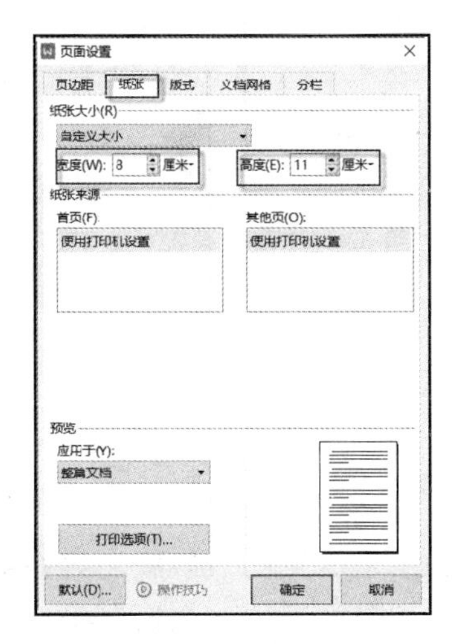

图 4-59　设置宽度和高度

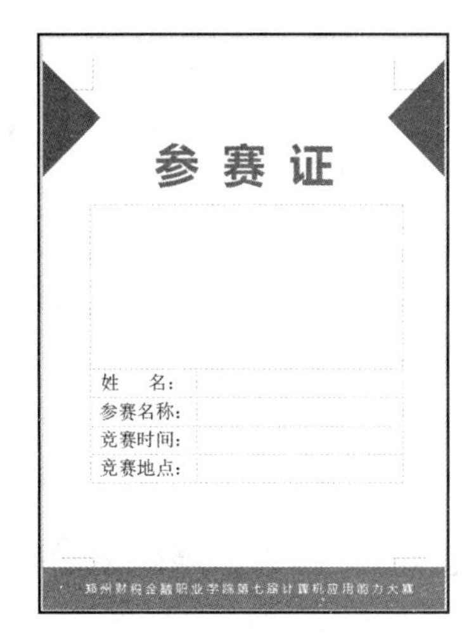

图 4-60　参赛证最终效果

2. 打开数据源

单击“引用”菜单中的“邮件”按钮，出现“邮件合并”菜单，单击“打开数据源”，选择“计算机应用能力大赛表格素材”文档，单击“打开”按钮，在打开的“选择表格”对话框中选择相应表格，单击“确定”按钮打开数据源，如图 4-61 所示。

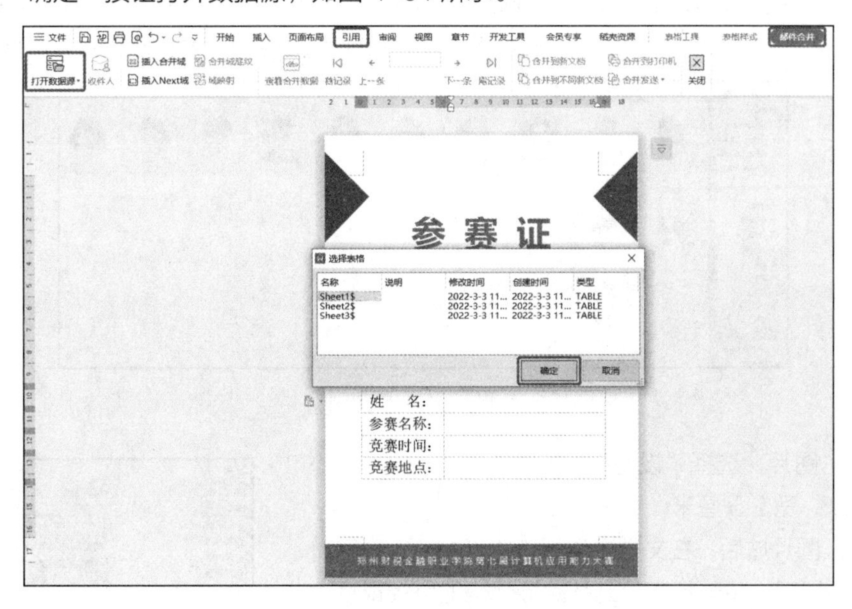

图 4-61　打开数据源

3. 插入合并域

将光标定位到姓名栏后方单元格中，单击“插入合并域”按钮，打开“插入域”对话框，如图 4-62 所示。选择“姓名”选项，单击“插入”按钮，单击对话框右上角的“关闭”按钮完成插入操作。用同样的方法插入“参赛名称”“竞赛时间”“竞赛地点”，插入合并域的最终效果如图 4-63 所示。

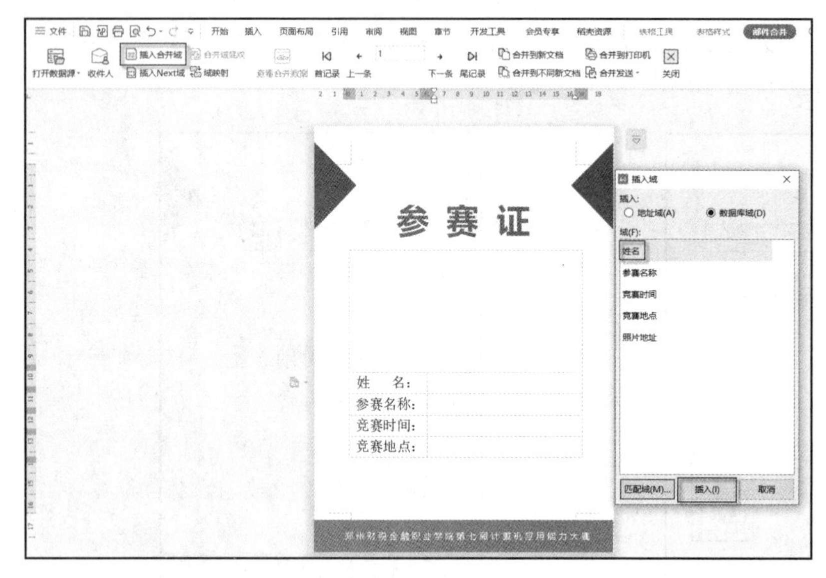

图 4-62 “插入域”对话框

图 4-63 插入合并域的最终效果

4. 插入图片域

（1）将光标定位到图片栏中，单击“插入”菜单下的“文档部件”按钮，单击“域”按钮，打开“域”对话框。

（2）在“域”对话框中选择“域名”列表框中的“插入图片”选项，在右侧“高级域属性”选项组下方有此域的应用举例。找到选手照片所在文件夹“photos”，复制地址栏中的地址，如图 4-64 所示。将复制的地址粘贴到“域代码”文本框中，注意将图片路径中的单反斜杠更改为双反斜杠，如图 4-65 所示。

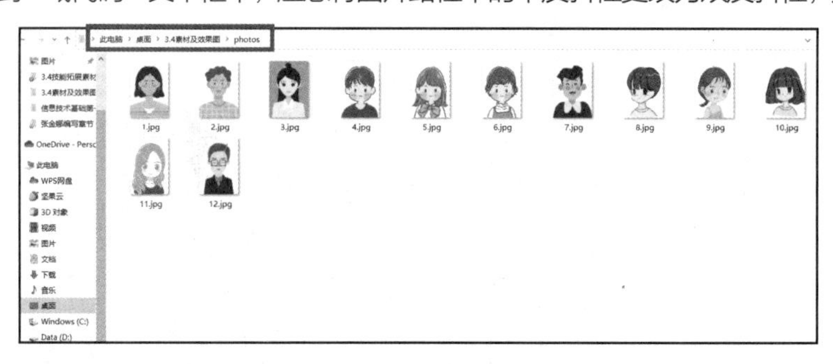

图 4-64 复制文件夹地址

（3）右击图片，选择“设置对象格式”，修改图片大小为高 3.5 厘米，宽 2.5 厘米。

（4）插入图片域后，在文档中选择表格，按【Alt+F9】组合键显示域代码。将光标定位到图片域代码的路径最后。将原域代码中的选中部分删除。单击“引用”菜单的“邮件合并”下的“插入合并域”按钮，将照片地址域插入文档中，效果如图 4-66 所示。

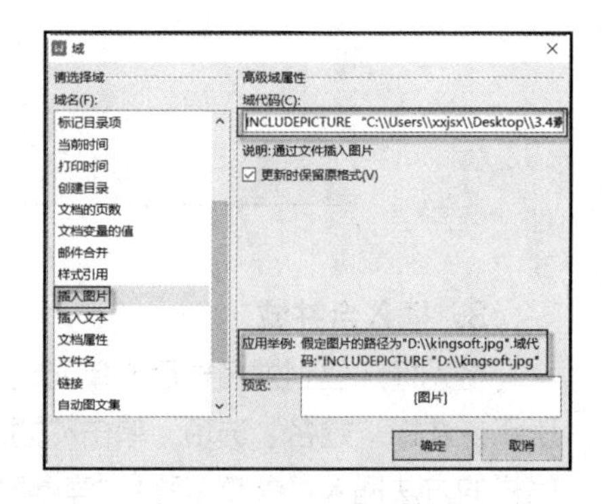

图 4-65 修改图片路径

图 4-66 插入照片地址域效果

5. 预览参赛证效果

按【Alt+F9】组合键隐藏域代码，此时页面中显示为图片效果，如图 4-67 所示。

6. 批量生成参赛证

（1）单击“邮件合并”菜单下的“合并到新文档”按钮，将全部内容合并到新文档，如图 4-68 所示。

图 4-67 图片栏中显示图片效果

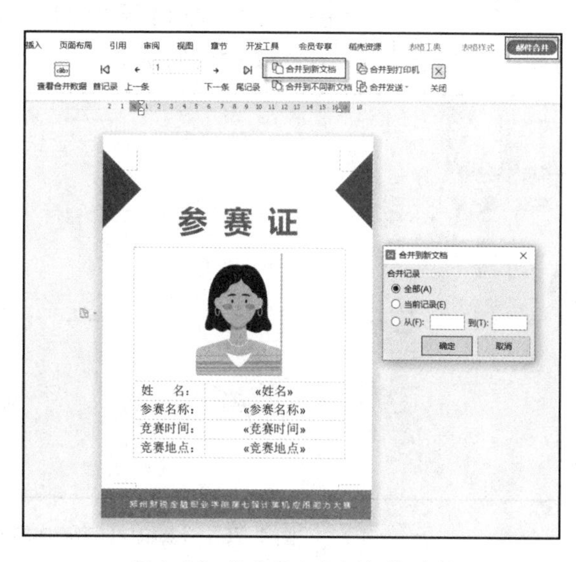

图 4-68 将全部内容合并到新文档

（2）将全部内容合并到新文档后，按【Ctrl+A】组合键全选文档内容，然后按【F9】键刷新文档，这样就可以实现将图片批量插入文档中了。

【知识与技能拓展】

期末到了，胜利中学需要给成绩优异、表现突出的学生颁发各种奖状，如优秀学生干部、优秀三好学生、进步之星等。这些奖状的数量不少，如果全部都手动填写很费力气。张老师计划用计算机来批量打印这些奖状。请使用 WPS 中的邮件合并来批量打印奖状，最终效果如图 4-69 所示。

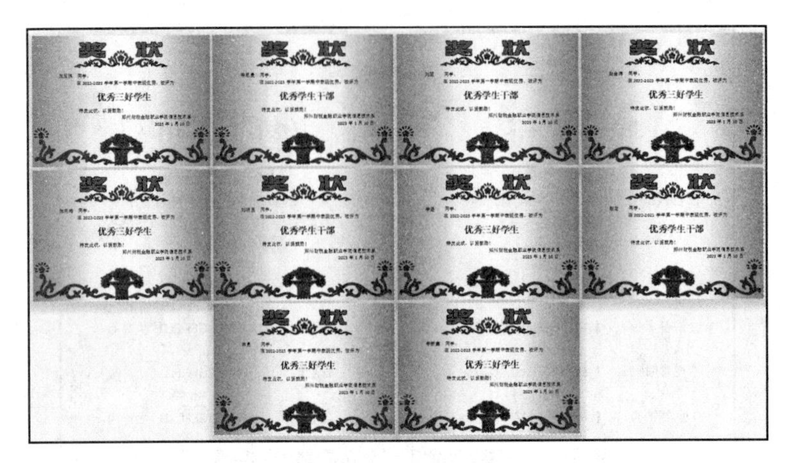

图 4-69　批量打印奖状最终效果

任务 4.5　编排计算机技能竞赛活动方案

【任务描述】

每年的 11 月为学院的技能竞赛月，为了提升学生的计算机技能水平，信息技术系联合计算机社团组织了技能竞赛月相关比赛。现需要将比赛的活动方案汇总整理到一起，排版效果如图 4-70 所示。

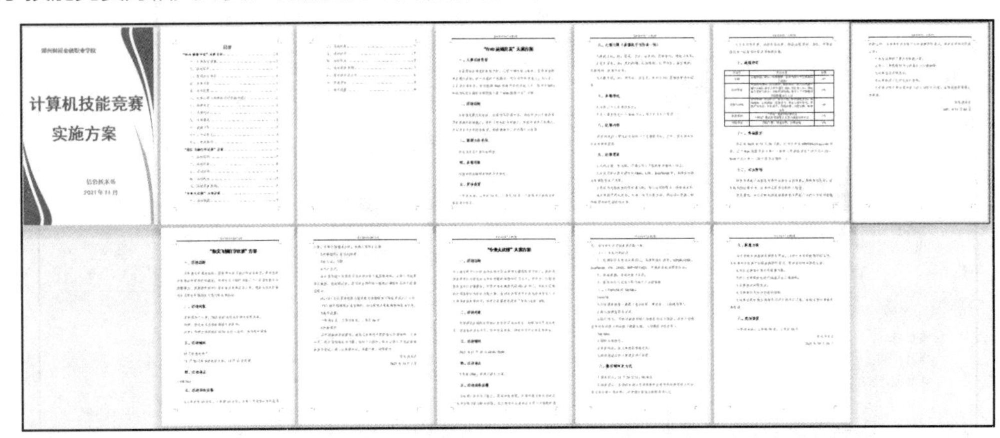

图 4-70　计算机技能竞赛实施方案排版效果

【知识储备】

4.5.1　分页与分节

1. 分节

使用分节符可以将文档分为不同的节，方便对每节单独进行页面设置。分节方法如下：单击“页面布局”菜单下的“分隔符”按钮，在下拉列表中选择相应选项，如图 4-71 所示。

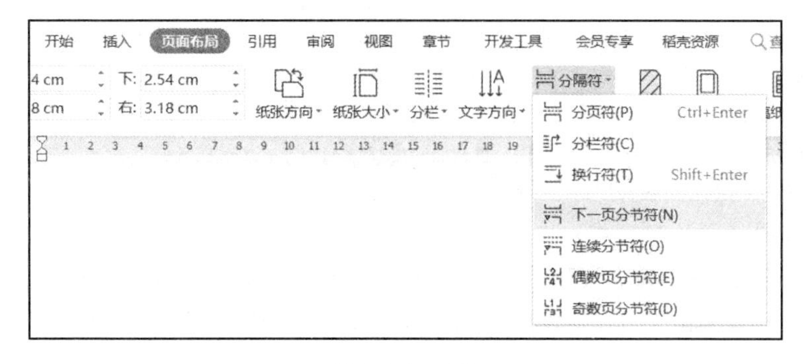

图 4-71　分节

2. 分页

分页符的作用是将页面分为两页。分页方法如下：单击“插入”菜单，在“分页”下拉列表中选择“分页符”选项，如图 4-72 所示。

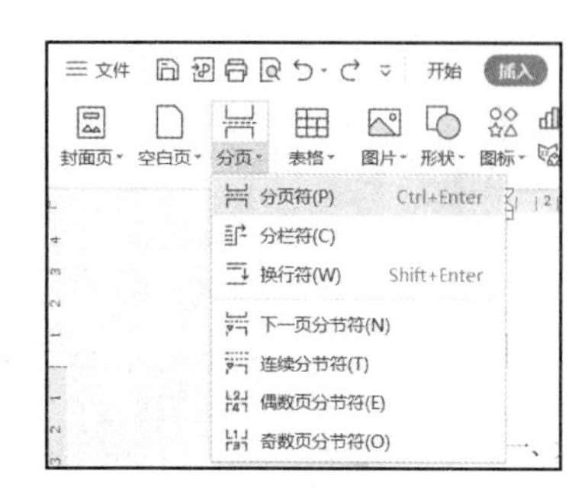

图 4-72　分页

要注意的是，在插入分页符后，文档是在同一个节内的，在文档中仅插入分页符无法对每页单独进行页面设置。

4.5.2　样式

样式是一系列格式的集合。在编排重复格式时，可以将需要用到的格式先创建为样式，然后在需要应用此格式的地方套用该样式，这样就可以实现快速格式化操作，无须多次进行重复操作，从而提高工作效率。

WPS 文字预设了部分样式，也可以在预设基础上修改样式，或者新建样式。

4.5.3　页眉和页脚

页眉和页脚用于显示文档的附加信息，一般可以插入时间、日期、单位名称等。页眉在页面的顶部，页脚在页面的底部。可以双击页面顶部或底部进行页眉和页脚的插入操作。

4.5.4　目录

对于长文档，需要创建目录，方便读者查阅。

1. 自动生成目录

WPS 文字具有自动生成目录的功能，方法如下：首先为要提取目录的文档标题设置标题级别（通过应用样式实现），然后为文档添加页码，最后单击“引用”菜单，在“目录”下拉列表中选择相应目录样式来生成目录。

2. 修改目录

如果文档被修改了，此时可以单击“引用”菜单下的“更新目录”按扭，在打开的对话框中选择“更新整个目录”选项，单击“确定”按钮进行更新。或者在目录上单击鼠标右键，在弹出的快捷菜单中执行“更新整个目录”命令来更新目录。

【任务实现】

微课 4-7

1. 打开素材

打开“计算机技能竞赛活动方案素材”文档。

2. 插入分隔符

（1）插入分节符。分别将光标定位到第二和第三个方案的最前面，单击“页面布局”菜单，在“分隔符”下拉列表中选择“下一页分节符”选项，将文档分为 3 节，如图 4-73 所示。

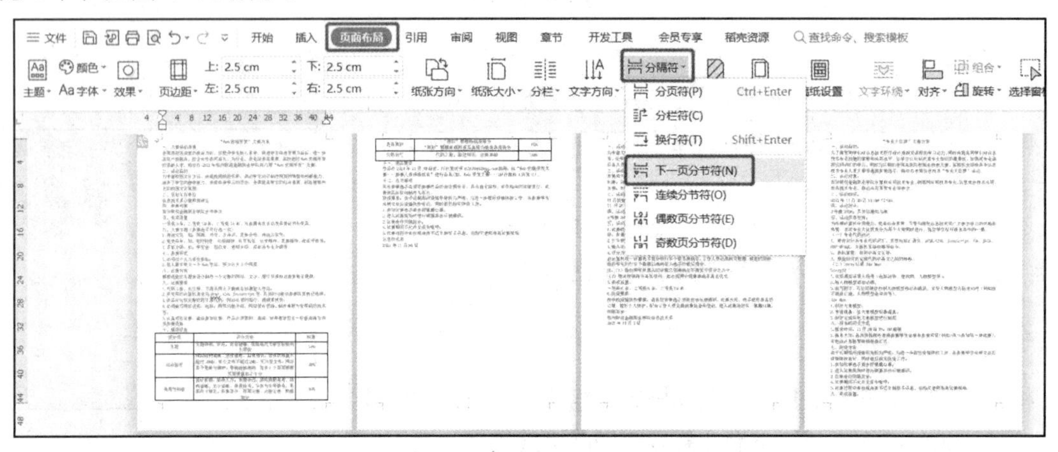

图 4-73 插入分节符

（2）插入封面及目录页。将光标定位到文档最开头，单击“插入”菜单，单击“封面页”按钮，在下拉列表中选择一种封面页样式，并在文本框内输入相应内容，调节文字大小及文本框位置。将光标定位到第一个方案前，单击“插入”菜单，单击“空白页”按钮，为目录预留一个空白页，如图 4-74 所示。

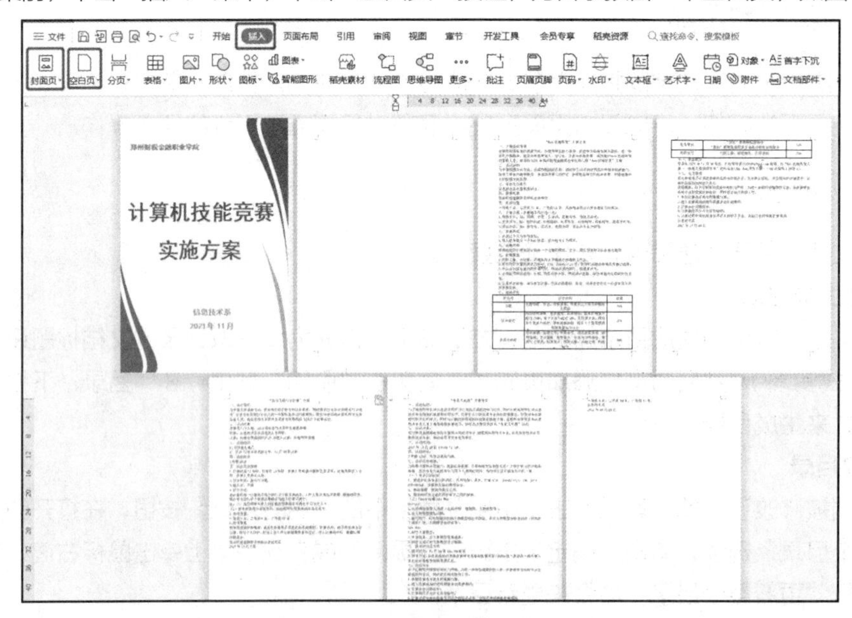

图 4-74 插入封面及目录页

3. 应用样式

（1）应用标题样式

选中第一个方案的标题，在“开始”菜单下选择“标题 1”样式，如图 4-75 所示。

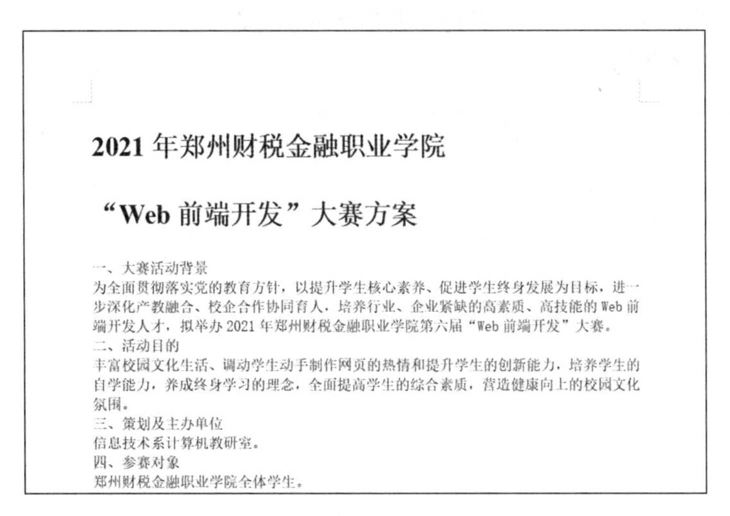

2021 年郑州财税金融职业学院

“Web 前端开发”大赛方案

一、大赛活动背景
为全面贯彻落实党的教育方针，以提升学生核心素养、促进学生终身发展为目标，进一步深化产教融合、校企合作协同育人，培养行业、企业紧缺的高素质、高技能的 Web 前端开发人才，拟举办 2021 年郑州财税金融职业学院第六届“Web 前端开发”大赛。
二、活动目的
丰富校园文化生活、调动学生动手制作网页的热情和提升学生的创新能力，培养学生的自学能力，养成终身学习的理念，全面提高学生的综合素质，营造健康向上的校园文化氛围。
三、策划及主办单位
信息技术系计算机教研室。
四、参赛对象
郑州财税金融职业学院全体学生。

图 4-75　应用“标题 1”样式

用同样的方法，应用“标题 2”样式到“一、大赛活动背景”，应用“正文”样式到其他文字部分。若想在目录中显示多级标题，可以继续应用下去，此处只设置第 1 级、第 2 级标题和正文的样式。

（2）修改并应用样式

在“标题 1”样式上单击鼠标右键，在弹出的快捷菜单中执行“修改样式”命令，打开“修改样式”对话框，如图 4-76 所示。设置字符格式为黑体、小二、加粗、居中，设置段落格式为段前段后各空 1 行、1.5 倍行距。

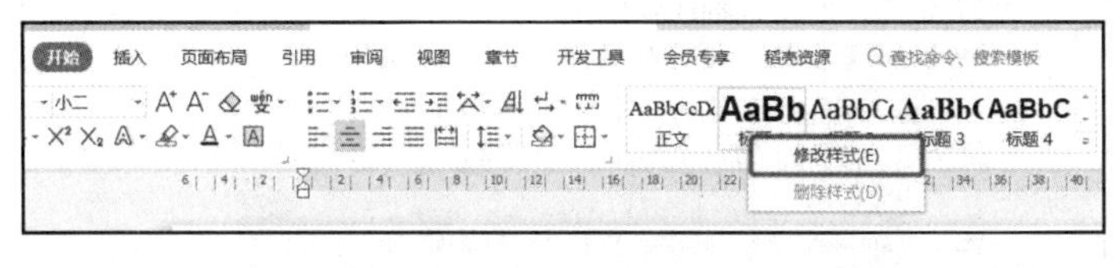

图 4-76　“修改样式”对话框

选中其他方案的标题，应用“标题 1”样式。

用同样的方法，修改“标题 2”样式为仿宋、三号、加粗、段前段后各空 1 行、1.5 倍行距，并应用“标题 2”样式到相应位置。

修改“正文”样式为仿宋、小三、首行缩进 2 字符、段前段后 0 行、单倍行距，并应用“正文”样式到相应位置。效果如图 4-77所示。

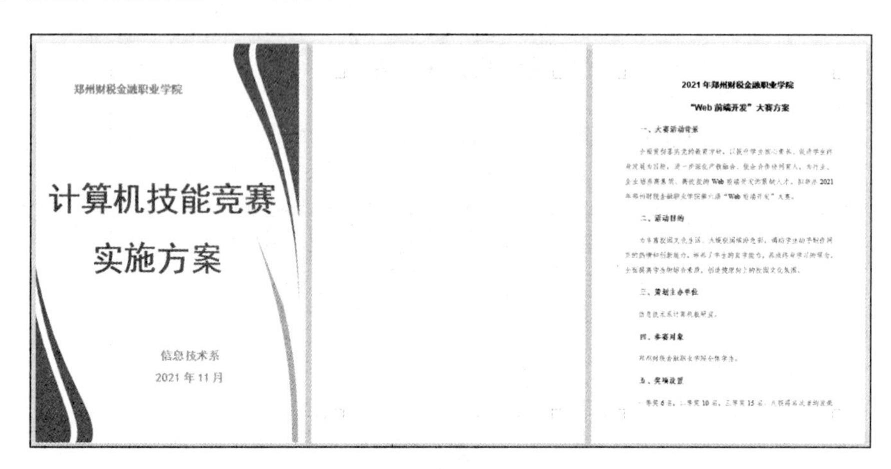

图 4-77　应用样式的效果

（3）用大纲视图查看文档

在“视图”菜单下单击“大纲”按钮，或在工作界面右下方视图栏中单击“大纲”按钮，可以将当前文档以大纲视图显示。在此视图下，可以调整大纲结构，进行文档内容的展开与折叠，如图 4-78 所示。

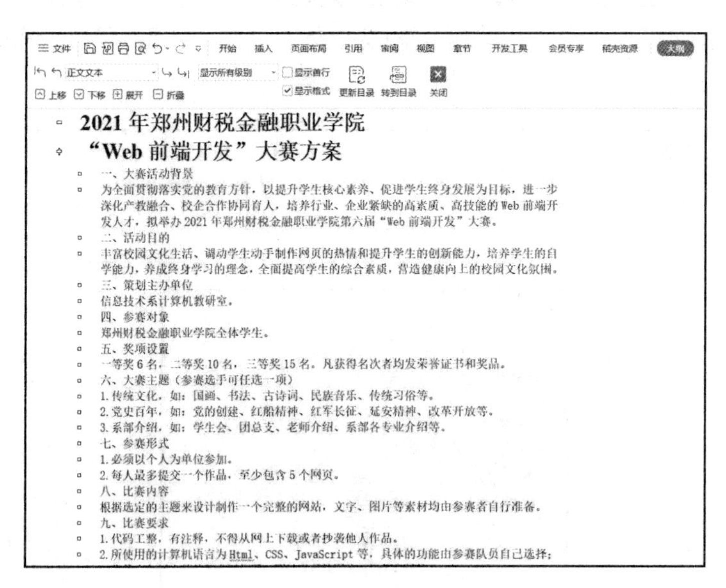

2021 年郑州财税金融职业学院
“Web 前端开发”大赛方案
一、大赛活动背景
为全面贯彻落实党的教育方针，以提升学生核心素养、促进学生终身发展为目标，进一步深化产教融合、校企合作协同育人，培养行业、企业紧缺的高素质、高技能的 Web 前端开发人才，拟举办 2021 年郑州财税金融职业学院第六届“Web 前端开发”大赛。
二、活动目的
丰富校园文化生活、调动学生动手制作网页的热情和提升学生的创新能力，培养学生的自学能力，养成终身学习的理念，全面提高学生的综合素质，营造健康向上的校园文化氛围。
三、策划主办单位
信息技术系计算机教研室。
四、参赛对象
郑州财税金融职业学院全体学生。
五、奖项设置
一等奖 6 名，二等奖 10 名，三等奖 15 名。凡获得名次者均发荣誉证书和奖品。
六、大赛主题（参赛选手可任选一项）
1. 传统文化，如：国画、书法、古诗词、民族音乐、传统习俗等。
2. 党史百年，如：党的创建、红船精神、红军长征、延安精神、改革开放等。
3. 系部介绍，如：学生会、团总支、老师介绍、系部各专业介绍等。
七、参赛形式
1. 必须以个人为单位参加。
2. 每人最多提交一个作品，至少包含 5 个网页。
八、比赛内容
根据选定的主题来设计制作一个完整的网站，文字、图片等素材均由参赛者自行准备。
九、比赛要求
1. 代码工整，有注释，不得从网上下载或者抄袭他人作品。
2. 所使用的计算机语言为 Html、CSS、JavaScript 等，具体的功能由参赛队员自己选择；

图 4-78　用大纲视图查看文档

4．添加页眉和页脚

（1）添加页眉

在“插入”菜单下单击“页眉页脚”按钮，激活“页眉页脚”菜单，会发现文档共有 5 节。将光标定位到“Web 前端开发”大赛方案第 3 节的页眉处，在工具栏中单击“同前节”按钮，取消本节与前一节的关联，在本节页眉处输入“‘Web 前端开发’大赛方案”，如图 4-79 所示。

图 4-79　为第 3 节添加页眉

用同样的方法，将光标分别定位到第 4 节和第 5 节页眉处，取消本节与前一节的关联，修改页眉内容分别为“‘指尖飞扬打字比赛’方案”和“‘专业大比拼’大赛方案”。

有时候需要清除页眉处的横线，有以下两种方法。方法一：单击“开始”菜单，单击样式列表框右下方的扩展按钮，打开“预设样式”下拉列表，选择“清除格式”选项，可以清除页眉处的横线，如图 4-80 所示。方法二：在页眉页脚激活状态下，单击工具栏中的“页眉横线”按钮，在下拉列表中选择“删除横线”选项，如图 4-81 所示。

图 4-80　“清除格式”选项

（2）添加页脚

将光标定位在第 3 节的页脚处，单击“同前节”按钮，单击页脚处的“插入页码”按钮，在打开的对话框中选择“本页及之后”单选项，单击“确定”按钮，为文档正文插入页码，如图 4-82 所示。

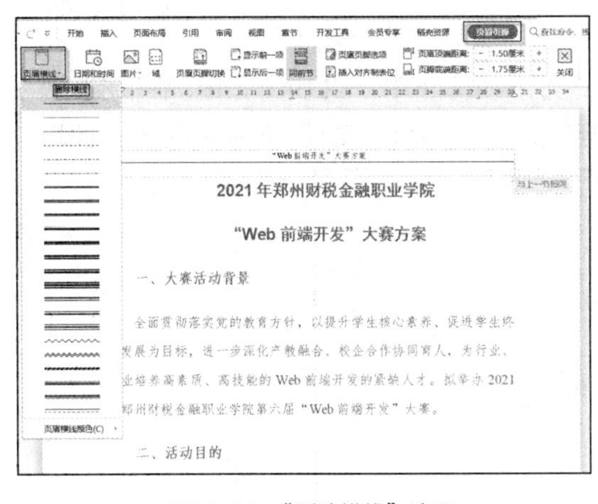

图 4-81　“删除横线”选项

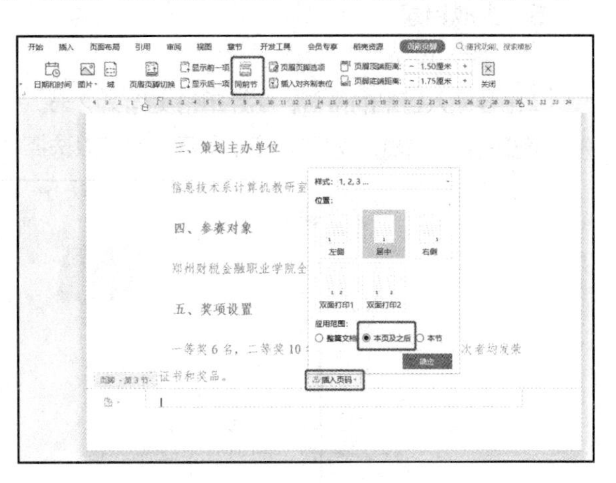

图 4-82　在页脚处插入页码

答疑解惑

如何设置奇偶页不同?

在“页眉页脚”菜单下单击“页眉页脚选项”按钮，打开“页眉/页脚设置”对话框，勾选“奇偶页不同”复选框，单击“确定”按钮，然后分别为奇数页和偶数页添加不同的页眉页脚即可，如图 4-83 所示。

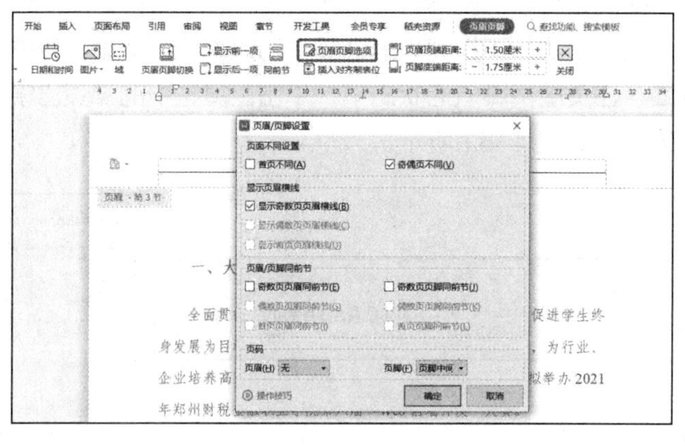

图 4-83　设置奇偶页不同的页眉页脚

页眉和页脚添加完成后，双击正文，退出页眉页脚编辑状态。

5. 生成目录

（1）插入目录

单击要插入目录的位置，此处单击文档第 2 节，在“引用”菜单下单击“目录”按钮，在下拉列表中选择需要的目录样式，如图 4-84 所示。也可以选择“自定义目录”选项，对插入的目录进行详细设置。

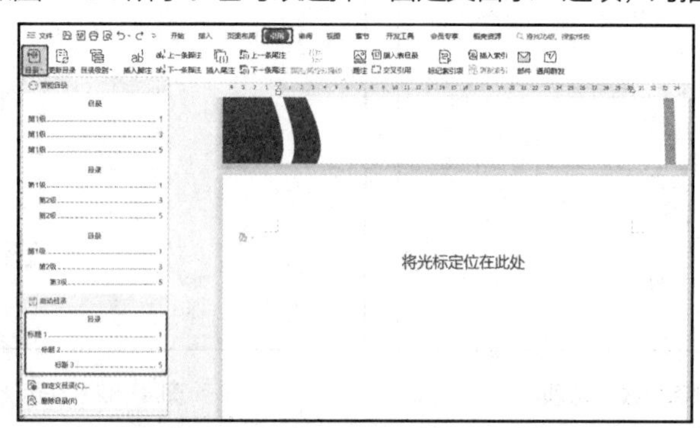

图 4-84　插入目录

（2）编辑目录

在插入的目录中选择标题，修改字符格式为黑体、小二，选择一级标题，将其设置为加粗，生成的目录效果如图 4-85 所示。

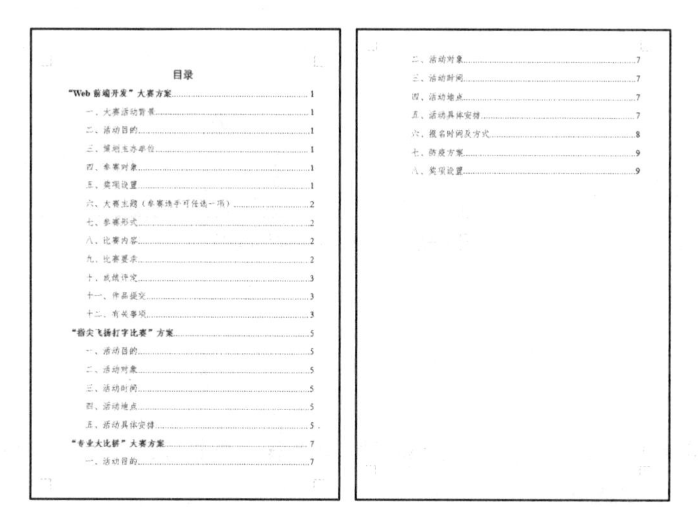

目录

“Web 前端开发”大赛方案......1
一、大赛活动背景......1
二、活动目的......1
三、策划主办单位......1
四、参赛对象......1
五、奖项设置......1
六、大赛主题（参赛选手可任选一项）......2
七、参赛形式......2
八、比赛内容......2
九、比赛要求......2
十、成绩评定......3
十一、作品提交......3
十二、有关事项......3
“指尖飞扬打字比赛”方案......5
一、活动目的......5
二、活动对象......5
三、活动时间......5
四、活动地点......5
五、活动具体安排......5
“专业大比拼”大赛方案......7
一、活动目的......7
二、活动对象......7
三、活动时间......7
四、活动地点......7
五、活动具体安排......7
六、报名时间及方式......8
七、防疫方案......9
八、奖项设置......9

图 4-85　生成的目录效果

【知识与技能拓展】

1. 任务描述

大学生活即将结束，作为一名大专生，小白在毕业设计阶段还需要完成最后一项任务：毕业设计排版。系部关于毕业设计的排版格式有统一的要求，如图 4-86 所示。请根据格式要求，对毕业设计进行排版。

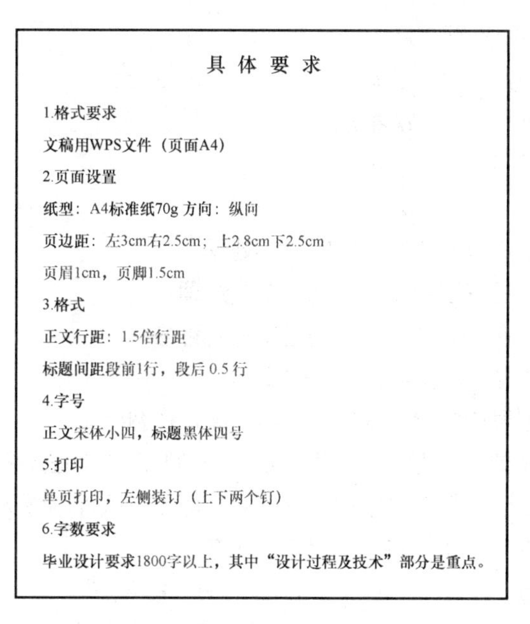

具 体 要 求

1.格式要求

文稿用WPS文件（页面A4）

2.页面设置

纸型：A4标准纸70g 方向：纵向

页边距：左3cm右2.5cm；上2.8cm下2.5cm

页眉1cm，页脚1.5cm

3.格式

正文行距：1.5倍行距

标题间距段前1行，段后 0.5 行

4.字号

正文宋体小四，标题黑体四号

5.打印

单页打印，左侧装订（上下两个钉）

6.字数要求

毕业设计要求1800字以上，其中“设计过程及技术”部分是重点。

图 4-86　毕业设计排版格式要求

2. 任务效果

毕业设计排版效果如图 4-87 所示。

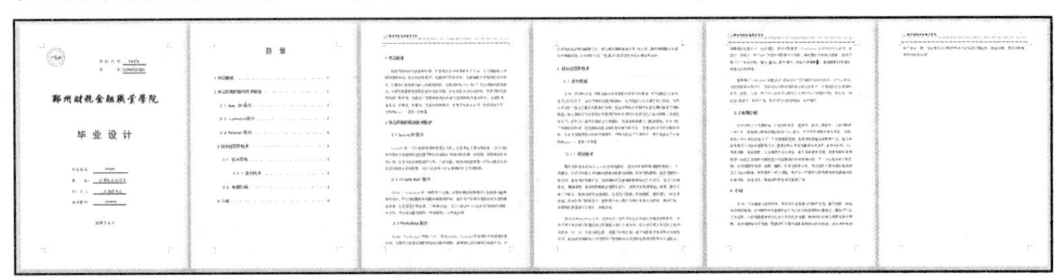

图 4-87　毕业设计排版效果

练习与测试

一、填空题

1. 调出水平标尺的步骤：单击工作界面右侧垂直滚动条上方的（　　　）按钮，或在“视图”菜单下勾选（　　　）复选框。

2. 设置纸张的大小，可单击“文件”菜单下的（　　　）按钮。

3. 在 WPS 文字中，全选可以按（　　　）组合键。

4. 在进行块复制的时候，需要先把复制的块选中，单击“编辑”菜单下的（　　　）按钮，再单击“编辑”菜单下的（　　　）按钮。

5. 在 WPS 文字中，要将页面设置为两栏，可单击“文件”菜单下的“页面设置”按钮，在（　　　）中设置。

6. 在 WPS 文字中，设置图片环绕方式可通过“格式”菜单中（　　　）命令的绕排方式实现。

二、选择题

1. WPS 文字中文档的扩展名是（　　）。

A. .txt　　B. .doc　　C. .wps　　D. .bmp

2. WPS 文字是一种（　　）软件。

A. 图形处理

B. 表格处理

C. 具有文字、图形混合排版功能的文字处理

D. 不具有文字、图形混合排版功能的文字处理

3. 启动 WPS 文字有多种方式，在下列给出的几种方式中，（　　）是错误的。

A. 在桌面上单击 WPS 文字快捷方式图标

B. 在快速启动工具栏中单击 WPS 文字快捷方式图标

C. 在“开始”菜单的“程序”子菜单中单击 WPS 文字程序名

D. 通过查找器找到 WPS 文字应用程序后，再双击该程序图标

4. 在编辑区中输入文字，当前输入的文字显示在（　　）。

A. 鼠标指针位置　　B. 插入点

C. 文件尾部　　D. 当前行尾部

5. 在 WPS 文字中，想用新名称保存文档时，应（　　）。

A. 执行“文件”菜单中的“另存为”命令

B. 执行“文件”菜单中的“保存”命令

C. 单击快速访问工具栏中的“保存”按钮

D. 复制文档内容到新命名的文档中

6. 在 WPS 文字中，文字被剪切后暂时保存在（　　）。

A. 临时文档　　B. 自己新建的文档

C. 剪贴板　　D. 内存

7. 对所编辑文档进行全部选中操作的组合键是（　　）。

A.【Ctrl+A】　　B.【Ctrl+V】

C.【Alt+A】　　D.【Ctrl+C】

8. 在 WPS 文字的编辑状态下，若要从汉字输入状态切换到大写英文字母输入状态，应当按（　　）。

A.【Caps Lock】键　　B.【Shift】键

C.【Ctrl+Space】组合键　　D.【Ctrl+Shift】组合键

9. 在 WPS 文字的编辑状态下，“粘贴”操作的组合键是（　　）。

A.【Ctrl+A】　　B.【Ctrl+C】　　C.【Ctrl+V】　　D.【Ctrl+X】

10. 在 WPS 文字的“字体”对话框中，不能设置的字符格式是（　　）。

A. 更改颜色　　B. 字符大小　　C. 加删除线　　D. 三维效果

11. 在 WPS 文字编辑状态下，被编辑的文档中的文字有四号、五号、16、18 这 4 种，所设置的字号大小比较结果为（　　）。

A. 四号小于五号　　B. 16 大于 18

C. 字的大小一样，字体不同　　D. 四号大于五号

12. 在 WPS 文字中，添加在图形对象中的文字（　　）。

A. 会随着图形的缩放而缩放　　B. 会随着图形的旋转而旋转

C. 会随着图形的移动而移动　　D. 以上 3 项都正确

13. 在 WPS 文字中，能够与图形对象进行组合操作的对象是（　　）。

A. 文字　　B. 文本框　　C. 页眉　　D. 表格

14. 对插入的图片，以下操作中不能进行的是（　　）。

A. 放大或缩小　　B. 修改其中的图形

C. 移动位置　　D. 从矩形边缘裁剪

项目五 使用 WPS 表格处理电子表格

05

项目导读

WPS 表格是目前较常用的进行数据分析和表格处理软件，用它可以进行表格制作、数据分析和管理、信息共享等操作，从而帮助用户进行决策。本项目将介绍 WPS 表格的基本操作、数据处理与分析、图表创建等内容。

任务 5.1 制作员工信息档案表

【任务描述】

飞凡公司计划对员工的信息档案进行整理，并生成电子汇总表。下面使用 WPS Office 2019 来完成此任务，飞凡公司员工信息档案表效果如图 5-1 所示。

飞凡公司员工信息档案表									
序号	工号	姓名	性别	出生日期	部门	学历	毕业院校	联系电话	住址
1	2006002	杨少少	男	1977年4月	市场1部	本科	郑州大学	1350333	吉祥小区
2	2013002	李金英	女	1981年6月	市场1部	研究生	江南大学	1380333	花园小区
3	2017003	郭建	男	1992年5月	市场1部	本科	河北大学	1370333	新天地小区
4	2017009	张和	男	1986年4月	市场1部	本科	扬州大学	1390333	锦绣小区
5	2019004	李泽	男	1994年6月	市场1部	本科	河南师范大学	1310333	锦艺小区
6	2015003	李琪琪	女	1989年6月	市场1部	研究生	河南大学	1350333	卧龙小区
7	2006005	刘健	男	1977年5月	市场2部	本科	上海海洋大学	1350333	富魄力小区
8	2016009	杜丽	女	1991年10月	市场2部	本科	武汉工程大学	1350333	龙胜小区
9	2017008	杜家海	男	1991年7月	市场2部	研究生	郑州航空工业管理学院	1350333	花田小区
10	2019010	李娟	女	1992年9月	市场2部	本科	济南大学	1350333	海洋小区
11	2020001	潘唱江	男	1995年10月	市场2部	本科	浙江农林大学	1350333	中华小区
12	2015001	郭俊	男	1990年1月	市场2部	本科	武汉工程大学	1350333	众恒小区
13	2008008	朱海涛	男	1979年7月	市场3部	本科	湖南工商大学	1350333	盛泰小区
14	2013001	李利	男	1988年5月	市场3部	本科	郑州大学	1350333	平安小区
15	2016020	张戈	男	1990年4月	市场3部	本科	桂林电子科技大学	1350333	龙跃小区
16	2017002	齐明	男	1992年12月	市场3部	本科	中北大学	1350333	九龙小区
17	2017004	王欣	女	1989年6月	市场3部	本科	大连大学	1350333	吉利小区
18	2020002	杜清	男	1996年1月	市场3部	研究生	河南工程学院	1350333	吉祥小区
19	2008009	邹建	男	1979年11月	市场4部	本科	辽宁师范大学	1350333	如意小区
20	2013002	郑海龙	男	1983年8月	市场4部	本科	山西财经大学	1350333	顺和小区
21	2013003	杨梅	女	1978年8月	市场4部	本科	西安科技大学	1350333	橡树小区
22	2016003	马璐璐	女	1990年1月	市场4部	本科	武汉轻工大学	1350333	阳光城小区
23	2016021	刘成	男	1991年4月	市场4部	研究生	内蒙古师范大学	1350333	美誉小区
24	2017004	张海英	女	1992年2月	市场4部	本科	山东理工大学	1350333	欧尚小区

图 5-1 飞凡公司员工信息档案表效果

【知识储备】

微课 5-1

5.1.1 工作簿和工作表的基本操作

工作簿是指一个电子表格文档（相当于一个作业本）；工作表是指电子表格文档中的一个表（相当于作业本中的一页）。工作簿是由一个或多个工作表组成的，一般一个工作簿默认包含 3 个工作表，用户可以添加或删除工作表。

1. 工作簿的基本操作

（1）新建工作簿

利用 WPS 表格可以新建空白工作簿或通过模板新建工作簿，如图 5-2 所示。

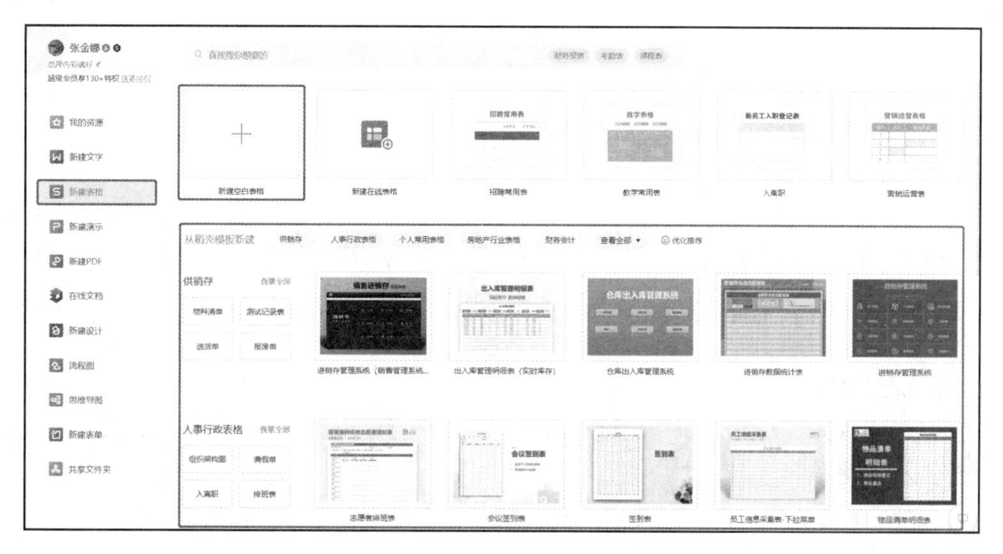

图 5-2 新建工作簿

① 新建空白工作簿：启动 WPS 表格，在左侧列表中选择“新建表格”选项，在右侧选择“新建空白表格”选项，即可创建一个空白工作簿。

② 通过模板新建工作簿：启动 WPS 表格后，会看到系统提供的各类表格模板，如“供销存”“人事行政表格”等，用户可以根据需要下载模板。

（2）保存工作簿

① 保存新建的工作簿：执行“文件”菜单中的“保存”命令，或单击快速访问工具栏中的“保存”按钮，或按【Ctrl+S】组合键，在打开的对话框中输入文件名，单击“保存”按钮。

② 保存已有的工作簿：如果是在原来的位置保存，直接单击“保存”按钮或按【Ctrl+S】组合键进行保存；如果要更换保存位置或文件名称，执行“文件”菜单中的“另存为”命令，在打开的对话框中输入文件名，选择保存地址，单击“保存”按钮进行保存。

③ 自动保存工作簿：执行“文件”菜单中“备份与恢复”下的“备份中心”命令，在打开的“备份中心”窗口中单击“本地备份设备”按钮，可以进行本地备份设置，在指定的位置进行定时备份，如图 5-3 所示。

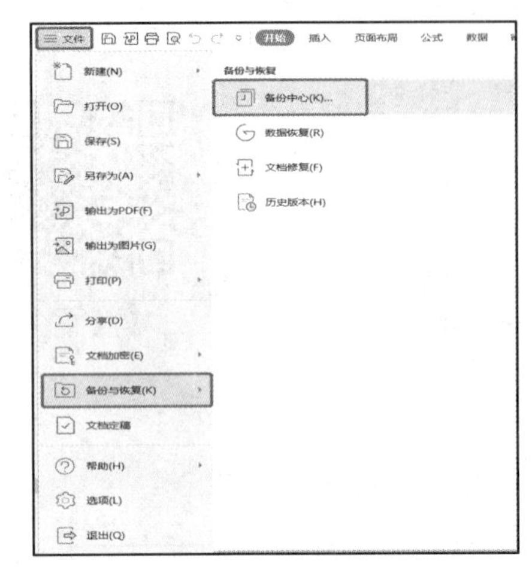

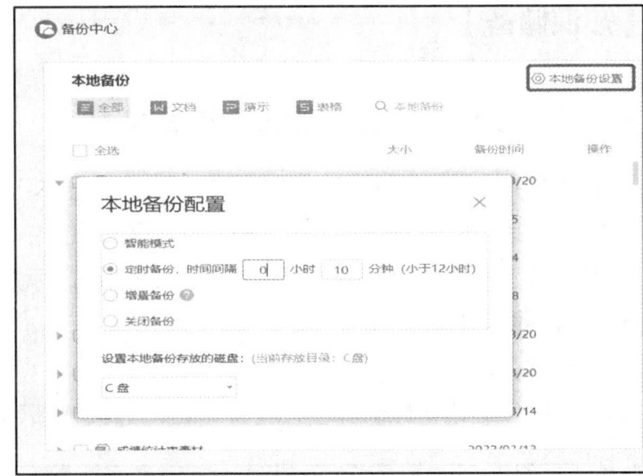

图 5-3　自动保存工作簿

2. 工作表的基本操作

（1）插入或删除工作表

① 插入工作表：在工作表的标签上单击鼠标右键，在弹出的快捷菜单中执行“插入工作表”命令，在打开的对话框中输入数目，选择要插入的位置，单击“确定”按钮，如图 5-4 所示。

② 删除工作表：在要删除的工作表标签上单击鼠标右键，在弹出的快捷菜单中执行“删除工作表”命令。

（2）重命名工作表

工作表默认的名称为“Sheet1”“Sheet2”等，用户可以根据具体需要对工作表进行重命名操作，方法有以下两种。

① 在工作表标签上单击鼠标右键，在弹出的快捷菜单中执行“重命名”命令。

② 在工作表标签上双击，进行重命名操作。

（3）移动或复制工作表

在工作表标签上单击鼠标右键，在弹出的快捷菜单中执行“移动或复制工作表”命令，打开“移动或复制工作表”对话框，如图 5-5 所示。

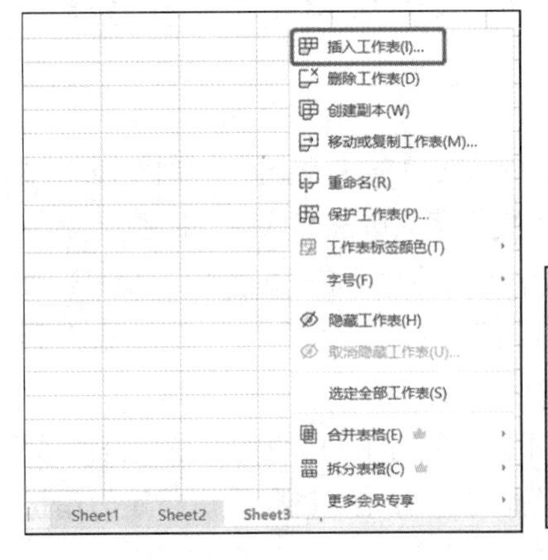

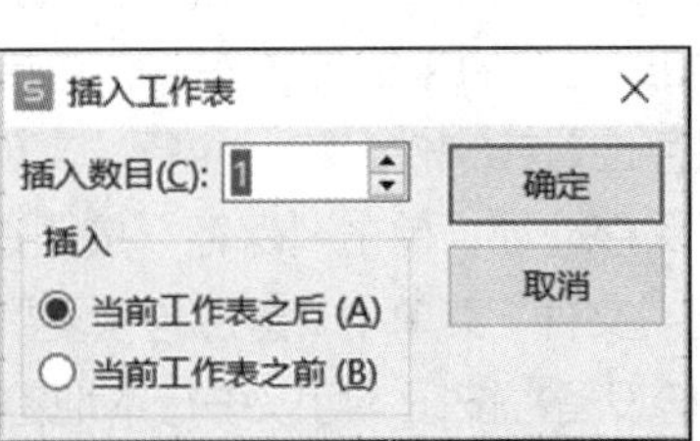

图 5-4　插入工作表

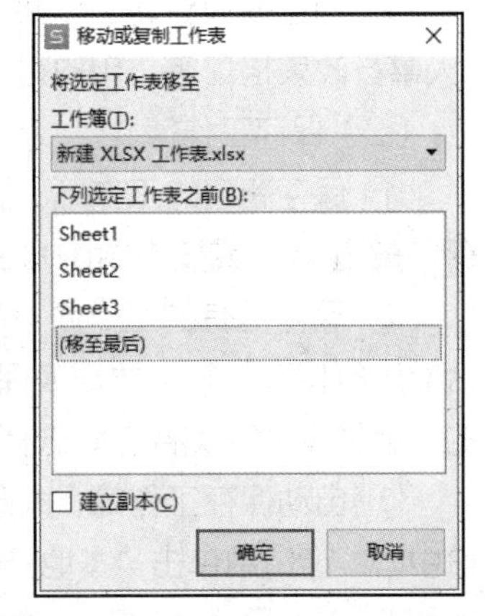

图 5-5　“移动或复制工作表”对话框

如果是在同一工作簿内移动，则保持“工作簿”的默认设置，选择相应工作表，单击“确定”按钮。如果是在不同工作簿内移动，需要在“工作簿”下拉列表中选择移动到哪个工作簿。如果是复制，在进行上述操作的同时，勾选“建立副本”复选框，即可完成复制操作。

答疑解惑

如何设置工作簿或工作表的保护功能?

在工作中，有时候为了保护工作机密信息，需要对工作簿或工作表进行保护设置。

工作簿的保护：在“审阅”菜单下，单击“保护工作簿”按钮，进行两次密码输入，即可设置保护；亦可通过“文档权限”进行“私密文档保护”，在此状态下，只有登录账号方可查看或编辑。

工作表的保护：在“审阅”菜单下，单击“保护工作表”按钮，进行加密设置。也可以对工作表的具体操作进行保护设置。

5.1.2 单元格的基本操作

单元格是组成表格的最小单位，为了使制作的表格更加美观，用户可以对单元格进行选中、插入、删除、合并、拆分等操作。

1. 选中单元格

（1）选中单个单元格：单击要选中的单元格。

（2）选中多个连续的单元格：选中左上方第一个单元格，按住鼠标左键，拖曳鼠标指针到右下方最后一个单元格。

（3）选中多个不连续的单元格：选中其中一个单元格，按住【Ctrl】键单击其他单元格。

（4）选中整行单元格：单击行号即可选中整行单元格。

（5）选中整列单元格：单击列标即可选中整列单元格。

（6）选中全表：单击工作表左上方行和列交叉处的“全选”按钮，或按【Ctrl+A】组合键。

2. 插入与删除单元格

（1）插入单元格：选中单元格，单击鼠标右键，在“插入”命令下可以进行以下操作，如图 5-6 所示。

① 插入单元格并指定活动单元格移动方向：可以使得选中的单元格右移或下移。

② 插入行：在选中单元格上方插入指定数目的行。

③ 插入列：在选中单元格左方插入指定数目的列。

（2）删除单元格：删除单元格的方法与插入单元格类似，如图 5-7 所示。

图 5-6　插入单元格

图 5-7　删除单元格

① 删除单元格并指定单元格移动方向：删除选中的单元格，使得右侧单元格左移或下方单元格上移。

② 删除整行：删除选中单元格所在的行。

③ 删除整列：删除选中单元格所在的列。

④ 删除空行：选中表格区域，将区域内的空行删除。

3. 合并与拆分单元格

为了使制作的表格更加美观，有时候需要对表格中部分单元格进行合并与拆分。

（1）合并单元格：选中要合并的单元格，单击“开始”菜单下的“合并居中”按钮，即可完成多个连续单元格的合并。

（2）拆分单元格：选中要拆分的单元格，展开“开始”菜单下的“合并居中”下拉列表，选择“取消合并单元格”选项，即可完成单元格的拆分，如图 5-8 所示。

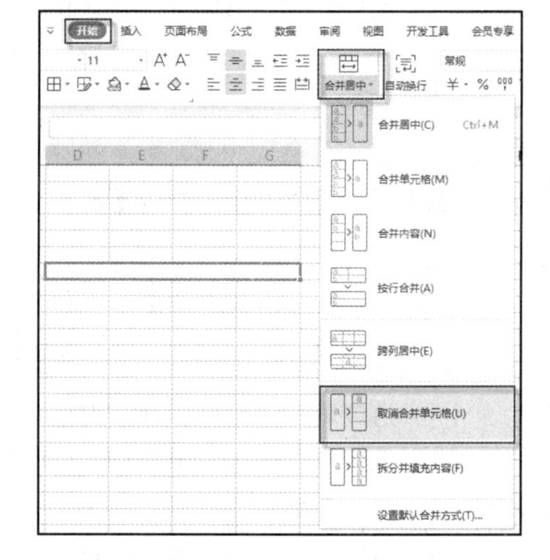

图 5-8　拆分单元格

5.1.3　数据的输入与编辑

在 WPS 表格中，数据类型包括文本、数值、货币、时间等。默认状态下，输入的文本型数据在单元格中左对齐显示，输入的数值型数据在单元格中右对齐显示。

微课 5-2

1. 数据的输入

单击某个单元格，即可在其中输入数据。对于有规律的数据，可以使用填充功能进行快速输入，具体情况如下。

（1）填充相同的数据：在多个单元格中输入相同的数据。

① 输入相同的文本：在其中一个单元格中输入文本，然后将鼠标指针移动到该单元格右下方，出现填充柄“+”时，按住鼠标左键，向下拖曳填充柄至合适的位置，便会在相应单元格区域快速

填充相同的文本。

② 输入相同的数值：在上下两个单元格内输入相同的数值，然后选中两个单元格，通过填充柄进行填充，如图 5-9 所示。

按住【Ctrl】键和鼠标左键拖曳填充柄，可以实现任何类型数据的快速填充。

（2）填充不同的数据：输入一个数值或日期，如在单元格中输入“1 月 5 日”，按住鼠标左键，向下拖曳填充柄，会发现单元格区域按照日期的等差序列进行了填充；用户也可以按住鼠标右键，向下拖曳填充柄，在弹出的快捷菜单中选择相应数据进行填充，如图 5-10 所示。

2. 更改数据类型

更改数据类型可以通过设置单元格格式的方式实现，方法如下：选中要修改数据类型的单元格，单击鼠标右键，在弹出的快捷菜单中执行“设置单元格格式”命令，在打开的对话框中单击“数字”选项卡，在“分类”列表框中选择相应类型即可，如图 5-11 所示。

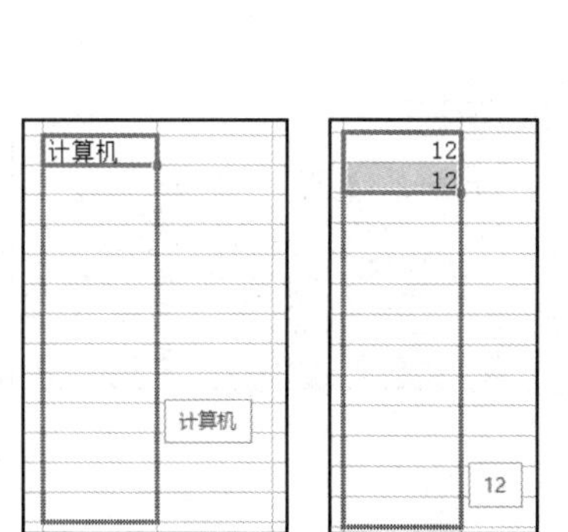

图 5-9　输入相同的数值

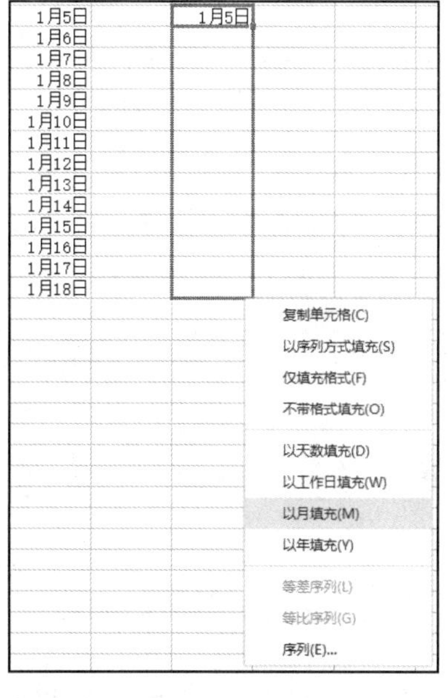

图 5-10　填充不同的数据

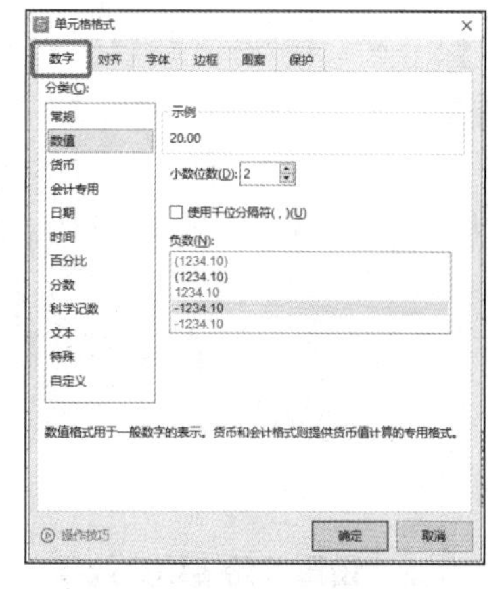

图 5-11　更改数据类型

小贴士：将数值型数据更改成文本型数据的另一种方法

前面介绍了将数值型数据更改成文本型数据的方法，下面介绍另一种方法：双击单元格，在单元格的数据最前方添加英文输入状态下的单引号，即可将数值型数据更改成文本型数据。

5.1.4 表格的美化

表格的美化主要包括设置行高和列宽、单元格填充效果与边框等内容。

1. 设置行高和列宽

在 WPS 表格中设置行高和列宽的方法有两种。

（1）通过拖曳边框线粗略设置：将鼠标指针移动到两行或两列中间的分割线上，按住鼠标左键拖曳设置，如图 5-12 所示。

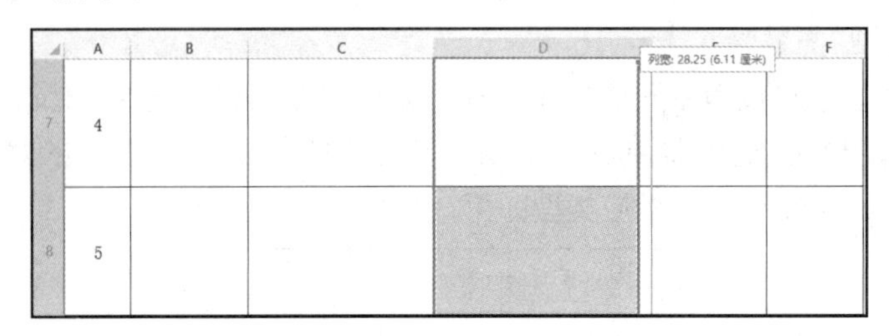

图 5-12　拖曳设置列宽

（2）通过对话框精确设置：选中表格，在“开始”菜单下展开“行和列”下拉列表，选择“行高”（或者“列宽”）选项，打开对话框进行精确设置，如图 5-13 所示。

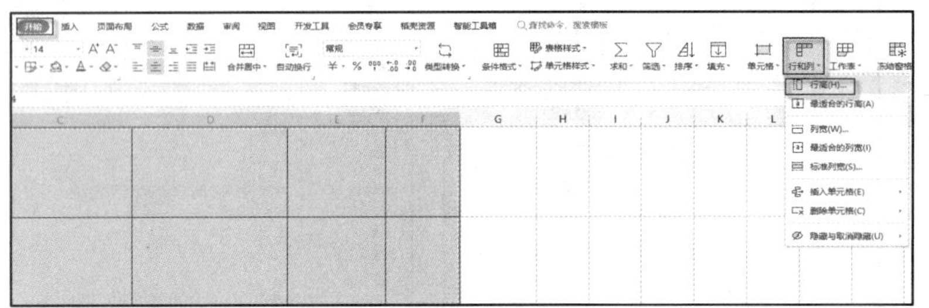
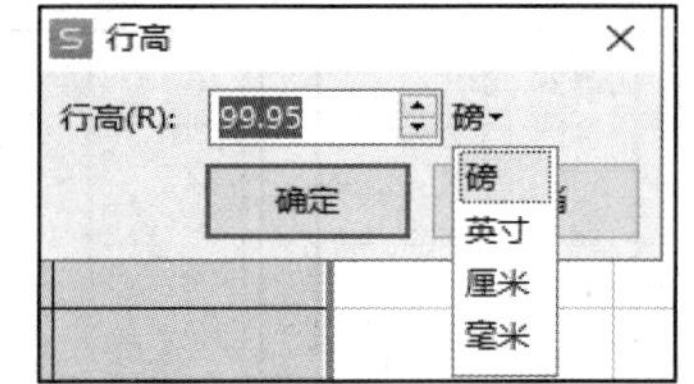

图 5-13　通过对话框设置行高

2. 设置单元格填充效果

选择要填充效果的单元格，单击鼠标右键，在弹出的快捷菜单中执行“设置单元格格式”命令，打开“单元格格式”对话框，如图 5-14 所示，单击“图案”选项卡，在其中进行填充颜色和图案的设置。

还可以通过另一种方式打开“单元格格式”对话框：单击“开始”菜单，在“单元格”下拉列表中选择“设置单元格格式”选项。

3. 设置单元格边框

设置单元格边框的前提是选中需要添加边框的单元格区域，设置单元格边框有两种方法。

（1）通过工具栏中的按钮设置：展开“开始”菜单下的框线下拉列表，选择“其他框线”选项可以打开对话框

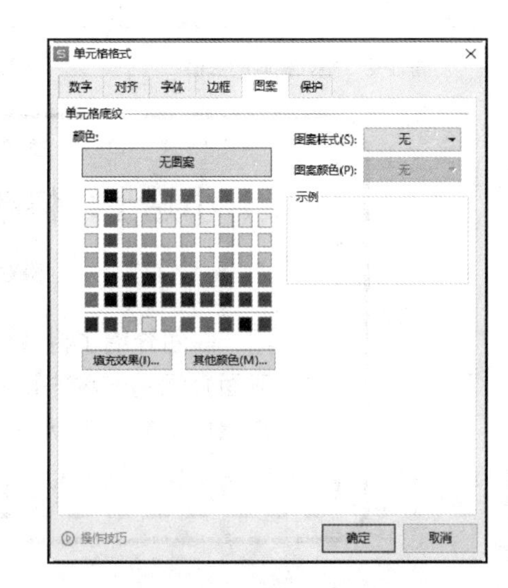

图 5-14　“单元格格式”对话框

进行颜色和样式的设置，如图 5-15 所示。

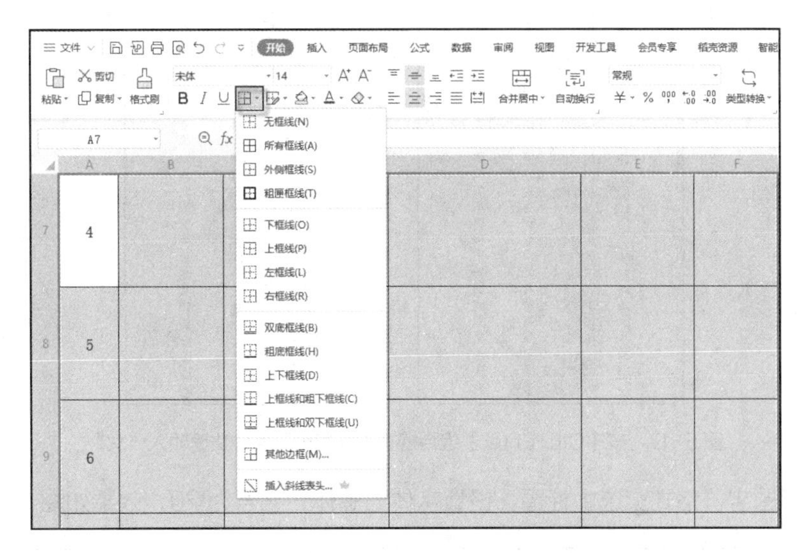

图 5-15　通过工具栏中的按钮设置单元格边框

（2）通过“单元格格式”对话框设置：在选中的单元格区域上单击鼠标右键，在弹出的快捷菜单中执行“单元格格式”命令，打开“单元格格式”对话框，在“边框”选项卡中进行边框的设置。

【任务实现】

1．修改工作表标签名

微课 5-3

打开“飞凡公司员工信息档案表素材”文档，双击“Sheet1”，输入“飞凡公司员工信息档案”，完成工作表标签名的修改。

2．在工作表中输入数据

（1）输入“序号”列数据

① 在工作表的 A3 单元格输入“1”。

② 将鼠标指针移动到 A3 单元格的右下角，当鼠标指针变为填充柄时，按住鼠标左键，拖曳填充柄到 A26 单元格，释放鼠标，序号填充效果如图 5-16 所示。

	A	B
1	飞凡公司员工信息档案	
2	序号	工号
3	1	2006002
4		2013002
5		2017003
6		2017009
7		2019004
8		2015003
9		2006005
10		2016009
11		2017008
12		2019010
13		2020001
14		2015001
15		2008008
16		2013001
17		2016020
18		2017002
19		2017004
20		2020002
21		2008009
22		2013002
23		2013003
24		2016003
25		2016021
26		2017004
27		24

	A	B
1	飞凡公司员工信息档案	
2	序号	工号
3	1	2006002
4	2	2013002
5	3	2017003
6	4	2017009
7	5	2019004
8	6	2015003
9	7	2006005
10	8	2016009
11	9	2017008
12	10	2019010
13	11	2020001
14	12	2015001
15	13	2008008
16	14	2013001
17	15	2016020
18	16	2017002
19	17	2017004
20	18	2020002
21	19	2008009
22	20	2013002
23	21	2013003
24	22	2016003
25	23	2016021
26	24	2017004
27		

图 5-16　序号填充效果

（2）输入“性别”列数据

① 单击 D3 单元格，输入“男”，并将该列全部填充为“男”。

② 选择“性别”列中第一个员工性别应为“女”的单元格，按住【Ctrl】键分别单击其他性别应为女的单元格。

③ 输入“女”，按【Ctrl+Enter】组合键，可以看到，选中的单元格均输入了“女”，如图 5-17 所示。

3．美化标题

（1）合并标题单元格：选中 A1:J1 单元格区域，单击“开始”菜单下的“合并居中”按钮，将标题区域进行合并。

飞凡公司员工信息档案表			
序号	工号	姓名	性别
1	2006002	杨少少	男
2	2013002	李金英	男
3	2017003	郭建	男
4	2017009	张和	男
5	2019004	李泽	男
6	2015003	李琪琪	男
7	2006005	刘健	男
8	2016009	杜丽	男
9	2017008	杜家海	男
10	2019010	李娟	男
11	2020001	潘唱江	男
12	2015001	郭俊	男
13	2008008	朱海涛	男
14	2013001	李利	男
15	2016020	张戈	男
16	2017002	齐明	男
17	2017004	王欣	男
18	2020002	杜清	男
19	2008009	邹建	男
20	2013002	郑海龙	男
21	2013003	杨梅	男
22	2016003	马璐璐	男
23	2016021	刘成	男
24	2017004	张海英	女

飞凡公司员工信息档案表			
序号	工号	姓名	性别
1	2006002	杨少少	男
2	2013002	李金英	女
3	2017003	郭建	男
4	2017009	张和	男
5	2019004	李泽	男
6	2015003	李琪琪	女
7	2006005	刘健	男
8	2016009	杜丽	女
9	2017008	杜家海	男
10	2019010	李娟	女
11	2020001	潘唱江	男
12	2015001	郭俊	男
13	2008008	朱海涛	男
14	2013001	李利	男
15	2016020	张戈	男
16	2017002	齐明	男
17	2017004	王欣	女
18	2020002	杜清	男
19	2008009	邹建	男
20	2013002	郑海龙	男
21	2013003	杨梅	女
22	2016003	马璐璐	女
23	2016021	刘成	男
24	2017004	张海英	女

图 5-17　按【Ctrl+Enter】组合键在不连续单元格中快速输入“女”

（2）修改标题字符格式：选中标题，设置字体为黑体，字号为 20，效果如图 5-18 所示。

飞凡公司员工信息档案表									
序号	工号	姓名	性别	出生日期	部门	学历	毕业院校	联系电话	住址
1	2006002	杨少少	男	1977年4月	市场1部	本科	郑州大学	1350333	吉祥小区
2	2013002	李金英	女	1981年6月	市场1部	研究生	江南大学	1380333	花园小区
3	2017003	郭建	男	1992年5月	市场1部	本科	河北大学	1370333	新天地小区
4	2017009	张和	男	1986年4月	市场1部	本科	扬州大学	1390333	锦绣小区
5	2019004	李泽	男	1994年6月	市场1部	本科	河南师范大学	1310333	锦艺小区
6	2015003	李琪琪	女	1989年6月	市场1部	研究生	河南大学	1350333	卧龙小区
7	2006005	刘健	男	1977年5月	市场2部	本科	上海海洋大学	1350333	富魄力小区
8	2016009	杜丽	女	1991年10月	市场2部	本科	武汉工程大学	1350333	龙胜小区
9	2017008	杜家海	男	1991年7月	市场2部	研究生	郑州航空工业管理学院	1350333	花田小区
10	2019010	李娟	女	1992年9月	市场2部	本科	济南大学	1350333	海洋小区
11	2020001	潘唱江	男	1995年10月	市场2部	本科	浙江农林大学	1350333	中华小区
12	2015001	郭俊	男	1990年1月	市场2部	本科	武汉工程大学	1350333	众恒小区
13	2008008	朱海涛	男	1979年7月	市场3部	本科	湖南工商大学	1350333	盛泰小区
14	2013001	李利	男	1988年5月	市场3部	本科	郑州大学	1350333	平安小区
15	2016020	张戈	男	1990年4月	市场3部	本科	桂林电子科技大学	1350333	龙跃小区
16	2017002	齐明	男	1992年12月	市场3部	本科	中北大学	1350333	九龙小区
17	2017004	王欣	女	1989年6月	市场3部	本科	大连大学	1350333	吉利小区
18	2020002	杜清	男	1996年1月	市场3部	研究生	河南工程学院	1350333	吉祥小区
19	2008009	邹建	男	1979年11月	市场4部	本科	辽宁师范大学	1350333	如意小区
20	2013002	郑海龙	男	1983年8月	市场4部	本科	山西财经大学	1350333	顺和小区
21	2013003	杨梅	女	1978年8月	市场4部	本科	西安科技大学	1350333	橡树小区
22	2016003	马璐璐	女	1990年1月	市场4部	本科	武汉轻工大学	1350333	阳光城小区
23	2016021	刘成	男	1991年4月	市场4部	研究生	内蒙古师范大学	1350333	美誉小区
24	2017004	张海英	女	1992年2月	市场4部	本科	山东理工大学	1350333	欧尚小区

图 5-18　美化表格标题

4．美化表格

（1）设置单元格区域字符格式

选中 A2:J26 单元格区域，设置字体为宋体，字号为 14，效果如图 5-19 所示。

通过图 5-19 可以发现，部分“出生日期”列数据显示为“#”，“联系电话”列数据全变为科学记数法。调整方法如下：将出现“#”的列宽调大，将“联系电话”列数据改为文本型。

（2）修改“联系电话”列数据类型

选中 I3:I26 单元格区域，单击鼠标右键，在弹出的快捷菜单中执行“单元格格式”命令，打开“单元格格式”对话框，单击“数字”选项卡，在“分类”列表框中选择“文本”选项，单击“确定”按钮，即可将该列数据改为文本型，如图 5-20 所示。

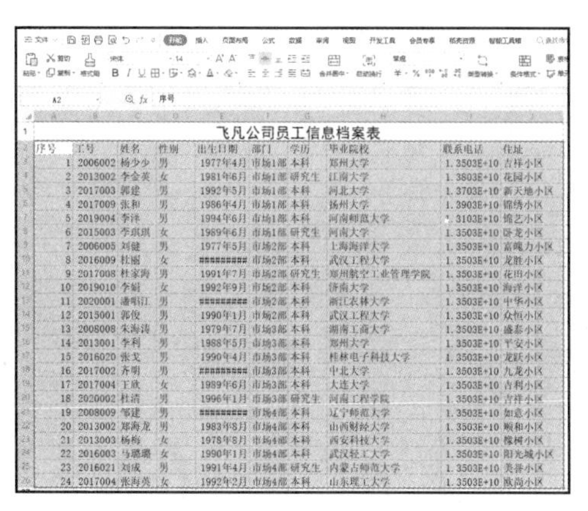

图 5-19　设置表格字体

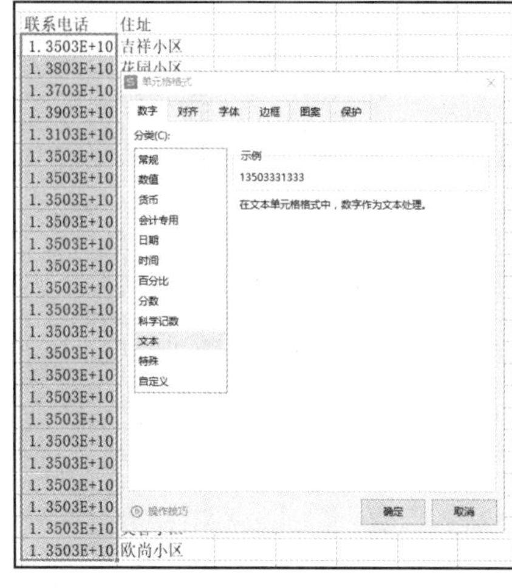

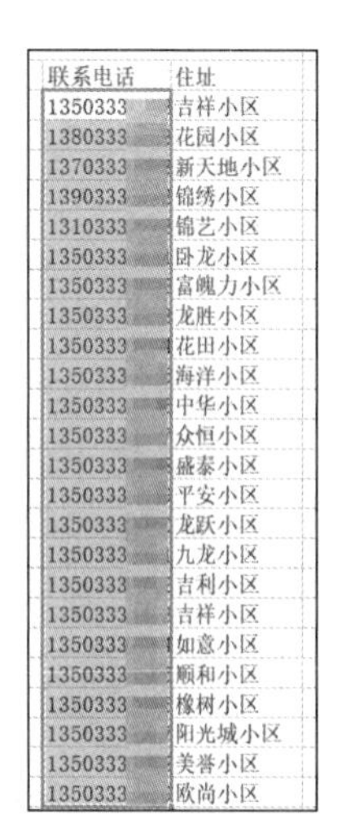

图 5-20　修改“联系电话”列数据类型为文本型

（3）调整行高和列宽

① 调整行高：将鼠标指针移动到表格最左边的行号“2”上，按住鼠标左键，向下拖曳至行号 26，选择第 2 至第 26 行，单击鼠标右键，在弹出的快捷菜单中执行“行高”命令，在打开的“行高”对话框输入“1”，将单位更改为“厘米”，如图 5-21 所示。

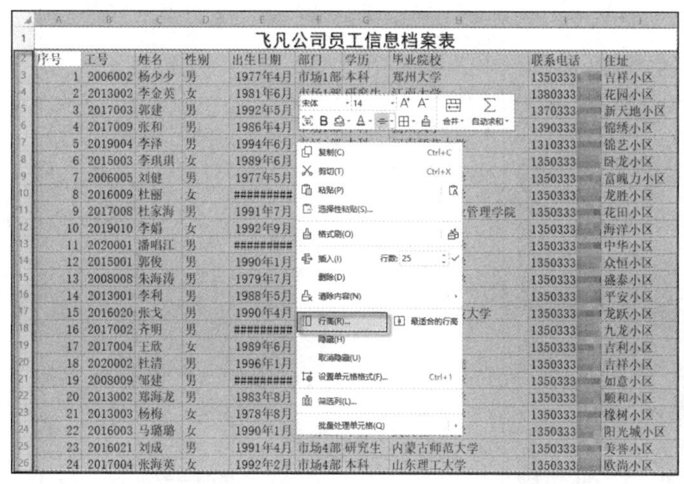

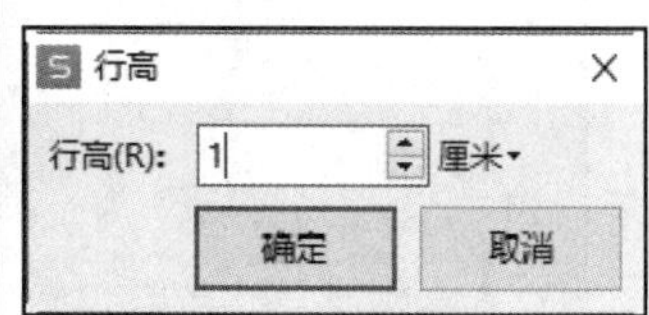

图 5-21　调整行高

② 调整列宽：单击列标题“E”，选择“出生日期”列，单击 E 列和 F 列之间的分隔线，按住鼠标左键并左右拖曳，调整 E 列的宽度，使其内容能够完全显示出来。此时会发现 E 列的“#”号消失了。用同样的方法调整其他列的宽度，最终效果如图 5-22 所示。

（4）调整对齐

① 使文字相对单元格水平居中对齐和垂直居中对齐。按【Ctrl+A】组合键全选表格，单击“开始”菜单下的“水平居中”和“垂直居中”按钮；或者单击鼠标右键，通过快捷菜单打开“单元格格式”对话框，单击“对齐”选项卡，设置“水平对齐”和“垂直对齐”均为“居中”，单击“确定”按钮，如图 5-23 所示。

飞凡公司员工信息档案表

序号	工号	姓名	性别	出生日期	部门	学历	毕业院校	联系电话	住址
1	2006002	杨少少	男	1977年4月	市场1部	本科	郑州大学	1350333	吉祥小区
2	2013002	李金英	女	1981年6月	市场1部	研究生	江南大学	1380333	花园小区
3	2017003	郭建	男	1992年5月	市场1部	本科	河北大学	1370333	新天地小区
4	2017009	张和	男	1986年4月	市场1部	本科	扬州大学	1390333	锦绣小区
5	2019004	李泽	男	1994年6月	市场1部	本科	河南师范大学	1310333	锦艺小区
6	2015003	李琪琪	女	1989年6月	市场1部	研究生	河南大学	1350333	卧龙小区
7	2006005	刘健	男	1977年5月	市场2部	本科	上海海洋大学	1350333	富魄力小区
8	2016009	杜丽	女	1991年10月	市场2部	本科	武汉工程大学	1350333	龙胜小区
9	2017008	杜家海	男	1991年7月	市场2部	研究生	郑州航空工业管理学院	1350333	花田小区
10	2019010	李娟	女	1992年9月	市场2部	本科	济南大学	1350333	海洋小区
11	2020001	潘晴江	男	1995年10月	市场2部	本科	浙江农林大学	1350333	中华小区
12	2015001	郭俊	男	1990年1月	市场2部	本科	武汉工程大学	1350333	众恒小区
13	2008008	朱海涛	男	1979年7月	市场3部	本科	湖南工商大学	1350333	盛泰小区
14	2013001	李利	男	1988年5月	市场3部	本科	郑州大学	1350333	平安小区
15	2016020	张戈	男	1990年4月	市场3部	本科	桂林电子科技大学	1350333	龙跃小区
16	2017002	齐明	男	1992年12月	市场3部	本科	中北大学	1350333	九龙小区
17	2017004	王欣	女	1989年6月	市场3部	本科	大连大学	1350333	吉利小区
18	2020002	杜清	男	1996年1月	市场3部	研究生	河南工程学院	1350333	吉祥小区
19	2008009	邹建	男	1979年11月	市场4部	本科	辽宁师范大学	1350333	如意小区
20	2013002	郑海龙	男	1983年8月	市场4部	本科	山西财经大学	1350333	顺和小区
21	2013003	杨梅	女	1978年8月	市场4部	本科	西安科技大学	1350333	橡树小区
22	2016003	马丽丽	女	1990年1月	市场4部	本科	武汉轻工大学	1350333	阳光城小区
23	2016021	刘成	男	1991年4月	市场4部	研究生	内蒙古师范大学	1350333	美誉小区
24	2017004	张海英	女	1992年2月	市场4部	本科	山东理工大学	1350333	欧尚小区

图 5-22　调整列宽

图 5-23　设置水平居中和垂直居中

② 使“序号”列自动换行。用鼠标右键单击列标题“A”，通过快捷菜单打开“单元格格式”对话框，单击“对齐”选项卡，勾选“自动换行”复选框，单击“确定”按钮。调整“序号”列的宽度，使其分两行显示，如图 5-24 所示。

（5）添加表格边框

选择表格（注意标题不选），单击“开始”菜单，在框线下拉列表中选择“所有框线”选项，给表格添加边框，如图 5-25 所示。

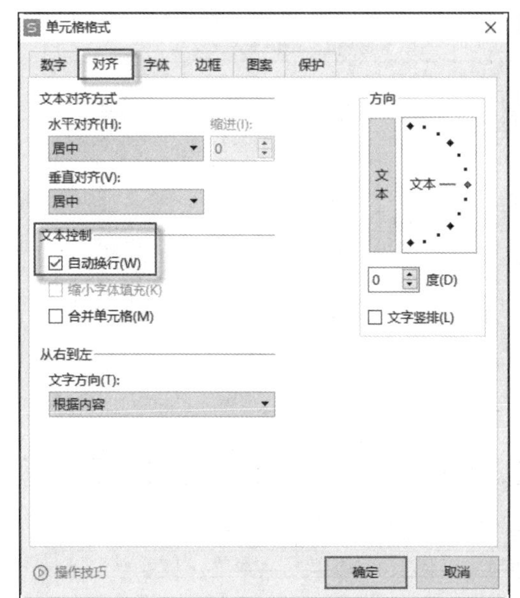

飞凡公司员工信息档案表

序号	工号	姓名	性别	出生日期	部门	学历	毕业院校	联系电话	住址
1	2006002	杨少少	男	1977年4月	市场1部	本科	郑州大学	1350333	吉祥小区
2	2013002	李金英	女	1981年6月	市场1部	研究生	江南大学	1380333	花园小区
3	2017003	郭建	男	1992年5月	市场1部	本科	河北大学	1370333	新天地小区
4	2017009	张和	男	1986年4月	市场1部	本科	扬州大学	1390333	锦绣小区
5	2019004	李泽	男	1994年6月	市场1部	本科	河南师范大学	1310333	锦艺小区
6	2015003	李琪琪	女	1989年6月	市场1部	研究生	河南大学	1350333	卧龙小区
7	2006005	刘健	男	1977年5月	市场2部	本科	上海海洋大学	1350333	富魄力小区
8	2016009	杜丽	女	1991年10月	市场2部	本科	武汉工程大学	1350333	龙胜小区
9	2017008	杜家海	男	1991年7月	市场2部	研究生	郑州航空工业管理学院	1350333	花田小区
10	2019010	李娟	女	1992年9月	市场2部	本科	济南大学	1350333	海洋小区
11	2020001	潘唱江	男	1995年10月	市场2部	本科	浙江农林大学	1350333	中华小区
12	2015001	郭俊	男	1990年1月	市场2部	本科	武汉工程大学	1350333	众恒小区
13	2008008	朱海涛	男	1979年7月	市场3部	本科	湖南工商大学	1350333	盛泰小区
14	2013001	李利	男	1988年5月	市场3部	本科	郑州大学	1350333	平安小区
15	2016020	张戈	男	1990年4月	市场3部	本科	桂林电子科技大学	1350333	龙跃小区
16	2017002	齐明	男	1992年12月	市场3部	本科	中北大学	1350333	九龙小区
17	2017004	王欣	女	1989年6月	市场3部	本科	大连大学	1350333	吉利小区
18	2020002	杜清	男	1996年1月	市场3部	研究生	河南工程学院	1350333	吉祥小区
19	2008009	邹建	男	1979年11月	市场4部	本科	辽宁师范大学	1350333	如意小区
20	2013002	郑海龙	男	1983年8月	市场4部	本科	山西财经大学	1350333	顺和小区
21	2013003	杨梅	女	1978年8月	市场4部	本科	西安科技大学	1350333	橡树小区
22	2016003	马璐璐	女	1990年1月	市场4部	本科	武汉轻工大学	1350333	阳光城小区
23	2016021	刘成	男	1991年4月	市场4部	研究生	内蒙古师范大学	1350333	美誉小区
24	2017004	张海英	女	1992年2月	市场4部	本科	山东理工大学	1350333	欧尚小区

图 5-24　调整“序号”列使其分两行显示

图 5-25　为表格添加边框

如果想设置表格外框线为双线，操作如下：选中需要添加框线的单元格区域，单击鼠标右键，通过快捷菜单打开“单元格格式”对话框，单击“边框”选项卡，选择样式为“双线”，预置为“外边框”，单击“确定”按钮，如图 5-26 所示。

（6）将字段名加粗

选择 A2:J2 单元格区域，单击“开始”菜单下的“加粗”按钮，将字段名加粗，如图 5-27 所示。至此，整个表格制作完成。

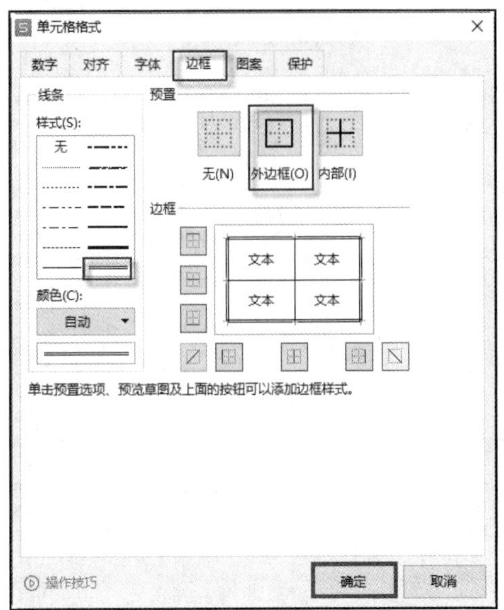

飞凡公司员工信息档案表

序号	工号	姓名	性别	出生日期	部门	学历	毕业院校	联系电话	住址
1	2006002	杨少少	男	1977年4月	市场1部	本科	郑州大学	1350333	吉祥小区
2	2013002	李金英	女	1981年6月	市场1部	研究生	江南大学	1380333	花园小区
3	2017003	郭建	男	1992年5月	市场1部	本科	河北大学	1370333	新天地小区
4	2017009	张和	男	1986年4月	市场1部	本科	扬州大学	1390333	锦绣小区
5	2019004	李泽	男	1994年6月	市场1部	本科	河南师范大学	1310333	锦艺小区
6	2015003	李琪琪	女	1989年6月	市场1部	研究生	河南大学	1350333	卧龙小区
7	2006005	刘健	男	1977年5月	市场2部	本科	上海海洋大学	1350333	富魄力小区
8	2016009	杜丽	女	1991年10月	市场2部	本科	武汉工程大学	1350333	龙胜小区
9	2017008	杜家海	男	1991年7月	市场2部	研究生	郑州航空工业管理学院	1350333	花田小区
10	2019010	李娟	女	1992年9月	市场2部	本科	济南大学	1350333	海洋小区
11	2020001	潘唱江	男	1995年10月	市场2部	本科	浙江农林大学	1350333	中华小区
12	2015001	郭俊	男	1990年1月	市场2部	本科	武汉工程大学	1350333	众恒小区
13	2008008	朱海涛	男	1979年7月	市场3部	本科	湖南工商大学	1350333	盛泰小区
14	2013001	李利	男	1988年5月	市场3部	本科	郑州大学	1350333	平安小区
15	2016020	张戈	男	1990年4月	市场3部	本科	桂林电子科技大学	1350333	龙跃小区
16	2017002	齐明	男	1992年12月	市场3部	本科	中北大学	1350333	九龙小区
17	2017004	王欣	女	1989年6月	市场3部	本科	大连大学	1350333	吉利小区
18	2020002	杜清	男	1996年1月	市场3部	研究生	河南工程学院	1350333	吉祥小区
19	2008009	邹建	男	1979年11月	市场4部	本科	辽宁师范大学	1350333	如意小区
20	2013002	郑海龙	男	1983年8月	市场4部	本科	山西财经大学	1350333	顺和小区
21	2013003	杨梅	女	1978年8月	市场4部	本科	西安科技大学	1350333	樱树小区
22	2016003	马璐璐	女	1990年1月	市场4部	本科	武汉轻工大学	1350333	阳光城小区
23	2016021	刘成	男	1991年4月	市场4部	研究生	内蒙古师范大学	1350333	美誉小区
24	2017004	张海英	女	1992年2月	市场4部	本科	山东理工大学	1350333	欧尚小区

图 5-26　设置表格外框线为双线

【知识与技能拓展】

为了能够及时联系到公司员工，办公室计划制作一份公司员工通讯录。请协助办公室完成此任务，公司员工通讯录效果如图 5-28 所示。

飞凡公司员工信息档案表

序号	工号	姓名	性别	出生日期	部门	学历	毕业院校	联系电话	住址
1	2006002	杨少少	男	1977年4月	市场1部	本科	郑州大学	1350333	吉祥小区
2	2013002	李金英	女	1981年6月	市场1部	研究生	江南大学	1380333	花园小区
3	2017003	郭建	男	1992年5月	市场1部	本科	河北大学	1370333	新天地小区
4	2017009	张和	男	1986年4月	市场1部	本科	扬州大学	1390333	锦绣小区
5	2019004	李泽	男	1994年6月	市场1部	本科	河南师范大学	1310333	锦艺小区
6	2015003	李琪琪	女	1989年6月	市场1部	研究生	河南大学	1350333	卧龙小区
7	2006005	刘健	男	1977年5月	市场2部	本科	上海海洋大学	1350333	富魄力小区
8	2016009	杜丽	女	1991年10月	市场2部	本科	武汉工程大学	1350333	龙胜小区
9	2017008	杜家海	男	1991年7月	市场2部	研究生	郑州航空工业管理学院	1350333	花田小区
10	2019010	李娟	女	1992年9月	市场2部	本科	济南大学	1350333	海洋小区
11	2020001	潘唱江	男	1995年10月	市场2部	本科	浙江农林大学	1350333	中华小区
12	2015001	郭俊	男	1990年1月	市场2部	本科	武汉工程大学	1350333	众恒小区
13	2008008	朱海涛	男	1979年7月	市场3部	本科	湖南工商大学	1350333	盛泰小区
14	2013001	李利	男	1988年5月	市场3部	本科	郑州大学	1350333	平安小区
15	2016020	张戈	男	1990年4月	市场3部	本科	桂林电子科技大学	1350333	龙跃小区
16	2017002	齐明	男	1992年12月	市场3部	本科	中北大学	1350333	九龙小区
17	2017004	王欣	女	1989年6月	市场3部	本科	大连大学	1350333	吉利小区
18	2020002	杜清	男	1996年1月	市场3部	研究生	河南工程学院	1350333	吉祥小区
19	2008009	邹建	男	1979年11月	市场4部	本科	辽宁师范大学	1350333	如意小区
20	2013002	郑海龙	男	1983年8月	市场4部	本科	山西财经大学	1350333	顺和小区
21	2013003	杨梅	女	1978年8月	市场4部	本科	西安科技大学	1350333	樱树小区
22	2016003	马璐璐	女	1990年1月	市场4部	本科	武汉轻工大学	1350333	阳光城小区
23	2016021	刘成	男	1991年4月	市场4部	研究生	内蒙古师范大学	1350333	美誉小区
24	2017004	张海英	女	1992年2月	市场4部	本科	山东理工大学	1350333	欧尚小区

图 5-27　将字段名加粗

公司员工通讯录

序号	部门	姓名	办公电话	其他联系电话
17001	办公室	张扬	037168111111	1350388
17002		常静	037168121111	1350367
17003		李亚	037167546634	1367890
17004	宣传部	赵琳	037167543211	1889078
17005		刘琳琳	037168732134	1386532
17006	技术部	祝思域	037168123456	1350388
17007		常小波	037168789011	1350367
17008		张晓娜	037198768900	1893456
17009	采购部	薛临清	037168111112	1367890
17010		吕菲菲	037168121113	1386532
17011		李艾	037167546635	1850388
17012		王龙	037168732135	1350667
17013		王勇	037168123457	1397890
17014	生产部	张浩田	037168789012	1386732
17015		王奕轩	037168211111	1850388
17016		王敏	037168221111	1350367
17017		吕亚杰	037167446634	1367990
17018		史洁	037168832134	1389532
17019		梁芳芳	037168223456	1352667
17020	销售部	王丽	037168889011	1397890
17021		赵思文	037168211112	1386832
17022		吕兆星	037168221113	1851388
17023		常林林	037168546635	1350367
17024		董妙科	037168832135	1367990
17025		单方田	037168223457	1389532
17026		李建成	037168889012	1350367

图 5-28　公司员工通讯录效果

任务 5.2 制作销售业绩明细表

【任务描述】

飞凡公司计划对第一季度销售业绩进行整理，并生成明细表。下面使用 WPS 表格来完成此任务，销售业绩明细表效果如图 5-29 所示。

飞凡公司第一季度销售业绩明细表							
工号	姓名	部门	1月份业绩（元）	2月份业绩（元）	3月份业绩（元）	合计（元）	业绩排名
2006002	杨少少	市场1部	188500	188500	188500	565500	7
2013002	李金英	市场1部	127800	97800	147800	373400	16
2017003	郭建	市场1部	348700	308700	248900	906300	1
2017009	张和	市场1部	237200	187400	239200	663800	2
2019004	李泽	市场1部	98000	108000	138000	344000	17
2015003	李琪琪	市场1部	119800	49800	89800	259400	20
2006005	刘健	市场2部	145300	215300	195300	555900	8
2016009	杜丽	市场2部	128700	68700	98700	296100	18
2017008	杜家海	市场2部	45600	75600	85900	207100	22
2019010	李娟	市场2部	178600	188600	168200	535400	9
2020001	潘唱江	市场2部	216700	226800	196700	640200	4
2015001	郭俊	市场2部	87900	97900	37900	223700	21
2008008	朱海涛	市场3部	245700	205700	146700	598100	5
2013001	李利	市场3部	156700	166700	146900	470300	10
2016020	张戈	市场3部	54800	44800	74900	174500	23
2017002	齐明	市场3部	123400	103700	163400	390500	14
2017004	王欣	市场3部	98700	88700	108700	296100	18
2020002	杜清	市场3部	190800	290500	161800	643100	3
2008009	邹建	市场4部	32560	52560	62560	147680	24
2013002	郑海龙	市场4部	156800	116800	176200	449800	11
2013003	杨梅	市场4部	169800	99800	152800	422400	13
2016003	马璐璐	市场4部	132450	134460	172450	439360	12
2016021	刘成	市场4部	87900	187900	107400	383200	15
2017004	张海英	市场4部	238700	138700	218700	596100	6
平均业绩			150463	143476	146975	440914	
最优业绩			348700	308700	248900	906300	
最差业绩			32560	44800	37900	147680	

图 5-29 飞凡公司第一季度销售业绩明细表效果

【知识储备】

5.2.1 样式的套用

微课 5-4

使用 WPS 表格的自动套用样式功能可以快速对表格进行美化。

1. 单元格样式

在工作表中选择需要套用单元格样式的单元格区域，在“开始”菜单下单击“单元格样式”按钮，在下拉列表中选择相应的单元格样式，如图 5-30 所示。

2. 表格样式

在工作表中选择需要套用表格样式的单元格区域，在“开始”菜单下单击“表格样式”按钮，在下拉列表中选择相应的表格样式，如图 5-31 所示。

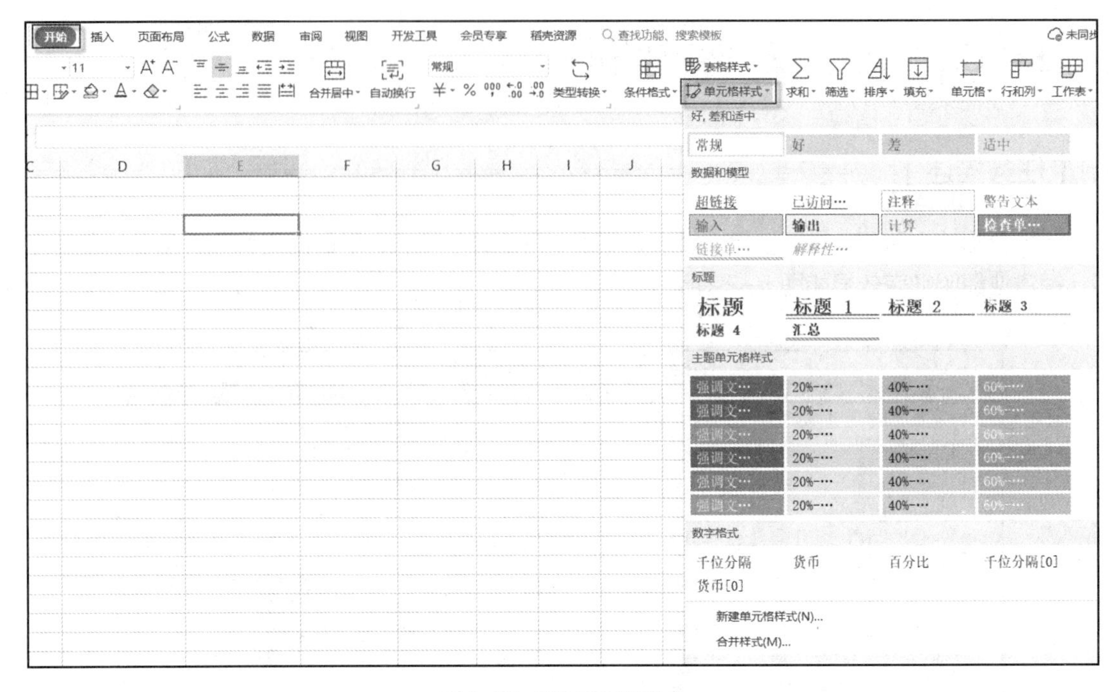

图 5-30　套用单元格样式

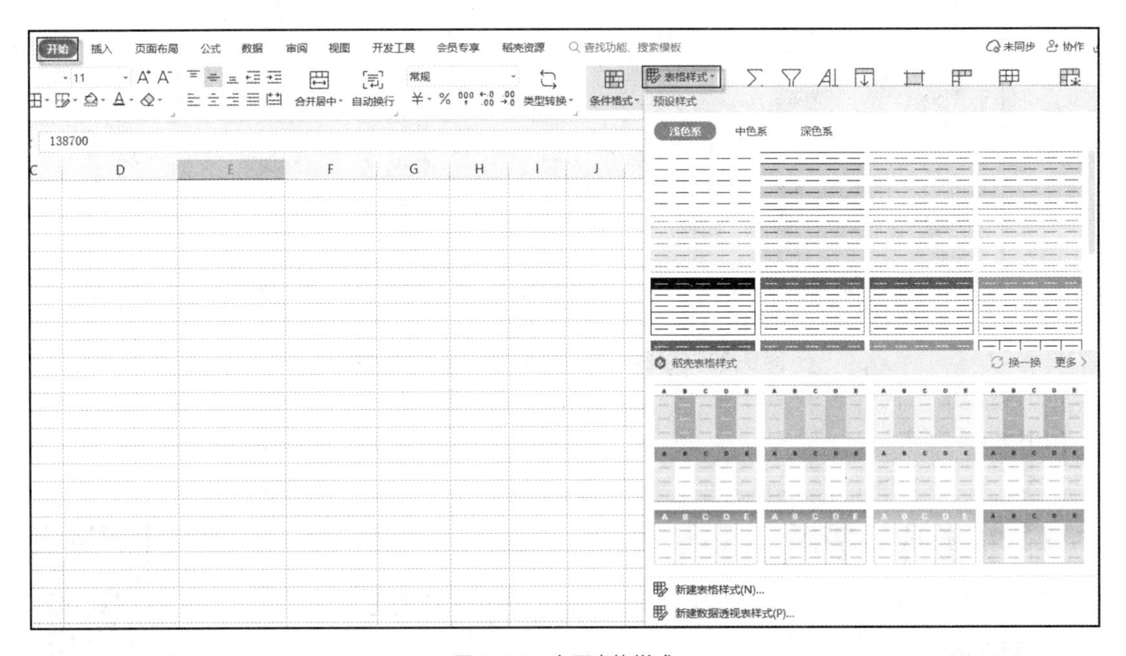

图 5-31　套用表格样式

5.2.2　单元格引用

单元格引用用于标识单元格在表格中的坐标位置，可以引用单个单元格，也可以引用单元格区域。

1. 跨工作簿或工作表的单元格引用

可以在公式中引用同一工作表中的单元格，或者同一工作簿不同工作表中的单元格，或者不同工作簿中的单元格，具体表示方法如下。

（1）引用同一工作表中的单元格：数据源所在单元格地址。

（2）引用同一工作簿不同工作表中的单元格：工作表名！数据源所在单元格地址。

（3）引用不同工作簿中的单元格：[工作簿名称.xlsx]工作表名！数据源所在单元格地址。

单元格引用的方法是输入“=”，然后直接单击数据源相应的单元格。

跨工作簿或工作表的单元格引用比复制操作更有优势，因为当数据源发生变化时，单元格引用内容会随之发生变化。

2. 相对引用、绝对引用和混合引用

（1）相对引用：基于包含公式和单元格引用的单元格的相对位置，如 B2 代表一个单元格，A1:C6 代表连续的单元格区域；如果公式所在单元格的位置改变，相对引用也随之改变。

（2）绝对引用：在指定位置引用固定的单元格或单元格区域，如$A$1；如果公式所在单元格的位置改变，绝对引用的单元格始终保持不变。

（3）混合引用：有绝对列和相对行（如$A1）引用，或者绝对行和相对列（如 A$1）引用；如果公式所在单元格的位置改变，则相对引用改变，绝对引用不变。

小贴士：在不同引用方式间切换的快捷键

输入公式时，只要正确使用【F4】键，就可以在单元格的相对引用、绝对引用和混合引用间切换。例如，输入公式“=SUM(A1:B6)”，选中整个公式进行如下操作。

按【F4】键，该公式内容变为“=SUM($A$1:$B$6)”。

第二次按【F4】键，公式变为“=SUM(A$1:B$6)”。

第三次按【F4】键，公式变为“=SUM($A1:$B6)”。

第四次按【F4】键，公式回到初始状态“=SUM(A1:B6)”。

5.2.3 表格的计算

表格的计算可以通过公式来进行，其中包括不使用函数的公式和使用函数的公式，如“=A1+A2”为不使用函数的公式，“=SUM（A1,C4）”为使用函数的公式。

1. 认识公式

公式就是一个等式，由运算符和参与运算的操作数组成。公式必须以“=”开头，后面连接操

作数和运算符。操作数可以是常数、单元格地址、函数等。运算符包括文本运算符、算术运算符、比较运算符和引用运算符 4 类。

2. 认识函数

函数是 WPS 表格内置的一段程序，通过它可以实现预定的计算功能，提高计算效率。使用函数的公式一般包括等号、函数名和参数 3 个部分，如图 5-32 所示。

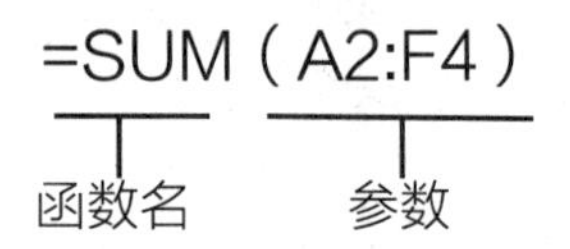

图 5-32 使用函数的公式

（1）WPS 表格中常用的函数

WPS 表格中的函数包括数学和三角函数、统计函数、逻辑函数、查找与引用函数等。表 5-1 为常见的函数及其功能。

表 5-1 常见的函数及其功能

函数类型	函数	功能	函数类型	函数	功能
数学和三角函数	SUM	求和	统计函数	AVERAGE	求平均值
	RAND	产生随机数		MAX	求最大值
	SUMIF	对满足条件的单元格求和		MIN	求最小值
	SUMIFS	对区域中满足多个条件的单元格求和		COUNT	统计包含数字的单元格数目
	ROUND	按指定位数四舍五入		COUNTA	统计非空单元格数目
逻辑函数	IF	判断条件满足返回一个值，不满足返回另一个值		COUNTIF	计算区域中满足给定条件的单元格数目
查找与引用函数	VLOOKUP	查找指定数值，并返回当前行中指定列的数值		COUNTIFS	计算多个区域中满足给定条件的单元格数目
				RANK.EQ	求排名

（2）插入函数的方法

在 WPS 表格中插入函数有以下两种方法。

① 选择要插入函数的单元格，在“公式”菜单中单击“插入函数”按钮，在打开的对话框中选择相应函数，单击“确定”按钮，在打开的对话框中设置相应函数值。

② 选择要插入函数的单元格，单击编辑栏中的“插入函数”按钮，打开“插入函数对话框”，后续操作同上一种方法，如图 5-33 所示。

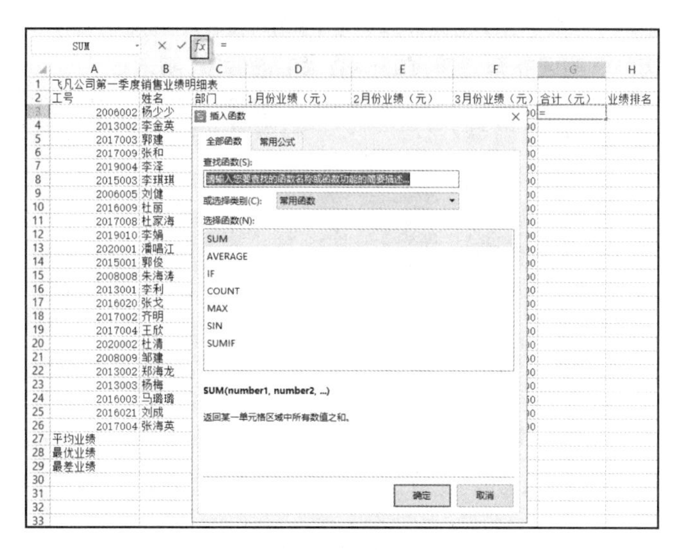

图 5-33　插入函数

【任务实现】

1. 套用表格样式美化表格

微课 5-5

（1）选择 A2:H29 单元格区域，单击“开始”菜单，在“表格样式”下拉列表中选择“表样式浅色 9”选项进行套用，在打开的对话框中取消勾选“筛选按钮”复选框，单击“确定”按钮，如图 5-34 所示。

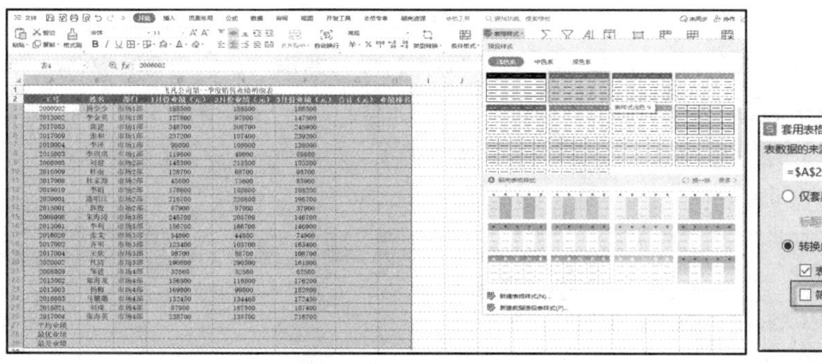

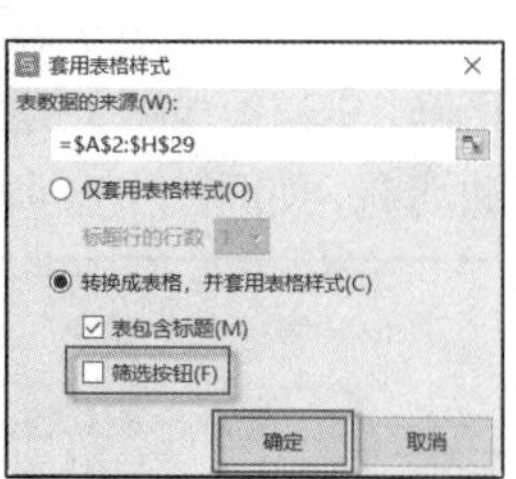

图 5-34　为表格套用样式

（2）美化标题：选中标题，设置字号为 16，加粗。选中表格，调整字体大小为 14。调整列宽，使文字能够完全显示。最终效果如图 5-35 所示。

2. 计算合计金额

将光标定位到 G3 单元格，单击“开始”菜单下的“求和”按钮。单元格中显示求和公式“=SUM（D3:F3）”，并且自动添加了求和范围 D3:F3 单元格区域。若显示的范围正确，按【Enter】键或单击编辑栏左侧的“输入”按钮☑，完成计算。若自动添加的范围不正确，可以重新框选范围。拖曳 G3 单元格的填充柄，自动填充至 G26 单元格，如图 5-36 所示。

飞凡公司第一季度销售业绩明细表							
工号	姓名	部门	1月份业绩（元）	2月份业绩（元）	3月份业绩（元）	合计（元）	业绩排名
2006002	杨少少	市场1部	188500	188500	188500		
2013002	李金英	市场1部	127800	97800	147800		
2017003	郭建	市场1部	348700	308700	248900		
2017009	张和	市场1部	237200	187400	239200		
2019004	李泽	市场1部	98000	108000	138000		
2015003	李琪琪	市场1部	119800	49800	89800		
2006005	刘健	市场2部	145300	215300	195300		
2016009	杜丽	市场2部	128700	68700	98700		
2017008	杜家海	市场2部	45600	75600	85900		
2019010	李娟	市场2部	178600	188600	168200		
2020001	潘唱江	市场2部	216700	226800	196700		
2015001	郭俊	市场2部	87900	97900	37900		
2008008	朱海涛	市场3部	245700	205700	146700		
2013001	李利	市场3部	156700	166700	146900		
2016020	张戈	市场3部	54800	44800	74900		
2017002	齐明	市场3部	123400	103700	163400		
2017004	王欣	市场3部	98700	88700	108700		
2020002	杜清	市场3部	190800	290500	161800		
2008009	邹建	市场4部	32560	52560	62560		
2013002	郑海龙	市场4部	156800	116800	176200		
2013003	杨梅	市场4部	169800	99800	152800		
2016003	马璐璐	市场4部	132450	134460	172450		
2016021	刘成	市场4部	87900	187900	107400		
2017004	张海英	市场4部	238700	138700	218700		
平均业绩							
最优业绩							
最差业绩							

图 5-35　美化表格金额

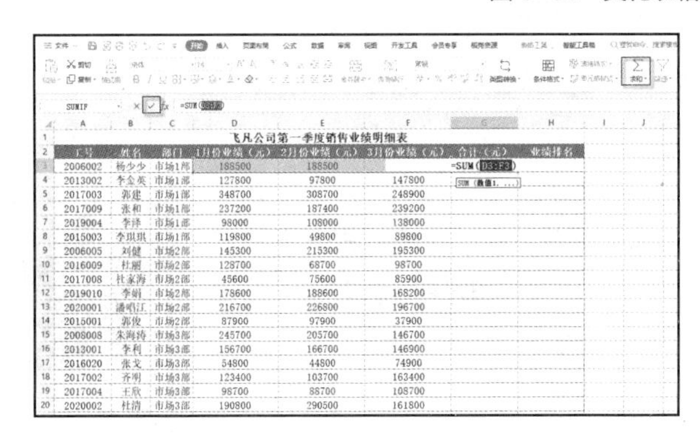

飞凡公司第一季度销售业绩明细表							
工号	姓名	部门	1月份业绩（元）	2月份业绩（元）	3月份业绩（元）	合计（元）	业绩排名
2006002	杨少少	市场1部	188500	188500	188500	565500	
2013002	李金英	市场1部	127800	97800	147800	373400	
2017003	郭建	市场1部	348700	308700	248900	906300	
2017009	张和	市场1部	237200	187400	239200	663800	
2019004	李泽	市场1部	98000	108000	138000	344000	
2015003	李琪琪	市场1部	119800	49800	89800	259400	
2006005	刘健	市场2部	145300	215300	195300	555900	
2016009	杜丽	市场2部	128700	68700	98700	296100	
2017008	杜家海	市场2部	45600	75600	85900	207100	
2019010	李娟	市场2部	178600	188600	168200	535400	
2020001	潘唱江	市场2部	216700	226800	196700	640200	
2015001	郭俊	市场2部	87900	97900	37900	223700	
2008008	朱海涛	市场3部	245700	205700	146700	598100	
2013001	李利	市场3部	156700	166700	146900	470300	
2016020	张戈	市场3部	54800	44800	74900	174500	
2017002	齐明	市场3部	123400	103700	163400	390500	
2017004	王欣	市场3部	98700	88700	108700	296100	
2020002	杜清	市场3部	190800	290500	161800	643100	
2008009	邹建	市场4部	32560	52560	62560	147680	
2013002	郑海龙	市场4部	156800	116800	176200	449800	
2013003	杨梅	市场4部	169800	99800	152800	422400	
2016003	马璐璐	市场4部	132450	134460	172450	439360	
2016021	刘成	市场4部	87900	187900	107400	383200	
2017004	张海英	市场4部	238700	138700	218700	596100	
平均业绩							
最优业绩							
最差业绩							

图 5-36　计算合计金额

3. 计算平均业绩

（1）将光标定位在 D27 单元格中，在“开始”菜单下的“求和”下拉列表中选择“平均值”选项。单元格中显示求平均值公式“=AVERAGE（D3:D26）”，并自动添加了求平均值范围。如果范围正确，按【Enter】键完成计算。按住鼠标左键拖曳 D27 单元格的填充柄至 G27 单元格，实现自动填充，如图 5-37 所示。

飞凡公司第一季度销售业绩明细表							
工号	姓名	部门	1月份业绩（元）	2月份业绩（元）	3月份业绩（元）	合计（元）	业绩排名
2006002	杨少少	市场1部	188500	188500	188500	565500	
2013002	李金英	市场1部	127800	97800	147800	373400	
2017003	郭建	市场1部	348700	308700	248900	906300	
2017009	张和	市场1部	237200	187400	239200	663800	
2019004	李泽	市场1部	98000	108000	138000	344000	
2015003	李琪琪	市场1部	119800	49800	89800	259400	
2006005	刘健	市场2部	145300	215300	195300	555900	
2016009	杜丽	市场2部	128700	68700	98700	296100	
2017008	杜家海	市场2部	45600	75600	85900	207100	
2019010	李娟	市场2部	178600	188600	168200	535400	
2020001	潘唱江	市场2部	216700	226800	196700	640200	
2015001	郭俊	市场2部	87900	97900	37900	223700	
2008008	朱海涛	市场3部	245700	205700	146700	598100	
2013001	李利	市场3部	156700	166700	146900	470300	
2016020	张戈	市场3部	54800	44800	74900	174500	
2017002	齐明	市场3部	123400	103700	163400	390500	
2017004	王欣	市场3部	98700	88700	108700	296100	
2020002	杜清	市场3部	190800	290500	161800	643100	
2008009	邹建	市场4部	32560	52560	62560	147680	
2013002	郑海龙	市场4部	156800	116800	176200	449800	
2013003	杨梅	市场4部	169800	99800	152800	422400	
2016003	马璐璐	市场4部	132450	134460	172450	439360	
2016021	刘成	市场4部	87900	187900	107400	383200	
2017004	张海英	市场4部	238700	138700	218700	596100	
平均业绩			150462.9167	143475.8333	146975.4167	440914.1667	
最优业绩							
最差业绩							

图 5-37　计算平均业绩

（2）下面将平均业绩四舍五入，保留整数。

① 将光标定位在 D27 单元格中，显示公式“=AVERAGE（D3:D26）”。

② 选中“AVERAGE（D3:D26）”，按【Ctrl+X】组合键，将内容剪切到剪贴板。

③ 单击“公式”菜单下的“插入函数”按钮，打开“插入函数”对话框。在“或选择类别”下拉列表框中选择“数学与三角函数”选项，随便选择一个函数，按【R】键，定位到以【R】开头的函数，滚动鼠标滚轮找到 ROUND 函数，单击将其选中，单击“确定”按钮，如图 5-38 所示。

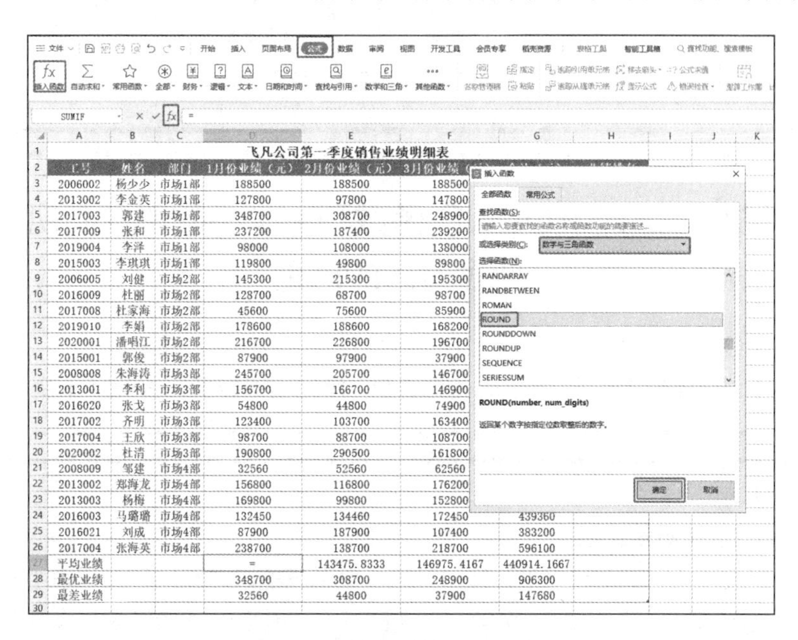

图 5-38　插入 ROUND 函数

④ 在打开的“函数参数”对话框中，将光标定位到“数值”文本框中，按【Ctrl+V】组合键，将刚才剪切的内容进行粘贴，在“小数位数”文本框中输入“0”，单击“确定”按钮，拖曳 D27 单元格的填充柄至 G27 单元格，重新进行水平填充，完成保留整数操作，如图 5-39 所示。

图 5-39　设置函数并水平填充

还可以通过减少小数位数实现四舍五入，方法如下：选中需要四舍五入的单元格区域，单击“开始”菜单下的“减少小数位数”按钮，如图 5-40 所示。

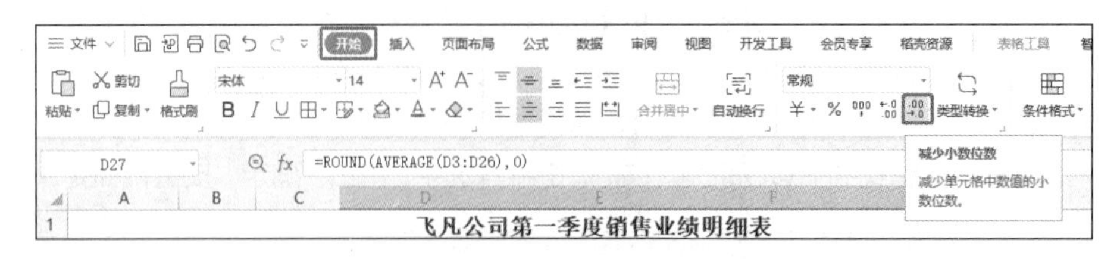

图 5-40　通过减少小数位数实现四舍五入

小贴士：通过 ROUND 函数和减少小数位数实现四舍五入的区别

✧　ROUND 函数：真正意义上的四舍五入，数值会发生变化。

✧　减少小数位数：只是形式上的改变，单元格的数值始终保持不变。

4．计算最优业绩和最差业绩

（1）将光标定位在 D28 单元格中，在“开始”菜单下的“求和”下拉列表中选择“最大值”选项。单元格中显示求最大值公式“=MAX（D3:D27）”，并自动添加了求最大值范围。经验证发现，自动添加的范围不正确，选择 D3:D26 单元格区域，按【Enter】键完成计算。按住鼠标左键拖曳 D28 单元格的填充柄至 G28 单元格，实现水平填充，如图 5-41 所示。

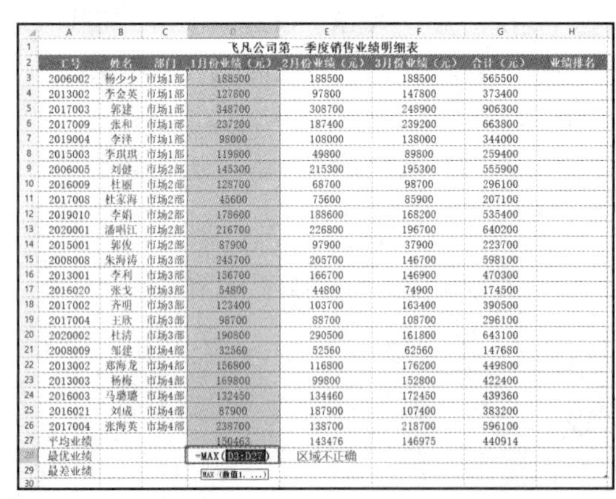

飞凡公司第一季度销售业绩明细表

工号	姓名	部门	1月份业绩（元）	2月份业绩（元）	3月份业绩（元）	合计（元）	业绩排名
2006002	杨少少	市场1部	188500	188500	188500	565500	
2013002	李金英	市场1部	127800	97800	147800	373400	
2017003	郭建	市场1部	348700	308700	248900	906300	
2017009	张和	市场1部	237200	187400	239200	663800	
2019004	李泽	市场1部	98000	108000	138000	344000	
2015003	李琪琪	市场1部	119800	49800	89800	259400	
2006005	刘健	市场2部	145300	215300	195300	555900	
2016009	杜[illegible]	市场2部	128700	68700	98700	296100	
2017008	杜家海	市场2部	45600	75600	85900	207100	
2019010	李娟	市场2部	178600	188600	168200	535400	
2020001	潘明江	市场2部	216700	226800	196700	640200	
2015001	郭俊	市场2部	87900	97900	37900	223700	
2008008	朱海涛	市场3部	245700	205700	146700	598100	
2013001	李利	市场3部	156700	166700	146900	470300	
2016020	张戈	市场3部	54800	44800	74900	174500	
2017002	齐明	市场3部	123400	103700	163400	390500	
2017004	王欣	市场3部	98700	88700	108700	296100	
2020002	杜清	市场3部	190800	290500	161800	643100	
2008009	邹建	市场4部	32560	52560	62560	147680	
2013002	郑海龙	市场4部	156800	116800	176200	449800	
2013003	杨梅	市场4部	169800	99800	152800	422400	
2016003	马璐璐	市场4部	132450	134460	172450	439360	
2016021	刘成	市场4部	87900	187900	107400	383200	
2017004	张海英	市场4部	238700	138700	218700	596100	
平均业绩			150463	143476	146975	440914	
最优业绩			=MAX(D3:D27)	区域不正确			
最差业绩			MAX（数值1, ...）				

飞凡公司第一季度销售业绩明细表

工号	姓名	部门	1月份业绩（元）	2月份业绩（元）	3月份业绩（元）	合计（元）	业绩排名
2006002	杨少少	市场1部	188500	188500	188500	565500	
2013002	李金英	市场1部	127800	97800	147800	373400	
2017003	郭建	市场1部	348700	308700	248900	906300	
2017009	张和	市场1部	237200	187400	239200	663800	
2019004	李泽	市场1部	98000	108000	138000	344000	
2015003	李琪琪	市场1部	119800	49800	89800	259400	
2006005	刘健	市场2部	145300	215300	195300	555900	
2016009	杜[illegible]	市场2部	128700	68700	98700	296100	
2017008	杜家海	市场2部	45600	75600	85900	207100	
2019010	李娟	市场2部	178600	188600	168200	535400	
2020001	潘明江	市场2部	216700	226800	196700	640200	
2015001	郭俊	市场2部	87900	97900	37900	223700	
2008008	朱海涛	市场3部	245700	205700	146700	598100	
2013001	李利	市场3部	156700	166700	146900	470300	
2016020	张戈	市场3部	54800	44800	74900	174500	
2017002	齐明	市场3部	123400	103700	163400	390500	
2017004	王欣	市场3部	98700	88700	108700	296100	
2020002	杜清	市场3部	190800	290500	161800	643100	
2008009	邹建	市场4部	32560	52560	62560	147680	
2013002	郑海龙	市场4部	156800	116800	176200	449800	
2013003	杨梅	市场4部	169800	99800	152800	422400	
2016003	马璐璐	市场4部	132450	134460	172450	439360	
2016021	刘成	市场4部	87900	187900	107400	383200	
2017004	张海英	市场4部	238700	138700	218700	596100	
平均业绩			150463	143476	146975	440914	
最优业绩			=MAX(D3:D26)	重新选择正确区域			
最差业绩			MAX（数值1, ...）				

图 5-41　计算最优业绩

（2）用同样的方法，通过“最小值”选项求出最差业绩，如图 5-42 所示。

5．计算业绩排名

（1）选择 H3 单元格，单击编辑栏左边的“插入函数”按钮，打开“插入函数”对话框，在

“或选择类别”下拉列表框中选择“统计”选项。在“统计”类函数中找到“RANK.EQ”函数，单击“确定”按钮，如图 5-43 所示。

飞凡公司第一季度销售业绩明细表							
工号	姓名	部门	1月份业绩（元）	2月份业绩（元）	3月份业绩（元）	合计（元）	业绩排名
2006002	杨少少	市场1部	188500	188500	188500	565500	
2013002	李金英	市场1部	127800	97800	147800	373400	
2017003	郭建	市场1部	348700	308700	248900	906300	
2017009	张和	市场1部	237200	187400	239200	663800	
2019004	李泽	市场1部	98000	108000	138000	344000	
2015003	李琪琪	市场1部	119800	49800	89800	259400	
2006005	刘健	市场2部	145300	215300	195300	555900	
2016009	杜丽	市场2部	128700	68700	98700	296100	
2017008	杜家海	市场2部	45600	75600	85900	207100	
2019010	李娟	市场2部	178600	188600	168200	535400	
2020001	潘唱江	市场2部	216700	226800	196700	640200	
2015001	郭俊	市场2部	87900	97900	37900	223700	
2008008	朱海涛	市场3部	245700	205700	146700	598100	
2013001	李利	市场3部	156700	166700	146900	470300	
2016020	张戈	市场3部	54800	44800	74900	174500	
2017002	齐明	市场3部	123400	103700	163400	390500	
2017004	王欣	市场3部	98700	88700	108700	296100	
2020002	杜清	市场3部	190800	290500	161800	643100	
2008009	邹建	市场4部	32560	52560	62560	147680	
2013002	郑海龙	市场4部	156800	116800	176200	449800	
2013003	杨梅	市场4部	169800	99800	152800	422400	
2016003	马璐璐	市场4部	132450	134460	172450	439360	
2016021	刘成	市场4部	87900	187900	107400	383200	
2017004	张海英	市场4部	238700	138700	218700	596100	
平均业绩			150463	143476	146975	440914	
最优业绩			348700	308700	248900	906300	
最差业绩			32560	44800	37900	147680	

图 5-42　计算最差业绩

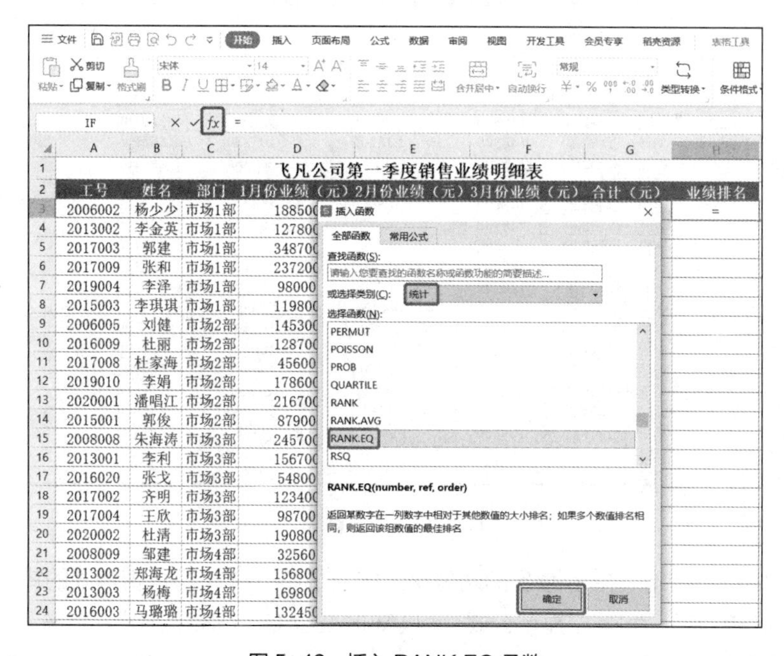

图 5-43　插入 RANK.EQ 函数

（2）在打开的“函数参数”对话框中，将光标定位在“数值”文本框中，选择 G3 单元格（要参与排名的数值）；再将光标定位在“引用”文本框中，选择 G3:G26 单元格区域（即选择排名的区域范围）；“排位方式”默认为降序，单击“确定”按钮，如图 5-44 所示。

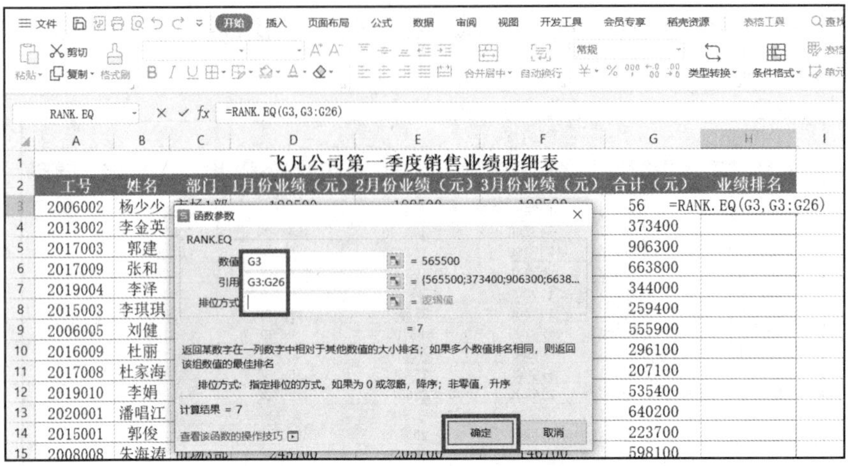

图 5-44　设置函数 RANK.EQ 的参数

（3）拖曳填充柄进行填充，排名结果如图 5-45 所示。

	A	B	C	D	E	F	G	H
1	飞凡公司第一季度销售业绩明细表							
2	工号	姓名	部门	1月份业绩（元）	2月份业绩（元）	3月份业绩（元）	合计（元）	业绩排名
3	2006002	杨少少	市场1部	188500	188500	188500	565500	7
4	2013002	李金英	市场1部	127800	97800	147800	373400	16
5	2017003	郭建	市场1部	348700	308700	248900	906300	1
6	2017009	张和	市场1部	237200	187400	239200	663800	2
7	2019004	李泽	市场1部	98000	108000	138000	344000	15
8	2015003	李琪琪	市场1部	119800	49800	89800	259400	17
9	2006005	刘健	市场2部	145300	215300	195300	555900	6
10	2016009	杜丽	市场2部	128700	68700	98700	296100	14
11	2017008	杜家海	市场2部	45600	75600	85900	207100	16
12	2019010	李娟	市场2部	178600	188600	168200	535400	6
13	2020001	潘唱江	市场2部	216700	226800	196700	640200	3
14	2015001	郭俊	市场2部	87900	97900	37900	223700	13
15	2008008	朱海涛	市场3部	245700	205700	146700	598100	3
16	2013001	李利	市场3部	156700	166700	146900	470300	4
17	2016020	张戈	市场3部	54800	44800	74900	174500	11
18	2017002	齐明	市场3部	123400	103700	163400	390500	8
19	2017004	王欣	市场3部	98700	88700	108700	296100	9
20	2020002	杜清	市场3部	190800	290500	161800	643100	2
21	2008009	邹建	市场4部	32560	52560	62560	147680	8
22	2013002	郑海龙	市场4部	156800	116800	176200	449800	3
23	2013003	杨梅	市场4部	169800	99800	152800	422400	5
24	2016003	马璐璐	市场4部	132450	134460	172450	439360	4
25	2016021	刘成	市场4部	87900	187900	107400	383200	4

图 5-45　排名结果

从图 5-45 中可以看出，排名为 6 的两位员工的业绩不一样，却有着相同的排名。说明上述操作有误。单击 H3 单元格，编辑栏显示公式“=RANK.EQ(G3,G3:G26)”，单击 H4 单元格，显示“=RANK.EQ(G4,G4:G27)”。而排名区域应该一直为 G3:G26 单元格区域。那么如何保证自动填充时单元格区域保持为 G3:G26 不变呢？只需要将相对引用切换为绝对引用即可，方法如下：选择 H3 单元格，在编辑栏中选择“G3:G26”，按【F4】键将相对引用切换为绝对引用，按【Enter】键，然后拖曳填充柄重新进行填充，如图 5-46 所示。

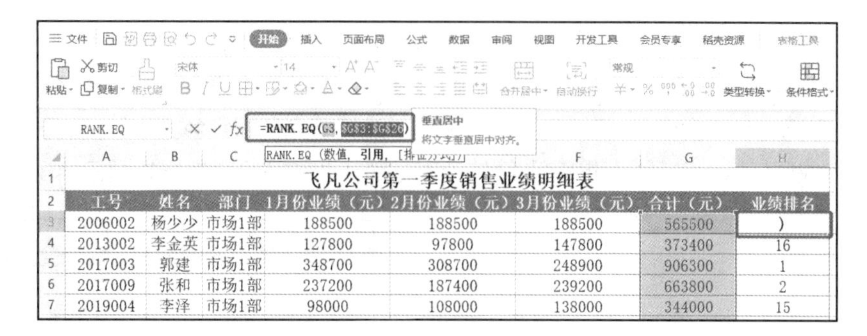

图 5-46　将相对引用切换为绝对引用

至此，销售业绩明细表便制作完成了。

【知识与技能拓展】

天易电子科技有限公司人事处近期对新员工进行了岗前培训，现需要将新员工培训成绩制作成表格。

此任务中，需要用到两个新函数：MID 函数和 YEAR 函数。请读者自行了解这两个函数的功能及用法，完成该任务，天易电子科技有限公司新员工培训成绩表效果如图 5-47 所示。

天易电子科技有限公司新员工培训成绩表

序号	姓名	性别	年龄	出生日期	身份证号	职业道德	商务礼仪	信息技术	教育教学	平均成绩	总成绩	名次
17001	李思贤	男	32	1990/1/12	37068519900112	90	94	91	89	91.0	364	10
17002	赵海峰	男	42	1980/11/12	37068519801112	89	88	86	85	87.0	348	12
17003	张馨予	女	34	1988/10/11	37068519881011	90	92	95	99	94.0	376	6
17004	吴哲思	女	32	1990/6/2	37068519900602	100	99	96	95	97.5	390	2
17005	周鑫	男	27	1995/7/9	37068519950709	93	92	90	90	91.3	365	9
17006	李献	男	23	1999/6/11	37068519990611	99	90	95	94	94.5	378	5
17007	王奕诺	女	33	1989/10/12	37068519891012	100	99	98	100	99.3	397	1
17008	马承韬	女	25	1997/3/9	37068519970309	99	98	96	90	95.8	383	3
17009	刘金凤	女	41	1981/5/12	37068519810512	99	89	95	93	94.0	376	6
17010	王欣	男	26	1996/10/10	37068519961010	94	92	94	90	92.5	370	8
17011	李丽	女	23	1999/3/2	37068519990302	83	90	85	88	86.5	346	13
17012	周晓	男	26	1996/7/10	37068519960710	80	89	90	95	88.5	354	11
17013	张金梅	女	25	1997/9/9	37068519970909	98	95	90	99	95.5	382	4
17014	王磊	男	33	1989/5/11	37068519890511	93	82	80	88	85.8	343	14
平均成绩						93.4	92.1	91.5	92.5	92.36	369	
最优成绩						100	99	98	100	99.3	397	

图 5-47　天易电子科技有限公司新员工培训成绩表效果

任务 5.3　制作销售业绩统计表与销售业绩等级表

【任务描述】

第一季度结束后，飞凡公司计划对第一季度每个月的销售情况进行统计，并生成销售业绩统计表与销售业绩等级表。在销售业绩统计表中，将完成平均业绩、最优业绩、最差业绩、各销售段的人数、公司总人数的统计，以及优秀率的计算等。在销售业绩等级表中，将对所有员工在第一季度各月份中的销售业绩进行等级评定：20 万元及以上为“优秀”，10 万元（包含 10 万元）至 20 万元为“合格”，少于 10 万元为“不合格”。将“优秀”等级用“浅红填充色深红色文本”突出显示。下面使用 WPS 表格来完成此任务，飞凡公司销售业绩统计表与销售业绩等级表效果如图 5-48 所示。

飞凡公司销售业绩统计表

月份	1月（元）	2月（元）	3月（元）
平均业绩	150463	143476	146975
最优业绩	348700	308700	248900
最差业绩	32560	44800	37900
≥200000	5	5	3
100000---200000	12	10	15
<100000	7	9	6
优秀率（≥200000）	20.8%	20.8%	12.5%
公司总人数	24		

飞凡公司销售业绩等级表

工号	姓名	部门	1月份业绩（元）	2月份业绩（元）	3月份业绩（元）
2006002	杨少少	市场1部	合格	合格	合格
2013002	李金英	市场1部	合格	不合格	合格
2017003	郭建	市场1部	优秀	优秀	优秀
2017009	张和	市场1部	优秀	合格	优秀
2019004	李泽	市场1部	不合格	合格	合格
2015003	李琪琪	市场1部	合格	不合格	不合格
2006005	刘健	市场2部	合格	优秀	合格
2016009	杜丽	市场2部	合格	不合格	不合格
2017008	杜家海	市场2部	不合格	不合格	不合格
2019010	李娟	市场2部	合格	合格	合格
2020001	潘唱江	市场2部	优秀	优秀	合格
2015001	郭俊	市场2部	不合格	不合格	不合格
2008008	朱海涛	市场3部	优秀	优秀	合格
2013001	李利	市场3部	合格	合格	合格
2016020	张戈	市场3部	不合格	不合格	不合格
2017002	齐明	市场3部	合格	合格	合格
2017004	王欣	市场3部	不合格	不合格	合格
2020002	杜清	市场3部	合格	优秀	合格
2008009	邹建	市场4部	不合格	不合格	不合格
2013002	郑海龙	市场4部	合格	合格	合格
2013003	杨梅	市场4部	合格	不合格	合格
2016003	马璐璐	市场4部	合格	合格	合格
2016021	刘成	市场4部	不合格	合格	合格
2017004	张海英	市场4部	优秀	合格	优秀

图 5-48　飞凡公司销售业绩统计表与销售业绩等级表效果

【知识储备】

5.3.1　认识统计函数

1. COUNT 函数

（1）功能：统计指定范围内包含数字的单元格个数及参数列表中数字的个数。

（2）语法格式：COUNT(value1,value2,...)。

value 包含各种不同类型数据的参数，但只对数值型数据进行统计。

2. COUNTA 函数

（1）功能：统计指定范围内非空单元格的个数。

（2）语法格式：COUNTA(value1,value2,...)。

value 是对值和单元格进行计数的参数。

3. COUNTIF 函数

（1）功能：统计指定范围内满足给定条件的单元格个数。

（2）语法格式：COUNTIF(Range,Criteria)。

Range（区域）：要计算其中非空单元格数目的区域。

Criteria（条件）：以数字、表达式或文本形式定义的条件。

4. COUNTIFS 函数

（1）功能：统计多个区域中满足给定条件的单元格个数。

（2）语法格式：COUNTIFS(Criteria_range1,criteria1,[Criteria_range2,criteria2]...)。

Criteria_range1：要被特定条件计算的单元格区域。

criteria1：以数字、表达式或文本形式定义的条件。

其中，“[Criteria_range2，criteria2]...”为附加的区域及条件，是可选项。

5.3.2 认识 IF 函数

（1）功能：判断所给的条件是否满足，若满足返回一个值，不满足则返回另一个值。

（2）语法格式：IF(Logical_test,Value_if_true,Value_if_false)。

Logical_test：逻辑判断表达式。

Value_if_true：表达式的值为 true 时返回的值。

Value_if_false：表达式的值为 false 时返回的值。

5.3.3 批注的添加与编辑

为 WPS 表格添加批注指的是为表格内容添加注释。将鼠标指针悬停在带批注的单元格上可以查看相应的批注，也可以同时查看所有的批注，还可以打印批注，以及打印带批注的工作表。

1. 添加批注

在 WPS 表格中，单击需要添加批注的单元格，在“审阅”菜单下单击“新建批注”按钮，在弹出的批注框中输入需要批注的文本，如图 5-49 所示。输入文本后，单击批注框外部的工作表区域可以退出编辑状态。此时批注框被隐藏，只显示右上角的红色三角。

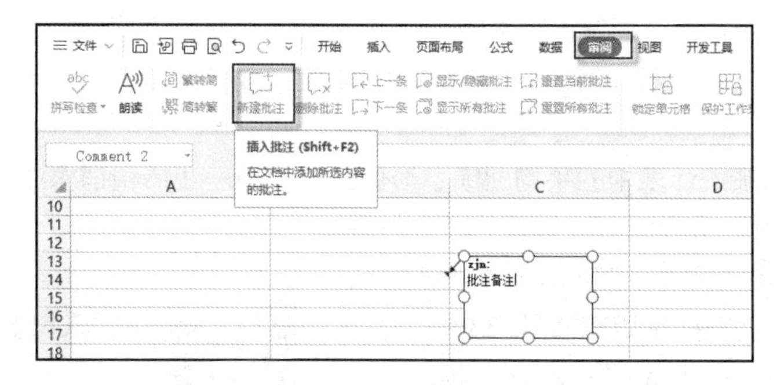

图 5-49 添加批注

2. 修改批注

添加批注后，可以对批注框的大小、位置及字符格式进行修改。单击需要修改批注的单元格，在“审阅”菜单下单击“编辑批注”按钮，可以通过拖曳批注框上的控制点调整大小，也可以拖曳批注框的边框进行移动。

如果要修改批注的字体或颜色，可以在编辑状态下选中批注框中的文本，单击鼠标右键，在弹出的快捷菜单中执行“设置批注格式”命令，打开图 5-50 所示的“设置批注格式”对话框，设置字体或颜色。

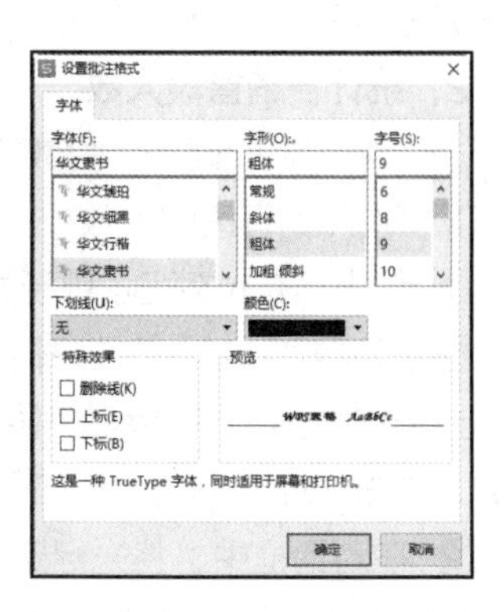

图 5-50 “设置批注格式”对话框

3. 删除批注

单击已添加批注的单元格，在“审阅”菜单下单击“删除批注”按钮即可将已有的批注删除。

5.3.4 条件格式的设置

条件格式的功能是突出显示满足条件的单元格。使用条件格式，可以根据条件为单元格添加数据条、突出显示单元格等，从而实现数据的可视化效果。

1. 突出显示单元格的设置

（1）在工作表中，选择要设置条件格式的单元格区域。

（2）单击“开始”菜单下“条件格式”中的“突出显示单元格规则”按钮，选择需要的条件。

（3）在打开的对话框的左侧的文本框中输入特定条件，在右侧设置格式，单击“确定”按钮。

2. 数据条

在 WPS 表格中，有一项非常实用的功能——数据条，通过数据条能够直观地比较出各数值的大小，步骤如下。

（1）选中要标识的单元格区域。

（2）单击“开始”菜单下“条件格式”中的“数据条”按钮，选择需要的数据条种类。

【任务实现】

下面制作销售业绩统计表。

微课 5-6

1. 求平均业绩、最优业绩和最差业绩

（1）将光标定位在销售业绩统计表中的 B3 单元格中，输入“=”，然后单击销售业绩明细表中的 D27 单元格，按【Enter】键完成跨工作表的单元格引用。

（2）由于销售业绩统计表中的平均业绩、最优业绩、最差业绩和销售业绩明细表中的平均业绩、最优业绩、最差业绩一一对应，因此此处可以通过自动填充实现。选中 B3 单元格，按住鼠标左键，向右拖曳填充柄至 D3 单元格，释放鼠标，然后拖曳填充柄向下继续填充至第 5 行，效果如图 5-51 所示。

飞凡公司销售业绩统计表

月份	1月（元）	2月（元）	3月（元）
平均业绩	150463	143476	146975
最优业绩	348700	308700	248900
最差业绩	32560	44800	37900
≥200000			
100000—200000			
<100000			
优秀率（≥200000）			

图 5-51 求平均业绩、最优业绩和最差业绩

2. 统计各销售段人数

（1）用 COUNTIF 函数统计“≥200000”和“<100000”销售段的人数

① 将光标定位到 B6 单元格中，单击编辑栏左侧的“插入函数”按钮，打开“插入函数”对话框，在“或选择类别”下拉列表框中选择“统计”选项，在“选择函数”列表框中选择“COUNTIF”函数，单击“确定”按钮，如图 5-52 所示。

② 在对话框中，将光标定位到“区域”文本框中，选择销售业绩明细表中的 D3:D26 单元格区域；将光标定位到“条件”文本框中，输入“>=200000”，单击“确定”按钮，如图 5-53 所示。

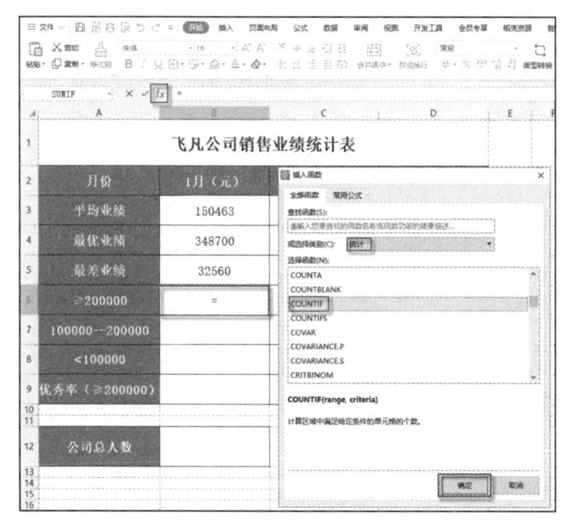

图 5-52　插入 COUNTIF 函数

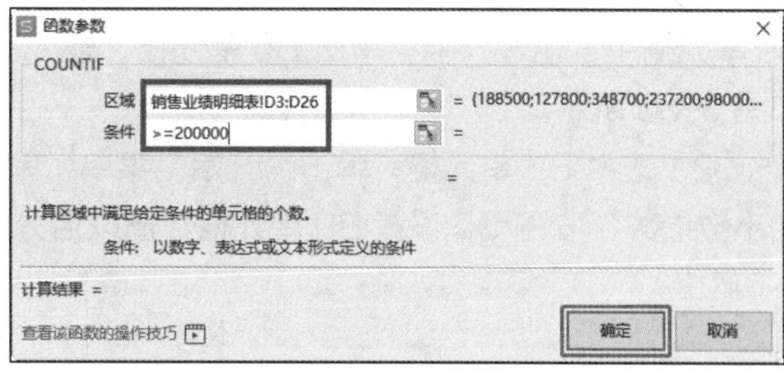

图 5-53　设置 COUNTIF 函数的参数

向右拖曳 B6 单元格的填充柄，填充 2 月和 3 月该销售段的人数。

③ 用同样的方法统计“<100000”销售段的人数。

（2）用 COUNTIFS 函数统计“100000～200000”销售段的人数

① 将光标定位到 B7 单元格中，单击“公式”菜单下的“插入函数”按钮，打开“插入函数”对话框，在“或选择类别”下拉列表框中选择“统计”选项，在“选择函数”列表框中选择“COUNTIFS”函数，单击“确定”按钮，如图 5-54 所示。

② 在打开的“函数参数”对话框中，将光标定位到“区域 1”文本框中，选择销售业绩明细表中的 D3:D26 单元格区域；将光标定位到“条件 1”文本框中，输入“>=100000”；将光标定位到“区域 2”文本框中，选择销售业绩明细表中的 D3:D26 单元格区域；将光标定位到“条件 2”文本框中，输入“<200000”，单击“确定”按钮，如图 5-55 所示。

图 5-54　插入 COUNTIFS 函数

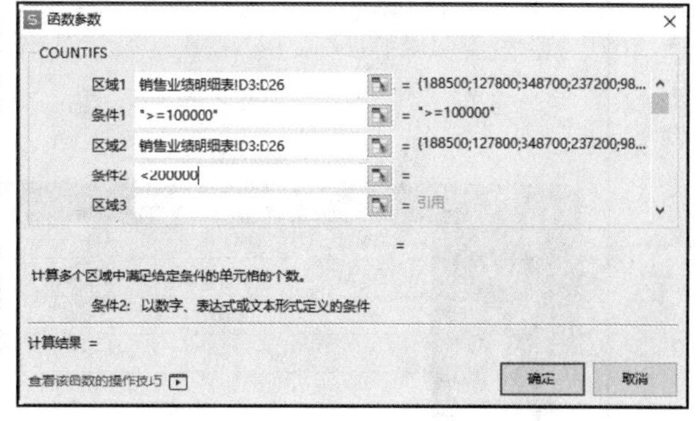

图 5-55　设置 COUNTIFS 函数的参数

向右拖曳 B7 单元格的填充柄，填充 2 月和 3 月该销售段的人数。

3. 计算公司总人数

将光标定位到 B12 单元格中，单击编辑栏左侧的“插入函数”按钮，打开“插入函数”对话框，在“或选择类别”下拉列表框中选择“常用函数”选项，在“选择函数”列表框中选择“COUNTA”函数，单击“确定”按钮。将光标定位到“值 1”文本框中，选择销售业绩明细表中的 B3:B26 单元格区域，单击“确定”按钮。

4．使用公式计算优秀率

（1）优秀率指的是销售业绩在 200000 元及以上的人数占公司总人数的百分比。将光标定位到 B9 单元格中，输入“=”，单击 B6 单元格，输入“/”，再单击 B12 单元格，按【Enter】键确认，如图 5-56 所示。

（2）选中 B9 单元格，单击“开始”菜单，单击工具栏中的“百分比样式”按钮，单击“增加小数位数”按钮，设置 B9 单元格数值以百分比形式显示，保留一位小数，如图 5-57 所示。

图 5-56　使用公式计算优秀率

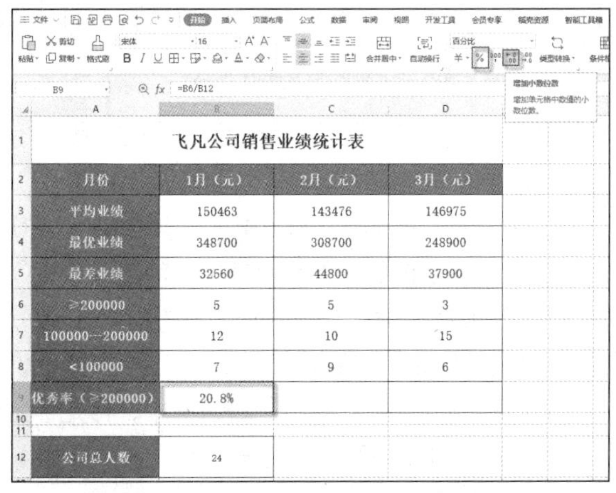

图 5-57　设置单元格数值以百分比形式显示

（3）选中 B9 单元格，在编辑栏选中公式的“B12”部分，按【F4】键，将该单元格转换为绝对引用形式“$B$12”，按【Enter】键确认输入。向右拖曳 B9 单元格的填充柄，填充 C9 和 D9 单元格，如图 5-58 所示。

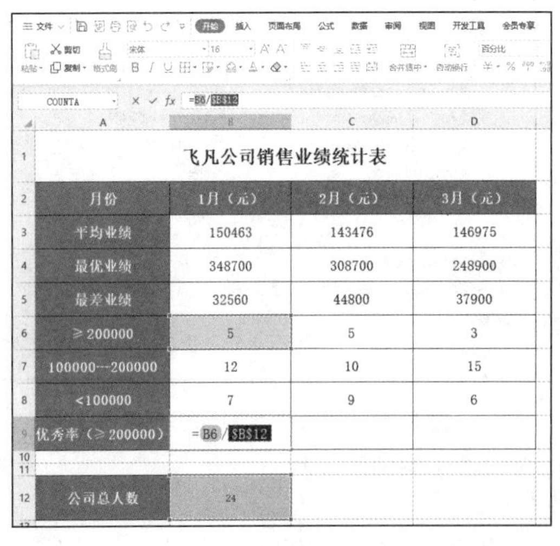

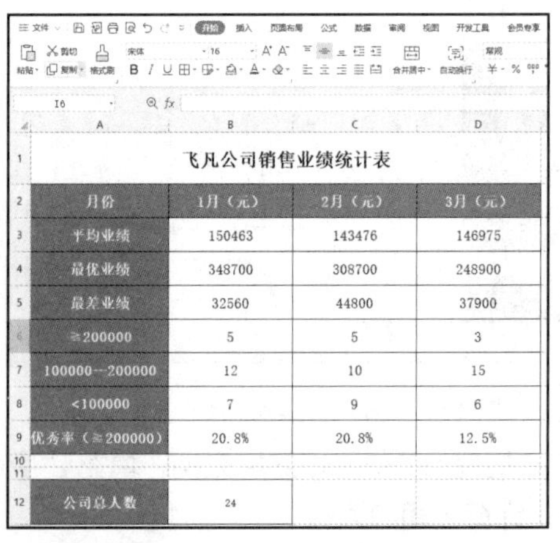

图 5-58　填充 2 月和 3 月的优秀率

5. 添加批注

（1）选中需要添加批注的单元格 A6，在“审阅”菜单中单击“新建批注”按钮，在弹出的批注框中删除已有的文字，输入“统计月销售业绩大于等于 20 万元的员工数量”。拖曳批注框四周的控制点修改其大小，单击其他单元格退出编辑状态。添加了批注的单元格右上方有一个红三角，将鼠标指针移到该单元格上，就会显示批注，如图 5-59 所示。

（2）用同样的方法为单元格 A7 和 A8 分别添加批注“统计月销售业绩大于等于 10 万元、小于 20 万元的员工数量”和“统计月销售业绩小于 10 万元的员工数量”。

至此，销售业绩统计表制作完成，下面制作销售业绩等级表。

6. 填充销售业绩等级表中的第一季度销售等级

（1）将光标定位到销售业绩等级表的 D3 单元格中，单击编辑栏左侧的“插入函数”按钮 fx，打开“插入函数”对话框，选择常用函数中的 IF 函数，打开“函数参数”对话框，如图 5-60 所示。

飞凡公司销售业绩统计表			
月份	1月（元）	2月（元）	3月（元）
平均业绩	150463	143476	146975
最优业绩	348700	308700	248900
最差业绩	32560	44800	37900
≥200000		5	3
100000—200000	12	10	15
<100000	7	9	6
优秀率（≥200000）	20.8%	20.8%	12.5%
公司总人数	24		

图 5-59 为单元格添加批注

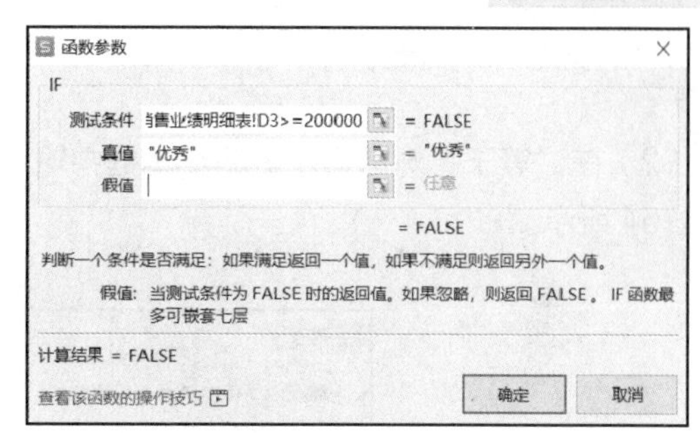

图 5-60 插入 IF 函数

（2）将光标定位到“测试条件”文本框中，单击销售业绩明细表的 D3 单元格，输入“>=200000”；将光标定位到“真值”文本框中，输入“"优秀"”（注意，优秀要加上英文状态下的双引号）。

（3）将光标定位到“假值”文本框中，重新插入 IF 函数，在“函数参数”对话框中，在“测试条件”文本框中输入“销售业绩明细表!D3>=100000”，在“真值”文本框中输入“"合格"”，在“假值”文本框中输入“"不合格"”，单击“确定”按钮，如图 5-61 所示。

（4）向右拖曳 D3 单元格的填充柄至 F3 单元格，完成行的填充；选择 D3:F3 单元格区域，向下拖曳填充柄至第 26 行，完成列的填充，如

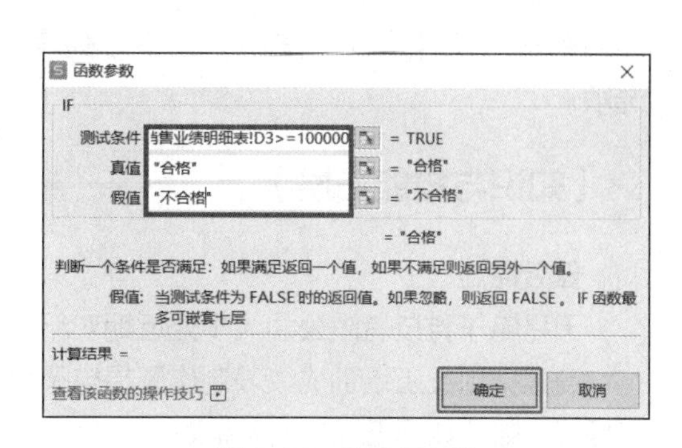

图 5-61 设置 IF 函数

图 5-62 所示。

7．突出显示“优秀”等级

（1）选择 D3:F26 单元格区域，在“开始”菜单下单击“条件格式”按钮，在下拉列表中选择“突出显示单元格规则”下的“等于”选项，如图 5-63 所示，打开“等于”对话框。

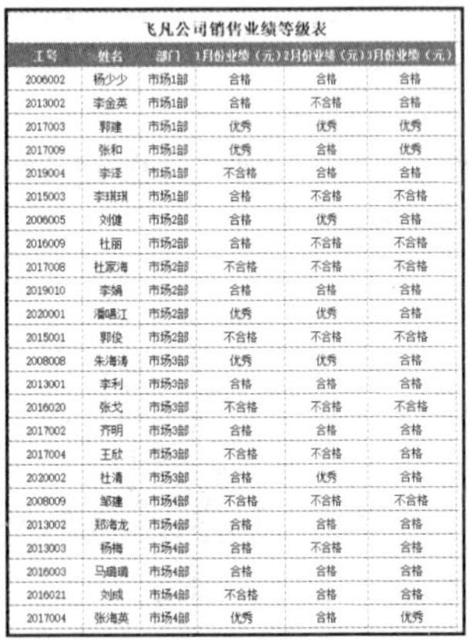

飞凡公司销售业绩等级表

工号	姓名	部门	1月份业绩（元）	2月份业绩（元）	3月份业绩（元）
2006002	杨少少	市场1部	合格	合格	合格
2013002	李金英	市场1部	合格	不合格	合格
2017003	郭建	市场1部	优秀	优秀	优秀
2017009	张和	市场1部	优秀	合格	优秀
2019004	李泽	市场1部	不合格	合格	合格
2015003	李琪琪	市场1部	合格	不合格	不合格
2006005	刘健	市场2部	合格	优秀	合格
2016009	杜丽	市场2部	合格	不合格	不合格
2017008	杜家海	市场2部	不合格	不合格	不合格
2019010	李娟	市场2部	合格	合格	合格
2020001	潘唱江	市场2部	优秀	优秀	合格
2015001	郭俊	市场2部	不合格	不合格	不合格
2008008	朱海涛	市场3部	优秀	优秀	合格
2013001	李利	市场3部	合格	合格	合格
2016020	张戈	市场3部	不合格	不合格	不合格
2017002	齐明	市场3部	合格	合格	合格
2017004	王欣	市场3部	不合格	不合格	合格
2020002	杜清	市场3部	合格	优秀	合格
2008009	邹建	市场4部	不合格	不合格	不合格
2013002	郑海龙	市场4部	合格	合格	合格
2013003	杨梅	市场4部	合格	不合格	合格
2016003	马璐璐	市场4部	合格	合格	合格
2016021	刘成	市场4部	不合格	合格	合格
2017004	张海英	市场4部	优秀	合格	优秀

图 5-62　完成行和列的填充

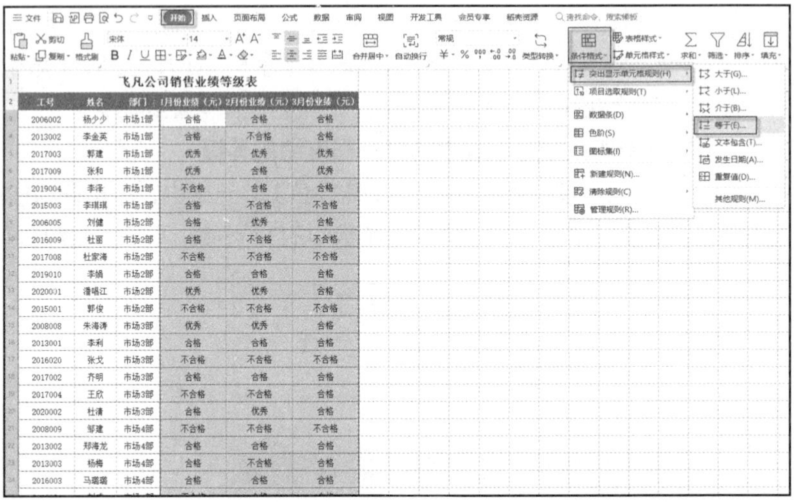

图 5-63　设置突出显示单元格规则

（2）在“等于”对话框左侧的文本框中输入“优秀”，右侧保持默认，单击“确定”按钮，如图 5-64 所示。

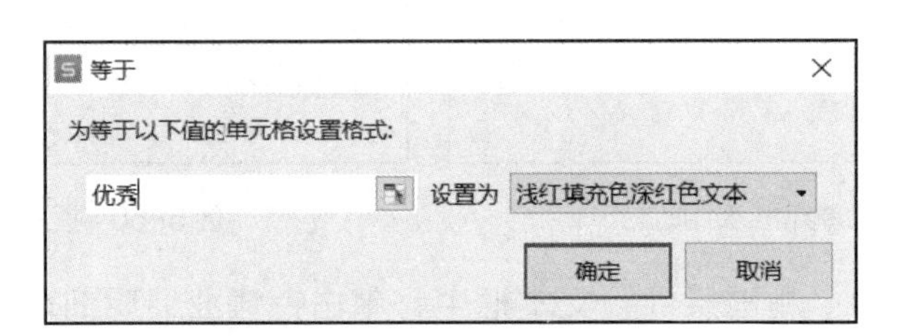

图 5-64　“等于”对话框设置

至此，整个任务便完成了。如果要清除单元格规则，可以首先选择需要清除的单元格区域，然后单击“条件格式”按钮，在下拉列表中选择“清除规则”下的“清除所选单元格规则”选项。

【知识与技能拓展】

任务描述

天易电子科技有限公司人事处近期对新员工进行了岗前培训，并将新员工培训成绩制作成了表格。请根据新员工培训成绩表制作天易电子科技有限公司新员工培训成绩统计表和新员工培训成绩等级表，效果如图 5-65 所示。

天易电子科技有限公司新员工培训成绩统计表

课程	职业道德	商务礼仪	信息技术	教育教学
平均成绩	93.4	92.1	91.5	92.5
最优成绩	100	99	98	100
最差成绩	80	82	80	85
参考人数	14	14	14	14
90—100（人）	11	10	11	10
80—90（人）	3	4	3	4
优秀率	78.57%	71.43%	78.57%	71.43%

天易电子科技有限公司新员工培训成绩等级表

序号	姓名	职业道德	商务礼仪	信息技术	教育教学
17001	李思贤	优秀	优秀	优秀	良好
17002	赵海峰	良好	良好	良好	良好
17003	张馨予	优秀	优秀	优秀	优秀
17004	吴哲思	优秀	优秀	优秀	优秀
17005	周鑫	优秀	优秀	优秀	优秀
17006	李献	优秀	优秀	优秀	优秀
17007	王奕诺	优秀	优秀	优秀	优秀
17008	马承韬	优秀	优秀	优秀	优秀
17009	刘金凤	优秀	良好	优秀	优秀
17010	王欣	优秀	优秀	优秀	优秀
17011	李丽	良好	优秀	良好	良好
17012	周晓	良好	良好	优秀	优秀
17013	张金梅	优秀	优秀	优秀	优秀
17014	王磊	优秀	良好	良好	良好

图 5-65　天易电子科技有限公司新员工培训成绩统计表和新员工培训成绩等级表效果

任务 5.4　制作销售业绩统计图表

【任务描述】

飞凡公司需要对第一季度销售数据按照要求进行排序和筛选查看，并按照部门生成销售业绩统计图表，具体要求如表 5-2 所示。

表 5-2　制作销售业绩统计图表任务要求

序号	任务要求
1	在飞凡公司第一季度销售业绩明细表中，将“合计”列的成绩按照降序排列，查看第一季度整体销售情况
2	在飞凡公司第一季度销售业绩明细表中，以“部门”为主要关键字进行升序排列，以“合计”为第二个关键字进行降序排列，以“姓名”为第三个关键字进行升序排列
3	筛选出市场 1 部的员工记录
4	筛选出 1 月份销售业绩在 200000 元及以上（大于等于）的前 2 名员工记录
5	筛选出每个月销售业绩都大于等于 200000 元的记录
6	筛选出其中有一个月销售业绩大于等于 200000 元的记录
7	统计飞凡公司第一季度每个部门的销售总业绩
8	将各部门第一季度的各月份销售业绩及合计销售业绩制作成图表

下面使用 WPS 表格来完成该任务。排序和筛选查看将在任务实现环节具体演示，飞凡公司第一季度销售业绩明细表和第一季度销售业绩图表效果如图 5-66 所示。

	飞凡公司第一季度销售业绩明细表						
2	工号	姓名	部门	1月份业绩（元）	2月份业绩（元）	3月份业绩（元）	合计（元）
9			市场1部 汇	1120000	940200	1052200	3112400
16			市场2部 汇	802800	872900	782700	2458400
23			市场3部 汇	870100	900100	802400	2572600
30			市场4部 汇	818210	730220	890110	2438540
31			总计	3611110	3443420	3527410	10581940

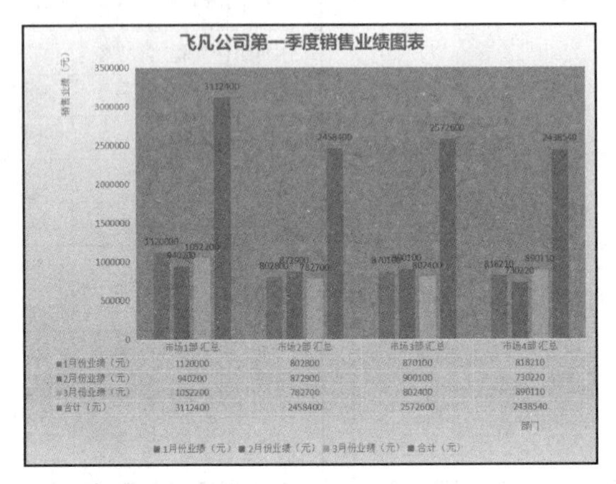

图 5-66　飞凡公司第一季度销售业绩明细表和第一季度销售业绩图表效果

【知识储备】

5.4.1　数据的排序

微课 5-8

WPS 表格提供了排序的功能，这是日常工作或生活中经常使用的功能，可以用来管理和分析工作表中的数据。数据排序主要包括简单排序和复杂排序。

1. 数据清单

表格中的数据库即工作表中的二维表格被称为数据清单，通过数据清单可以管理数据。在进行排序或筛选等操作时，WPS 表格会将数据清单看作数据库，并以此来组织数据。

（1）数据库：数据清单。

（2）字段：数据清单中的列。

（3）字段名称：数据清单中的列标题。

（4）记录：数据清单中的每一行数据。

2. 数据的排序方式

数据的排序方式有升序、降序、自定义排序 3 种。

按照升序排序时，WPS 表格使用以下规则。

（1）数字：按照数值从小到大进行排序。

（2）文本：按照各种符号、0~9、A~Z（不区分大小写）、汉字的次序（默认是按照首字母 A~Z）进行排序。

（3）时间型数据：从最早的时间开始排序。例如，有两个时间，一个是 2 月 19 日，另一个是 5 月 9 日，那么升序排列就是先排 2 月 19 日，再排 5 月 9 日。

降序排序时与升序相反。除了升序和降序，还有自定义排序，后面会具体介绍。

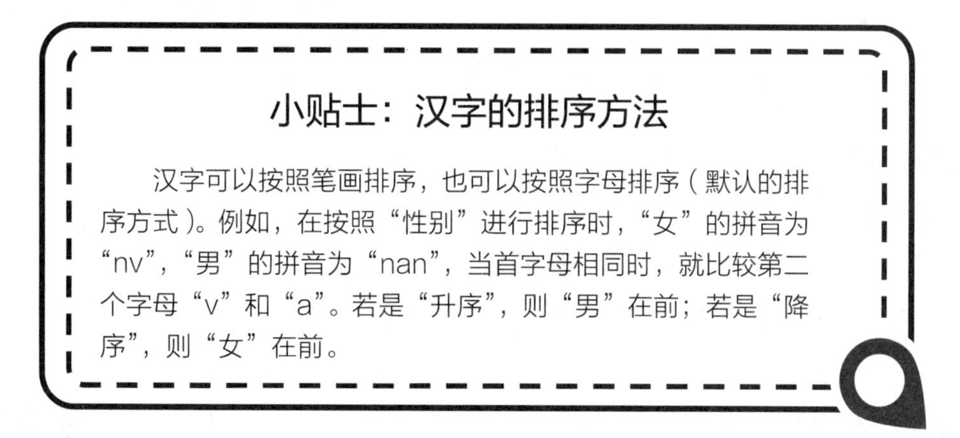

小贴士：汉字的排序方法

汉字可以按照笔画排序，也可以按照字母排序（默认的排序方式）。例如，在按照“性别”进行排序时，“女”的拼音为“nv”，“男”的拼音为“nan”，当首字母相同时，就比较第二个字母“v”和“a”。若是“升序”，则“男”在前；若是“降序”，则“女”在前。

3. 简单排序

简单排序指的是设置一个条件进行排序，方法如下：单击列中任一单元格（不需要全选），然后在“数据”菜单下的“排序”下拉列表中选择一种排序方式，如图 5-67 所示。

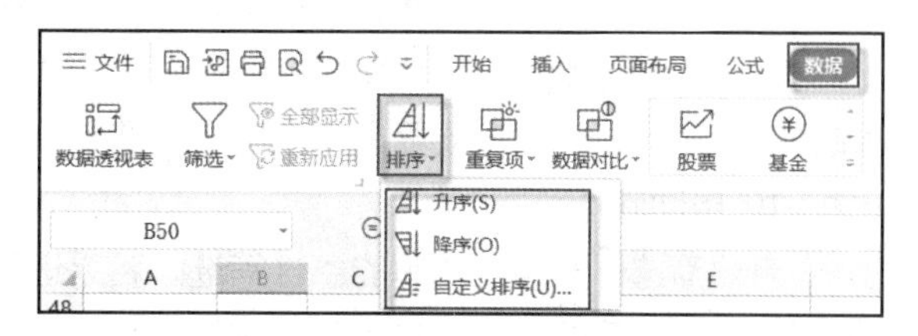

图 5-67　简单排序

4. 复杂排序

复杂排序指的是设置多个条件进行排序。这种情况一般用于当第一个关键字出现重复的时候，需要添加第二个关键字，方法如下：单击数据清单中任一单元格，选择“数据”菜单下的“排序”下拉列表中的“自定义排序”选项，打开“排序”对话框，如图 5-68 所示。在对话框中单击“添加条件”按钮，添加主要关键字和次要关键字，并设置次序。

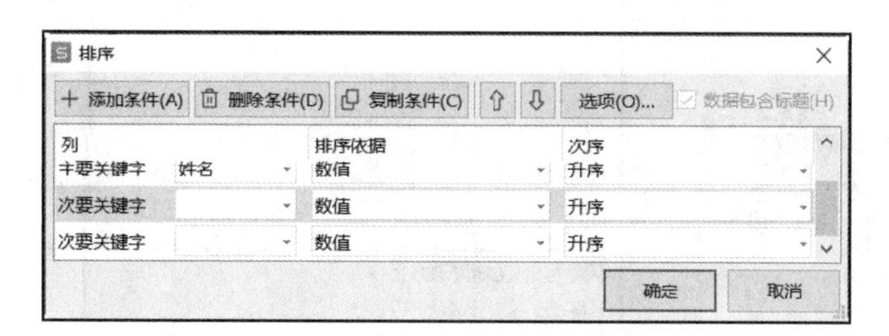

图 5-68　“排序”对话框

5. 自定义排序

数据的排序方式除了按照数值大小和拼音外，有时候会涉及一些特殊的顺序，这时候就需要用到自定义排序。在“排序”对话框中，在“次序”下拉列表框中，选择“自定义序列”选项，打开“自定义序列”对话框。在对话框左侧列表框中选择“新序列”选项，在右侧文本框中输入新序列，单击“添加”按钮，单击“确定”按钮，如图 5-69 所示，便把自定义的序列添加到了“排序”对话框中的“次序”下拉列表框中。此时，选择刚才自定义的序列，单击“确定”按钮即可。

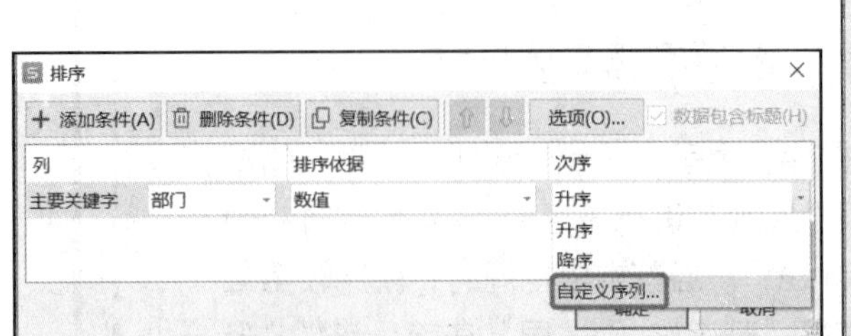

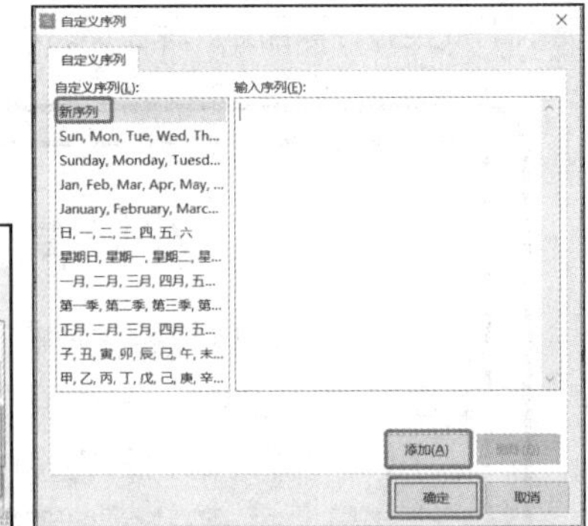

图 5-69　自定义排序

5.4.2　数据的筛选

WPS 表格还提供了数据筛选功能，通过它可以快速、准确地找出符合条件的数据。筛选是将不满足条件的数据暂时隐藏起来，只显示符合条件的数据。数据的筛选可以分为自动筛选、自定义筛选和高级筛选 3 类。

1. 自动筛选

自动筛选一般用于简单的条件筛选。若是进行多次筛选，则下一次筛选都是在上一次筛选结果的基础上进行筛选。条件与条件之间是“与”逻辑关系。筛选字段可以相同，也可以不同。也就是说，通过自动筛选可以实现同一字段或不同字段的“与”运算。

2. 自定义筛选

自定义筛选其实是自定义自动筛选，在“筛选按钮”下拉菜单内的任一种筛选方式，选择“自定义筛选”，弹出“自定义自动筛选方式”对话框，即可设置筛选条件，如图 5-70 所示。通过自定义筛选可以实现同一字段的“与”运算和“或”运算。

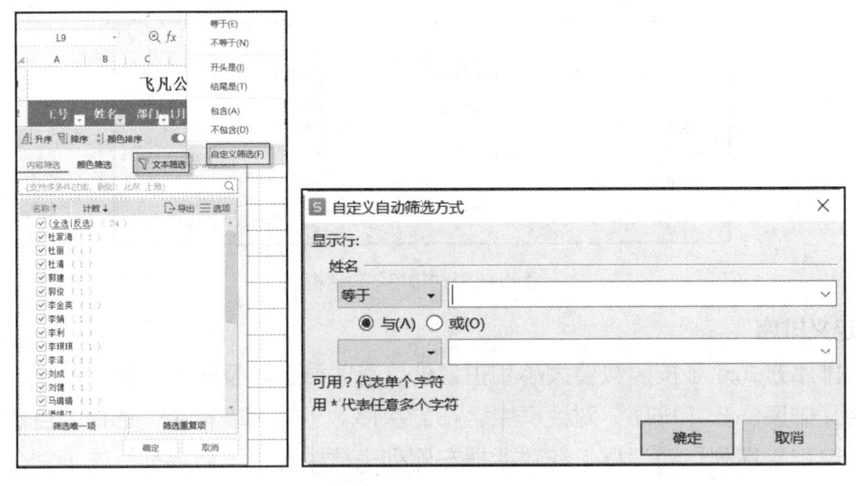

图 5-70　自定义筛选

3. 高级筛选

高级筛选用于复杂条件的筛选，其筛选的结果可以显示在原始数据清单中，也可以显示在新的位置。高级筛选主要用于实现自动筛选实现不了的不同字段间的“或”运算。例如，在成绩表中要筛选出成绩不及格的同学，也就是说只要有一门科目不及格就要筛选出来。科目与科目之间是“或”的关系，属于不同字段间的“或”运算，只有通过高级筛选才能实现。

数据筛选的实现方法在后续任务中将通过案例详细讲解。

5.4.3 数据的分类汇总

微课 5-10

分类汇总指的是按照某一字段的内容进行分类，并对每一类统计相应的结果数据。可以按类进行求和、求平均数、求个数、求最大值、求最小值等操作。分类汇总的方法是先按照要分类的字段进行排序，将同一字段排序到一起，再进行分类汇总。

5.4.4 图表的应用

图表可以将枯燥的数字用生动、形象的图形展示出来。WPS 表格提供了多种图表，如柱形图、折线图、饼图等，如图 5-71 所示。

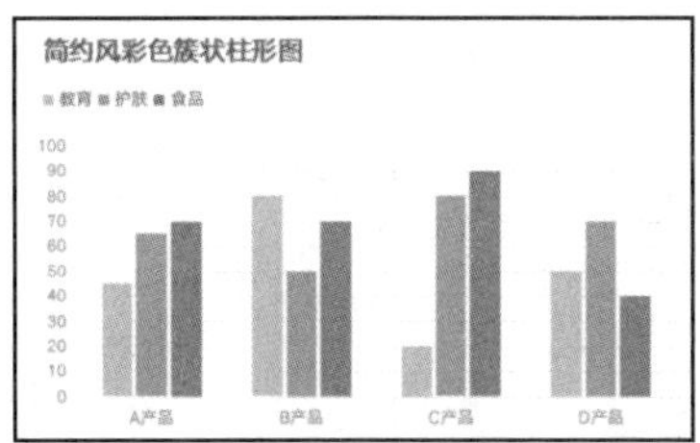

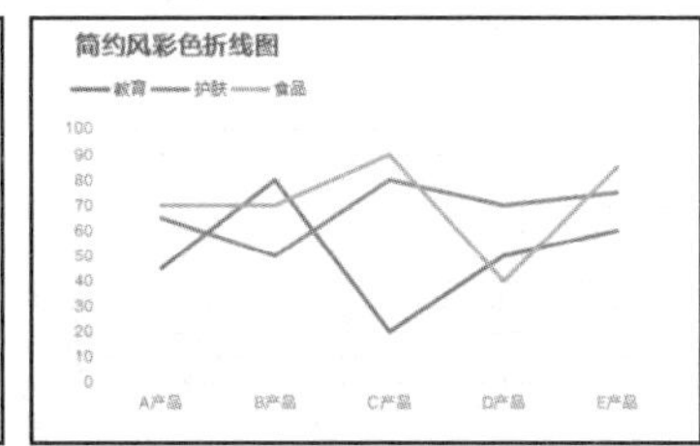

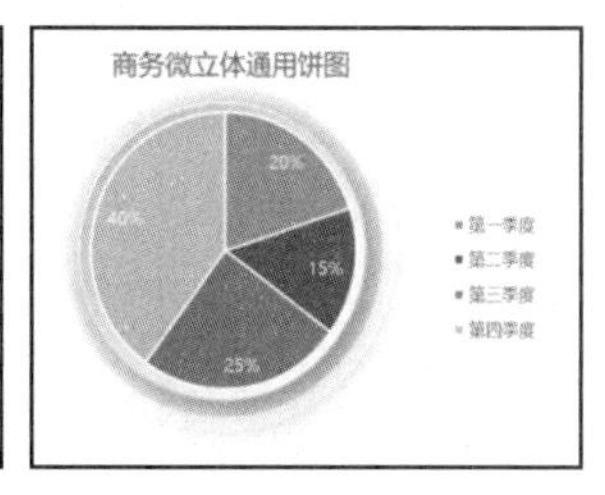

图 5-71　WPS 表格提供的多种图表

1. 图表的构成

图表主要由图表标题、图表区、绘图区、背景、坐标轴、图例、数据标签、数据表等组成，如图 5-72 所示。

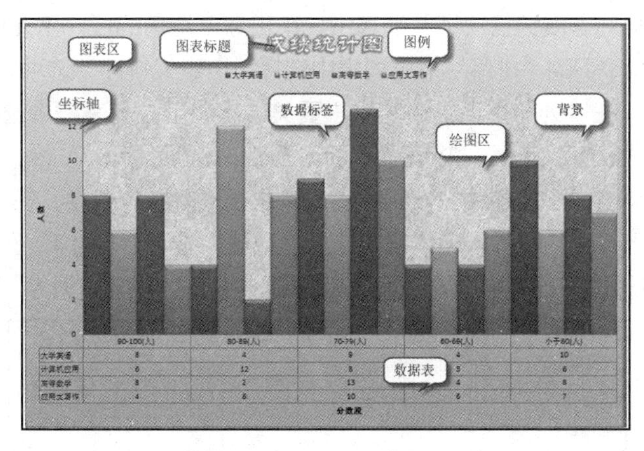

图 5-72　图表的构成

2. 创建图表的方法

（1）通过快捷键创建：按【Alt+F1】组合键或者【F11】键可以默认插入柱形图。

（2）通过功能区创建：在“插入”菜单下的“全部图表”下拉列表中选择相应图表进行插入。

【任务实现】

任务要求 1：在飞凡公司第一季度销售业绩明细表中，将“合计”列的成绩按照降序排列。

此任务为单列的排序，操作步骤如下。

（1）在飞凡公司第一季度销售业绩明细表中，单击“合计”列的任一单元格。

（2）在“数据”菜单下的“排序”下拉列表中选择“降序”选项。数据清单将以记录为单位，按照“合计”列的业绩由高到低以降序的方式进行排序，如图 5-73 所示。

飞凡公司第一季度销售业绩明细表

工号	姓名	部门	1月份业绩（元）	2月份业绩（元）	3月份业绩（元）	合计（元）
2008009	邹建	市场4部	32560	52560	62560	147680
2016020	张戈	市场3部	54800	44800	74900	174500
2017008	杜家海	市场2部	45600	75600	85900	207100
2015001	郭俊	市场2部	87900	97900	37900	223700
2015003	李琪琪	市场1部	119800	49800	89800	259400
2016009	杜丽	市场2部	128700	68700	98700	296100
2017004	王欣	市场3部	98700	88700	108700	296100
2019004	李泽	市场1部	98000	108000	138000	344000
2013002	李金英	市场1部	127800	97800	147800	373400

图 5-73 降序排序

任务要求 2：在飞凡公司第一季度销售业绩明细表中，以“部门”为主要关键字进行升序排列，以“合计”为第二个关键字进行降序排列，以“姓名”为第三个关键字进行升序排列。

此任务为多列的排序，操作步骤如下。

（1）在飞凡公司第一季度销售业绩明细表中，单击数据清单的任一单元格。

（2）在“数据”菜单下的“排序”下拉列表中选择“自定义排序”选项，打开“排序”对话框。

（3）在对话框中，在“列”选项组中的“主要关键字”下拉列表框中选择“部门”选项，“排序依据”选择默认的“数值”选项，“次序”选择“升序”选项。

（4）在对话框中单击“添加条件”按钮，出现“次要关键字”条件，在“次要关键字”下拉列表框中选择“合计（元）”选项，“排序依据”选择“数值”选项，“次序”选择“降序”选项。

（5）用同样的方法添加第三个关键字条件，分别选择“姓名”“数值”“升序”选项，如图 5-74 所示。

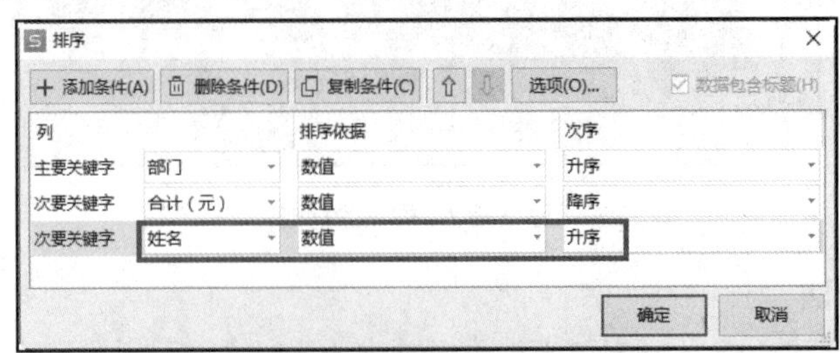

图 5-74 添加第三个关键字条件

在多列排序时，先按照主要关键字进行排序，对于主要关键字相同的记录，再按照第二个关键字进行排序。如果第二个关键字也相同，则按照第三个关键字进行排序。单列排序时，只需要将光标定位到该列。多列排序时，只需要将光标定位到该数据清单。

任务要求 3：筛选出市场 1 部的员工记录。

此任务可通过自动筛选实现，操作步骤如下。

（1）由于筛选会破坏原始数据清单的排列顺序，所以先将工作表复制一份。在飞凡公司第一季度销售业绩明细表标签上单击鼠标右键，在弹出的快捷菜单中执行“创建副本”命令。将新复制的工作表名称修改为“自动筛选 1”。

（2）将光标定位到数据清单内，在“数据”菜单下单击“筛选”按钮，所有列标题右侧都添加了一个筛选按钮。单击“部门”右侧的筛选按钮，在下拉列表中取消勾选“(全选|反选)”复选框，然后勾选“市场 1 部”复选框，如图 5-75 所示。

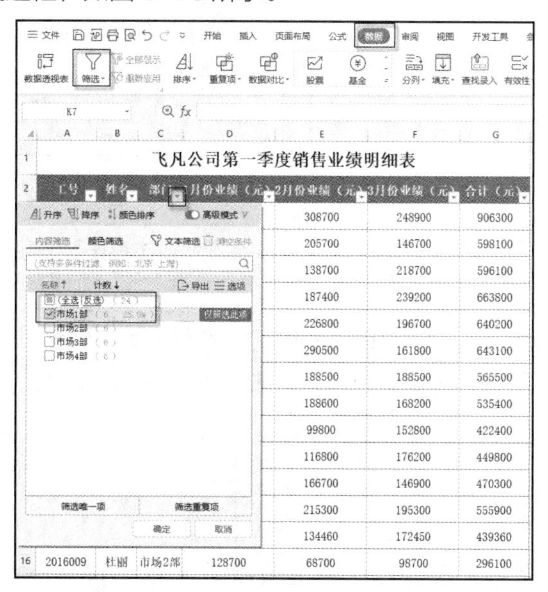

图 5-75 筛选市场 1 部

单击“确定”按钮，市场 1 部筛选结果如图 5-76 所示。

工号	姓名	部门	1月份业绩（元）	2月份业绩（元）	3月份业绩（元）	合计（元）
2017003	郭建	市场1部	348700	308700	248900	906300
2017009	张和	市场1部	237200	187400	239200	663800
2006002	杨少少	市场1部	188500	188500	188500	565500
2013002	李金英	市场1部	127800	97800	147800	373400
2015003	李琪琪	市场1部	119800	49800	89800	259400
2019004	李泽	市场1部	98000	108000	138000	344000

图 5-76 市场 1 部筛选结果

任务要求 4：筛选出 1 月份销售业绩在 200000 元及以上（大于等于）的前 2 名员工记录。

此任务可通过自定义自动筛选实现，属于同一字段的“与”运算，操作步骤如下。

（1）将“自动筛选 1”工作表复制一份，并修改名称为“自动筛选 2”。

（2）清除筛选：单击“部门”右侧的筛选按钮，将鼠标指针移动到“(全选|反选)”复选框右侧，会显示“清除筛选”按钮，单击此按钮，清除上一任务的筛选，如图 5-77 所示。

（3）单击“1 月份业绩（元）”右侧的筛选按钮，在下拉列表中取消勾选“(全选|反选)”复选框，然后单击“数字筛选”按钮，在列表中选择“大于或等于”选项，如图 5-78 所示。

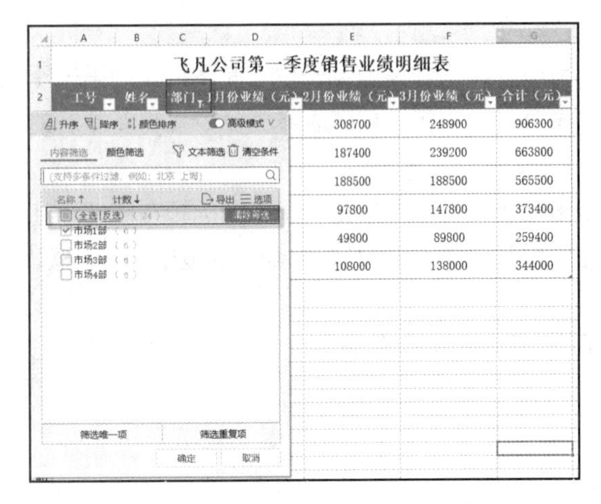

图 5-77　清除筛选

图 5-78　筛选 1 月份业绩在 200000 元及以上的记录

（4）在打开的“自定义自动筛选方式”对话框中的“大于或等于”右侧文本框内输入“200000”，单击“确定”按钮，如图 5-79 所示。

（5）单击“1 月份业绩（元）”右侧按钮，单击“数字筛选”按钮，选择“前十项”选项，在打开的“自动筛选前 10 个”对话框中设置“最大”为“2”，单击“确定”按钮，如图 5-80 所示。

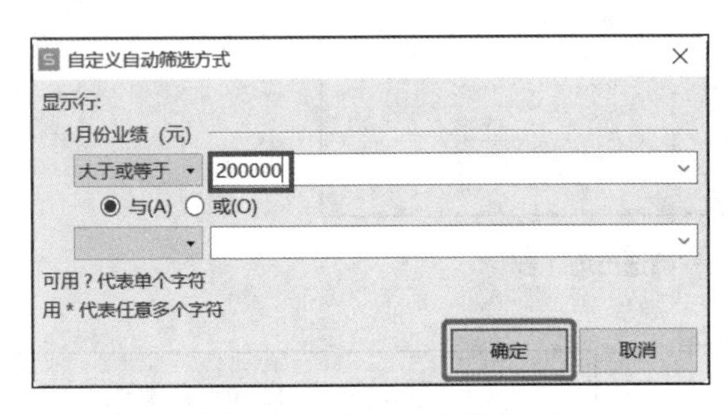

图 5-79　“自定义自动筛选方式”对话框

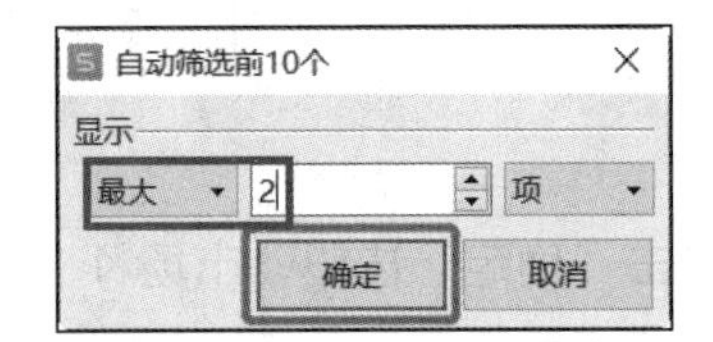

图 5-80　“自动筛选前 10 个”对话框

1 月份业绩在 200000 元及以上的前 2 个筛选结果如图 5-81 所示。

	A	B	C	D	E	F	G
1	飞凡公司第一季度销售业绩明细表						
2	工号	姓名	部门	1月份业绩（元）	2月份业绩（元）	3月份业绩（元）	合计（元）
3	2017003	郭建	市场1部	348700	308700	248900	906300
4	2008008	朱海涛	市场3部	245700	205700	146700	598100

图 5-81　1 月份业绩在 200000 元及以上的前 2 个筛选结果

任务要求 5：筛选出每个月销售业绩都大于等于 200000 元的记录。

此任务属于自动筛选中不同字段的“与”运算，操作步骤如下。

（1）复制“自动筛选 2”工作表，并清除筛选。单击“1 月份业绩（元）”右侧筛选按钮，取消全选，单击“数字筛选”按钮，选择“大于或等于”选项，在对话框中输入“200000”，单击“确定”按钮。

（2）单击“2 月份业绩（元）”右侧筛选按钮，取消全选，单击“数字筛选”按钮，选择“大于或等于”选项，在对话框中输入“200000”，单击“确定”按钮。

（3）单击“3 月份业绩（元）”右侧筛选按钮，取消全选，单击“数字筛选”按钮，选择“大于或等于”选项，在对话框中输入“200000”，单击“确定”按钮。每个月销售业绩都大于等于 200000 元的筛选结果图如图 5-82 所示。

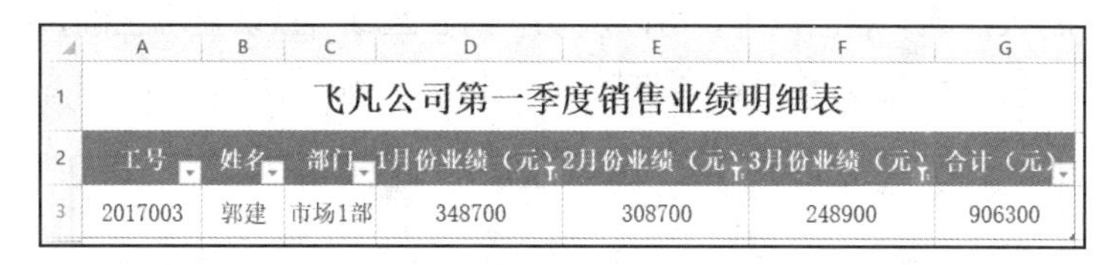

	A	B	C	D	E	F	G
1	飞凡公司第一季度销售业绩明细表						
2	工号	姓名	部门	1月份业绩（元）	2月份业绩（元）	3月份业绩（元）	合计（元）
3	2017003	郭建	市场1部	348700	308700	248900	906300

图 5-82　每个月销售业绩都大于 200000 元的筛选结果

若要取消自动筛选，只需将光标定位到数据清单内，单击工具栏中的“筛选”按钮即可。

任务要求 6：筛选出其中有一个月销售业绩大于等于 200000 元的记录。

此任务属于不同字段间的“或”运算，通过自动筛选无法实现，需要使用高级筛选来实现，操作步骤如下。

（1）把飞凡公司第一季度销售业绩明细表复制一份，将其重命名为“高级筛选”。拖曳工作表标签到“自动筛选 3”之后。

（2）构造条件区域。复制 D2:F2 单元格区域的标题名称，在空白区域（需要与数据表至少间隔一行或一列）单击鼠标右键，在弹出的快捷菜单中执行“选择性粘贴”下的“粘贴为数值”命令。分别在不同行输入“>=200000”，如图 5-83 所示。

1月份业绩（元）	2月份业绩（元）	3月份业绩（元）
>=200000		
	>=200000	
		>=200000

图 5-83　构造条件区域

小贴士：条件区域的构造原则

- ✧ 字段名需放置在一行，且与数字清单中的字段名保持一致。
- ✧ 筛选条件放置在字段下方一行，“与”关系的条件需出现在同一行，“或”关系的条件不能出现在同一行。
- ✧ 条件中出现的符号需要在英文状态下输入。

通过条件区域的构造原则分析此任务，“其中有一个月销售业绩大于等于 200000 元”，换一种说法为“或者 1 月份销售业绩大于等于 200000 元，或者 2 月份销售业绩大于等于 200000 元，或者 3 月份销售业绩大于等于 200000 元”。3 个条件之间属于“或”的关系，因此需要放置在不同行。由此可见，上一任务“每个月销售业绩都大于等于 200000 元”，条件之间属于“与”的关系，需要将条件放置在同一行，构造条件如图 5-84 所示。

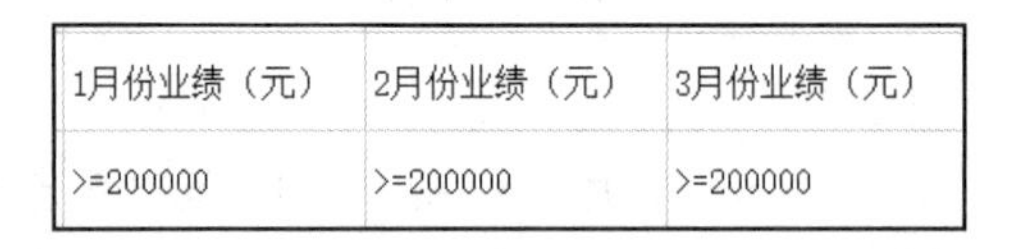

1月份业绩（元）	2月份业绩（元）	3月份业绩（元）
>=200000	>=200000	>=200000

图 5-84 “每个月销售业绩都大于等于 200000 元”的构造条件

（3）执行“高级筛选”，操作步骤如下。

① 单击数据清单中的任一单元格，在“数据”菜单下“筛选”下拉列表中选择“高级筛选”选项，如图 5-85 所示。

② 在打开的“高级筛选”对话框中，可以发现“列表区域”默认显示正确，将光标定位到“条件区域”后的文本框中，选中刚才构造的条件区域，如图 5-86 所示。

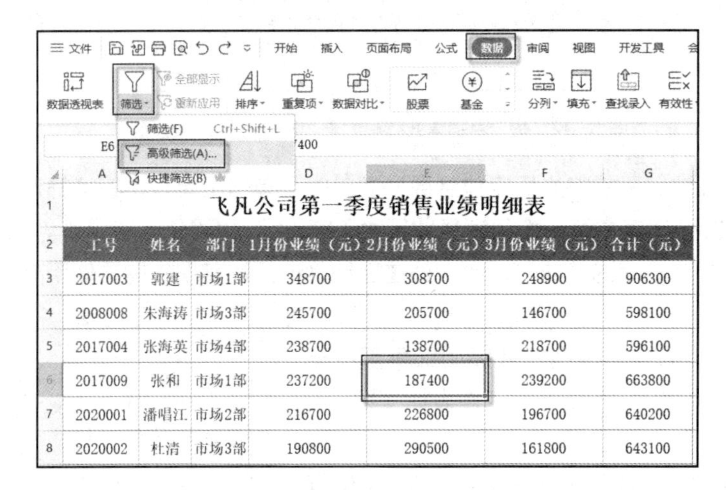

工号	姓名	部门	1月份业绩（元）	2月份业绩（元）	3月份业绩（元）	合计（元）
2017003	郭建	市场1部	348700	308700	248900	906300
2008008	朱海涛	市场3部	245700	205700	146700	598100
2017004	张海英	市场4部	238700	138700	218700	596100
2017009	张和	市场1部	237200	187400	239200	663800
2020001	潘唱江	市场2部	216700	226800	196700	640200
2020002	杜清	市场3部	190800	290500	161800	643100

图 5-85 选择“高级筛选”选项

工号	姓名	部门	1月份业绩（元）	2月份业绩（元）	3月份业绩（元）	合计（元）
2017003	郭建	市场1部	348700	308700	248900	906300
2008008	朱海涛	市场3部	245700	205700	146700	598100
2017004	张海英	市场4部	238700	138700	218700	596100
2017009	张和	市场1部	237200	187400	239200	663800
2020001	潘唱江	市场2部	216700	226800	196700	640200
2020002	杜清	市场3部	190800	290500		
2006002	杨少少	市场1部	188500	188500		
2019010	李娟	市场2部	178600	188600		
2013003	杨梅	市场4部	169800	99800		
2013002	郑海龙	市场4部	156800	116800		
2013001	李利	市场3部	156700	166700		
2006005	刘健	市场2部	145300	215300		
2016003	马璐璐	市场4部	132450	134460		

1月份业绩（元）	2月份业绩（元）	3月份业绩（元）
>=200000		
	>=200000	
		>=200000

高级筛选
方式
在原有区域显示筛选结果(F)
将筛选结果复制到其它位置(O)
列表区域(L): 级筛选!$A$2:$G$26
条件区域(C): 高级筛选!$J$5:$L$8
复制到(T):
扩展结果区域，可能覆盖原有数据(V)
选择不重复的记录(R)
确定 取消

图 5-86 “高级筛选”对话框

③ 单击“确定”按钮，筛选结果便会将原始数据清单替换，并在原有区域显示，如图 5-87 所示。

工号	姓名	部门	1月份业绩（元）	2月份业绩（元）	3月份业绩（元）	合计（元）
2017003	郭建	市场1部	348700	308700	248900	906300
2008008	朱海涛	市场3部	245700	205700	146700	598100
2017004	张海英	市场4部	238700	138700	218700	596100
2017009	张和	市场1部	237200	187400	239200	663800
2020001	潘唱江	市场2部	216700	226800	196700	640200
2020002	杜清	市场3部	190800	290500	161800	643100
2006005	刘健	市场2部	145300	215300	195300	555900

1月份业绩（元）	2月份业绩（元）	3月份业绩（元）
>=200000		
	>=200000	
		>=200000

图 5-87　在原有区域显示高级筛选结果

若在“高级筛选”对话框中选择“将筛选结果复制到其他位置”单选项，将光标定位到“复制到”文本框中，单击数据清单下方的空白单元格，定位筛选结果存放的起始位置，如图 5-88 所示。

工号	姓名	部门	1月份业绩（元）	2月份业绩（元）	3月份业绩（元）	合计（元）
2013002	李金英	市场1部	127800	97800	147800	373400
2017002	齐明	市场3部	123400	103700	163400	390500
2015003	李琪琪	市场1部	119800	49800	89800	259400
2017004	王欣	市场3部	98700	88700	108700	296100
2019004	李泽	市场1部	98000	108000	138000	344000
2015001	郭俊	市场2部	87900	97900		
2016021	刘成	市场4部	87900	187900		
2016020	张戈	市场3部	54800	44800		
2017008	杜家海	市场2部	45600	75600		
2008009	邹建	市场4部	32560	52560		

高级筛选
方式
在原有区域显示筛选结果(F)
将筛选结果复制到其它位置(O)
列表区域(L): 级筛选!$A$2:$G$26
条件区域(C): 高级筛选!$J$5:$L$8
复制到(T): 高级筛选!$A$29
扩展结果区域，可能覆盖原有数据(V)
选择不重复的记录(R)
确定　取消

图 5-88　设置“将筛选结果复制到其他位置”

单击“确定”按钮后，便可将筛选结果放置到原始数据清单下方，如图 5-89 所示。

2016020	张戈	市场3部	54800	44800	74900	174500
2017008	杜家海	市场2部	45600	75600	85900	207100
2008009	邹建	市场4部	32560	52560	62560	147680
工号	姓名	部门	1月份业绩（元）	2月份业绩（元）	3月份业绩（元）	合计（元）
2017003	郭建	市场1部	348700	308700	248900	906300
2008008	朱海涛	市场3部	245700	205700	146700	598100
2017004	张海英	市场4部	238700	138700	218700	596100
2017009	张和	市场1部	237200	187400	239200	663800
2020001	潘唱江	市场2部	216700	226800	196700	640200
2020002	杜清	市场3部	190800	290500	161800	643100
2006005	刘健	市场2部	145300	215300	195300	555900

图 5-89　将筛选结果放置到原始数据清单下方

任务要求 7：统计飞凡公司第一季度每个部门的销售总业绩。

（1）将飞凡公司第一季度销售业绩明细表复制一份，将其重命名为“通过分类汇总统计各部门销售总业绩”。

（2）对“部门”列进行排序：将光标定位到“部门”列的任一单元格中，单击工具栏中的“排序”按钮进行升序或降序排列，将同一部门的记录排列到一起。

（3）单击数据清单中任一单元格，单击“数据”菜单，找到“分类汇总”按钮，会发现该按钮呈灰色，无法使用，如图 5-90 所示。将光标定位到数据区域内，单击“表格工具”菜单，单击“转换为区域”按钮，在弹出的对话框中，单击“确定”按钮，如图 5-91 所示，此时“分类汇总”按钮将变得可用。

飞凡公司第一季度销售业绩明细表

工号	姓名	部门	1月份业绩（元）	2月份业绩（元）	3月份业绩（元）	合计（元）
2017003	郭建	市场1部	348700	308700	248900	906300
2017009	张和	市场1部	237200	187400	239200	663800
2006002	杨少少	市场1部	188500	188500	188500	565500
2013002	李金英	市场1部	127800	97800	147800	373400
2015003	李琪琪	市场1部	119800	49800	89800	259400
2019004	李泽	市场1部	98000	108000	138000	344000
2020001	潘唱江	市场2部	216700	226800	196700	640200

图 5-90　分类汇总按钮呈灰色

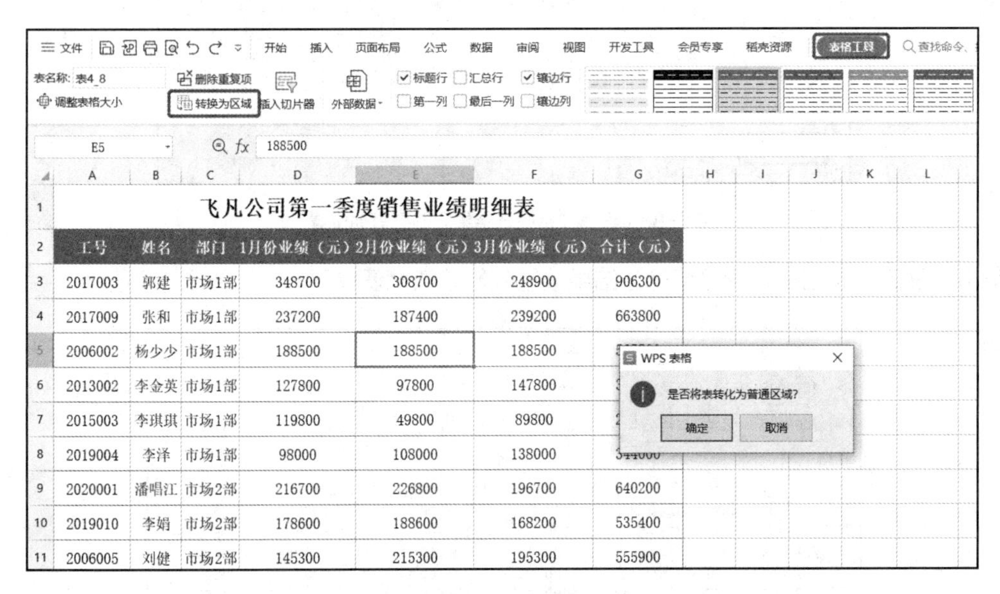

飞凡公司第一季度销售业绩明细表

工号	姓名	部门	1月份业绩（元）	2月份业绩（元）	3月份业绩（元）	合计（元）
2017003	郭建	市场1部	348700	308700	248900	906300
2017009	张和	市场1部	237200	187400	239200	663800
2006002	杨少少	市场1部	188500	188500	188500	[illegible]
2013002	李金英	市场1部	127800	97800	147800	[illegible]
2015003	李琪琪	市场1部	119800	49800	89800	[illegible]
2019004	李泽	市场1部	98000	108000	138000	344000
2020001	潘唱江	市场2部	216700	226800	196700	640200
2019010	李娟	市场2部	178600	188600	168200	535400
2006005	刘健	市场2部	145300	215300	195300	555900

图 5-91　将表格转换为区域

（4）将表格转换为区域后，选中数据区域（注意不要选择标题），单击“数据”菜单下的“分类汇总”按钮，打开“分类汇总”对话框。在对话框中，设置“分类字段”为“部门”，“汇总方式”默认为“求和”，“选定汇总项”中勾选“1 月份业绩（元）”“2 月份业绩（元）”“3 月份业绩（元）”和“合计（元）”，如图 5-92 所示，单击“确定”按钮显示分类汇总结果，如图 5-93 所示。

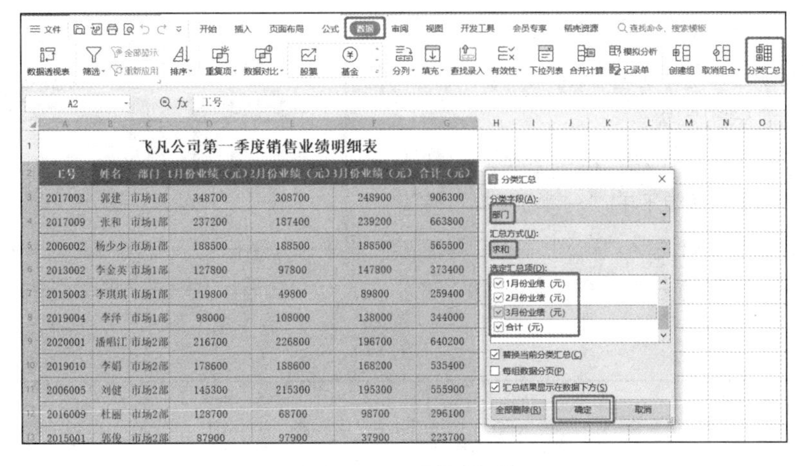

工号	姓名	部门	1月份业绩（元）	2月份业绩（元）	3月份业绩（元）	合计（元）
2017003	郭建	市场1部	348700	308700	248900	906300
2017009	张和	市场1部	237200	187400	239200	663800
2006002	杨少少	市场1部	188500	188500	188500	565500
2013002	李金英	市场1部	127800	97800	147800	373400
2015003	李琪琪	市场1部	119800	49800	89800	259400
2019004	李泽	市场1部	98000	108000	138000	344000
2020001	潘唱江	市场2部	216700	226800	196700	640200
2019010	李娟	市场2部	178600	188600	168200	535400
2006005	刘健	市场2部	145300	215300	195300	555900
2016009	杜丽	市场2部	128700	68700	98700	296100
2015001	郭俊	市场2部	87900	97900	37900	223700

图 5-92　设置分类汇总

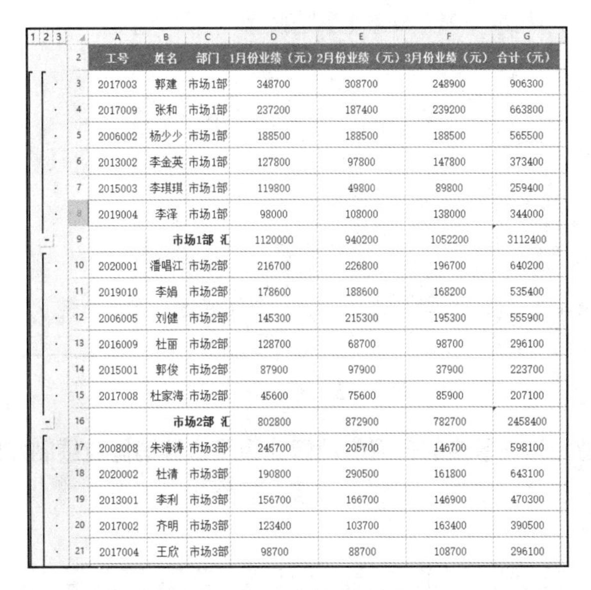

工号	姓名	部门	1月份业绩（元）	2月份业绩（元）	3月份业绩（元）	合计（元）
2017003	郭建	市场1部	348700	308700	248900	906300
2017009	张和	市场1部	237200	187400	239200	663800
2006002	杨少少	市场1部	188500	188500	188500	565500
2013002	李金英	市场1部	127800	97800	147800	373400
2015003	李琪琪	市场1部	119800	49800	89800	259400
2019004	李泽	市场1部	98000	108000	138000	344000
		市场1部 汇	1120000	940200	1052200	3112400
2020001	潘唱江	市场2部	216700	226800	196700	640200
2019010	李娟	市场2部	178600	188600	168200	535400
2006005	刘健	市场2部	145300	215300	195300	555900
2016009	杜丽	市场2部	128700	68700	98700	296100
2015001	郭俊	市场2部	87900	97900	37900	223700
2017008	杜家海	市场2部	45600	75600	85900	207100
		市场2部 汇	802800	872900	782700	2458400
2008008	朱海涛	市场3部	245700	205700	146700	598100
2020002	杜清	市场3部	190800	290500	161800	643100
2013001	李利	市场3部	156700	166700	146900	470300
2017002	齐明	市场3部	123400	103700	163400	390500
2017004	王欣	市场3部	98700	88700	108700	296100

图 5-93　分类汇总结果

答疑解惑

为什么有时候“分类汇总”按钮不可用？

在使用分类汇总功能时，有时候会发现“分类汇总”按钮呈灰色，不可用。发生这种情况的主要原因是对数据清单进行了“套用表格格式”排版。

这种情况下，只需要将表格转换为区域，“分类汇总”按钮便能正常使用了。

单击表格中左上方的分级显示符号，可以进行三级显示，图 5-94 所示为单击符号“2”后，第 2 级显示分类汇总的效果。

飞凡公司第一季度销售业绩明细表						
工号	姓名	部门	1月份业绩（元）	2月份业绩（元）	3月份业绩（元）	合计（元）
		市场1部 汇	1120000	940200	1052200	3112400
		市场2部 汇	802800	872900	782700	2458400
		市场3部 汇	870100	900100	802400	2572600
		市场4部 汇	818210	730220	890110	2438540
		总计	3611110	3443420	3527410	10581940

图 5-94　第 2 级显示分类汇总效果

（5）删除分类汇总的方法：选中分类汇总数据区域，单击“数据”菜单下的“分类汇总　”按钮，打开“分类汇总”对话框。在对话框中单击“全部删除”按钮，即可将分类汇总全部删除，如图 5-95 所示。

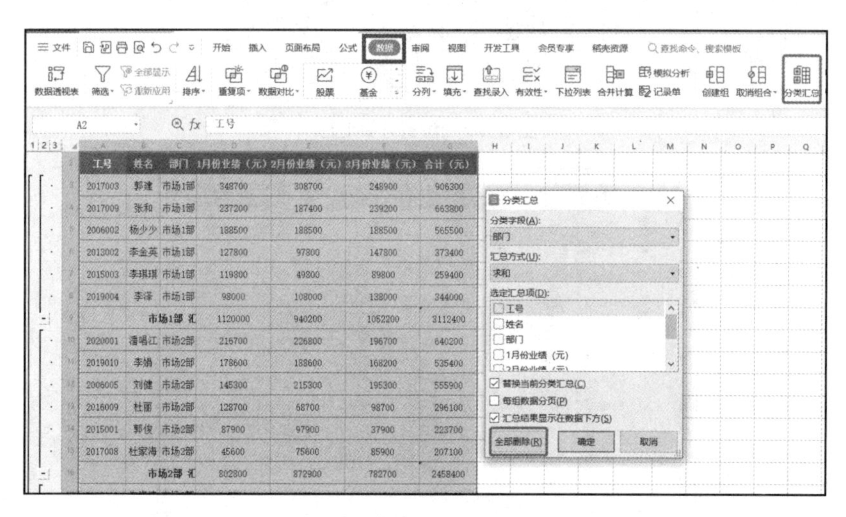

图 5-95　删除分类汇总

任务要求 8：将各部门第一季度的各月份销售业绩及合计销售业绩制作成图表。

此任务需要在上一任务基础上进一步生成图表，操作步骤如下。

（1）创建图表

① 选择数据源区域：在分类汇总表中，选中图 5-96 所示的数据源区域（注意，按住【Ctrl】键可以选择不连续的区域）。

② 插入图表：单击“插入”菜单，在“插入柱形图”下拉列表中选择“二维簇状柱形图”选项，如图 5-97 所示。

飞凡公司第一季度销售业绩明细表						
工号	姓名	部门	1月份业绩（元）	2月份业绩（元）	3月份业绩（元）	合计（元）
		市场1部 汇	1120000	940200	1052200	3112400
		市场2部 汇	802800	872900	782700	2458400
		市场3部 汇	870100	900100	802400	2572600
		市场4部 汇	818210	730220	890110	2438540
		总计	3611110	3443420	3527410	10581940

图 5-96　数据源单元格区域选择

生成的簇状柱形图如图 5-98 所示。插入图表且选中图表后，数据源区域会自动出现蓝色和紫色线条，用来区分数据源区域和其他区域。

③ 添加数据源区域：从生成的图表可以看出，部门名称没有显示出来，只是以“1”“2”“3”“4”来显示。检查数据源区域后发现，没有将“部门”列选上。

单击“图表工具”菜单，在工具栏中单击“选择数据”按钮，工作表中原有的数据源区域出现一个闪动的虚线框，对话框中“图表数据区域”文本框中的单元格区域即为选中的数据源区域，如图 5-99 所示。

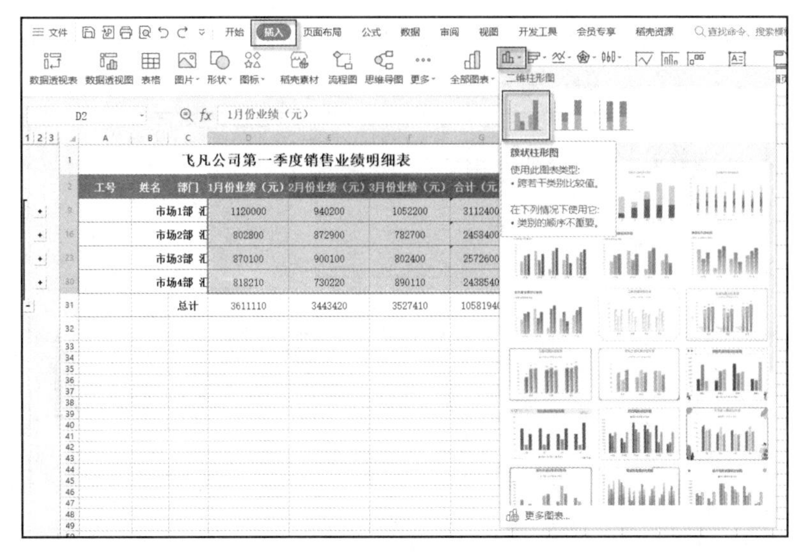

图 5-97　选择“簇状柱形图”选项

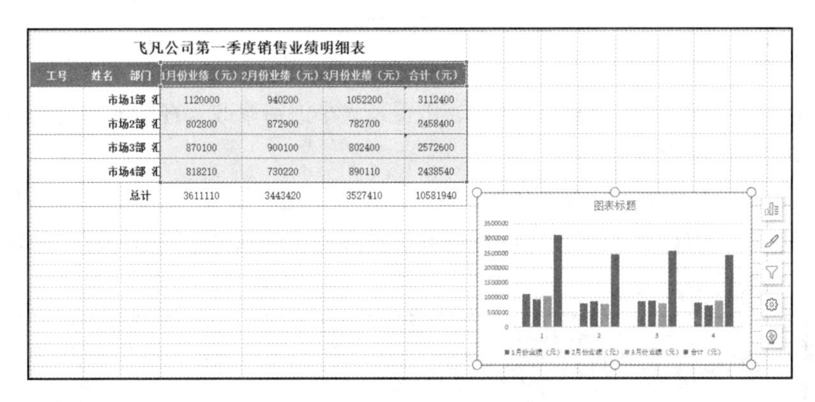

图 5-98　生成的簇状柱形图

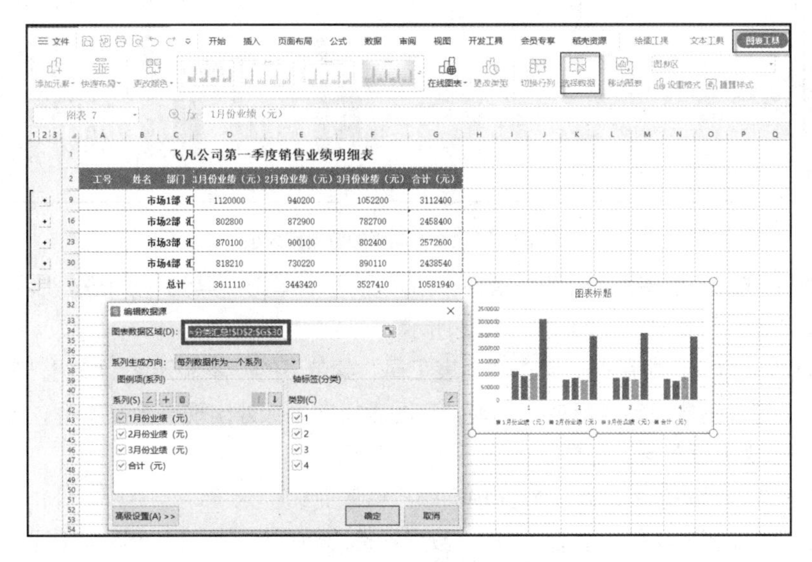

图 5-99　添加数据源区域

重新选中图 5-100 所示的单元格区域，单击“确定”按钮，新增的部门名称替换了原来的“1”“2”“3”“4”。

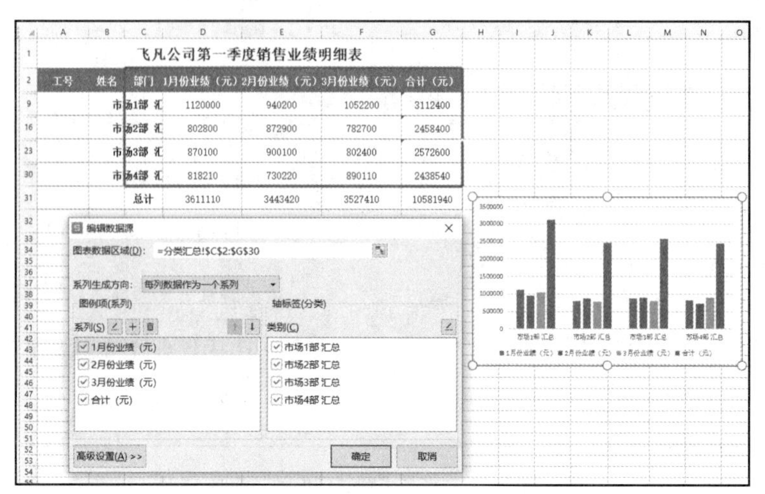

图 5-100　重新选中数据源区域

（2）修改图表

创建图表后，可以对图表的样式、布局、位置及大小进行修改。在对图表进行修改之前，必须先选中图表（单击图表的边框即可）。

① 修改图表的位置和大小：选中图表，将光标定位到图表四周的控制点上，按住鼠标左键，向外拖曳使图表变大；在图表边框上按住鼠标左键，将图表移动到合适的位置释放鼠标，修改图表的位置，如图 5-101 所示。

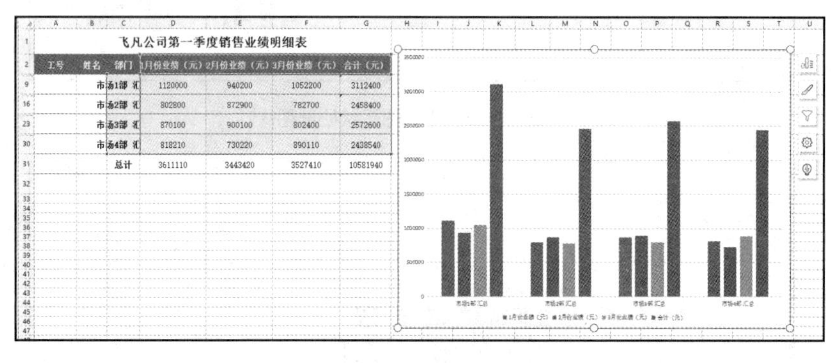

图 5-101　修改图表的位置和大小

② 修改图表样式：选中图表，在“图表工具”菜单下单击“其他”按钮，展开“图表样式”列表框，选择需要的图表样式，如图 5-102 所示。

③ 添加图表元素：选中图表，单击“图表工具”菜单下的“添加元素”按钮，在下拉列表中选择“轴标题”下的“主要横向坐标轴”选项，在图表横向坐标处出现一个文本框，修改文本框内容为“部门”，拖曳文本框至合适位置，如图 5-103 所示。

用同样的方法，为图表添加纵向坐标轴标题“销售业绩（元）”。

依次为图表添加图表标题（图表上方）、数据标签（数据标签外）、数据表（显示图例项标示）等元素，如图 5-104 所示。

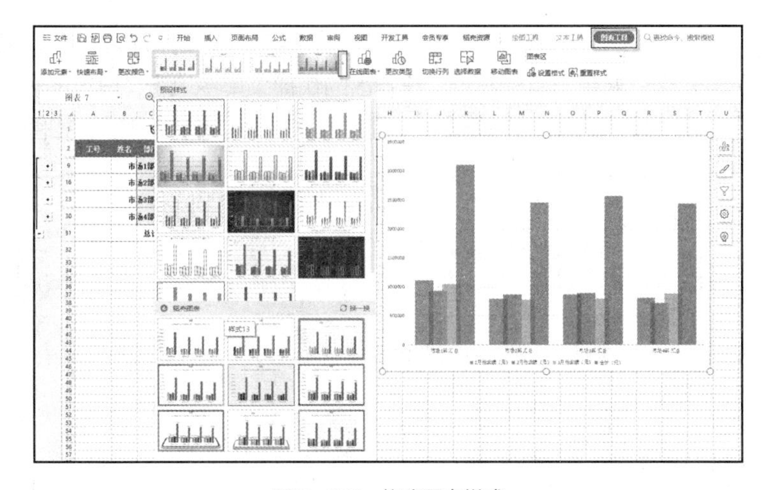

图 5-102 修改图表样式

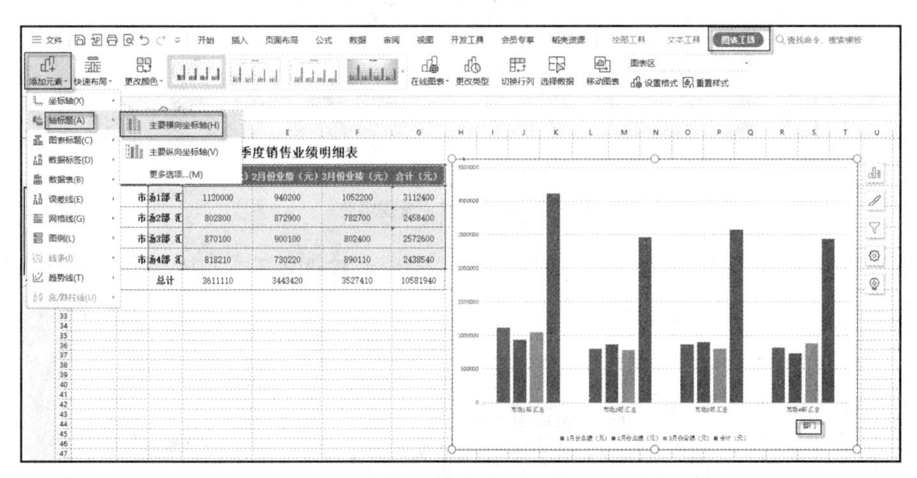

图 5-103 添加横向坐标轴标题

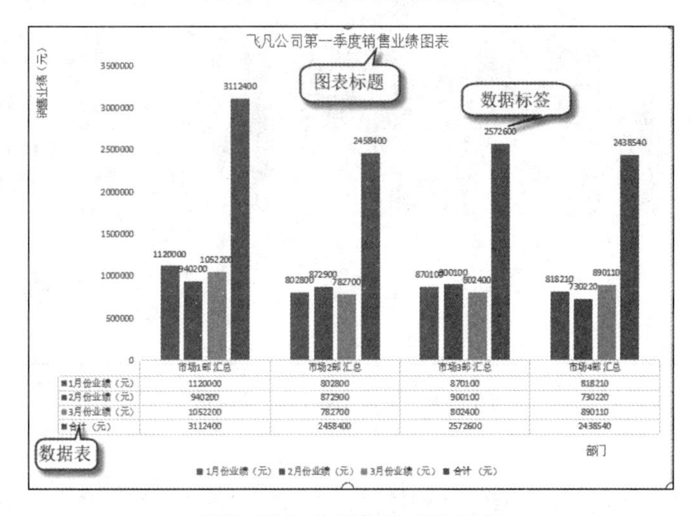

图 5-104 为图表添加其他元素

④ 美化图表：选中图表，单击“文本工具”菜单，修改图表字号为 11；选中图表标题，修改

字体为微软雅黑，字号为 20。也可以通过“文本工具”菜单为文字添加艺术字效果。

选中图表，在图表空白处单击鼠标右键，在弹出的快捷菜单中执行“设置图表区域格式”命令，激活右侧属性栏。单击“图表选项”选项卡，设置“填充”为“渐变填充”，如图 5-105 所示。

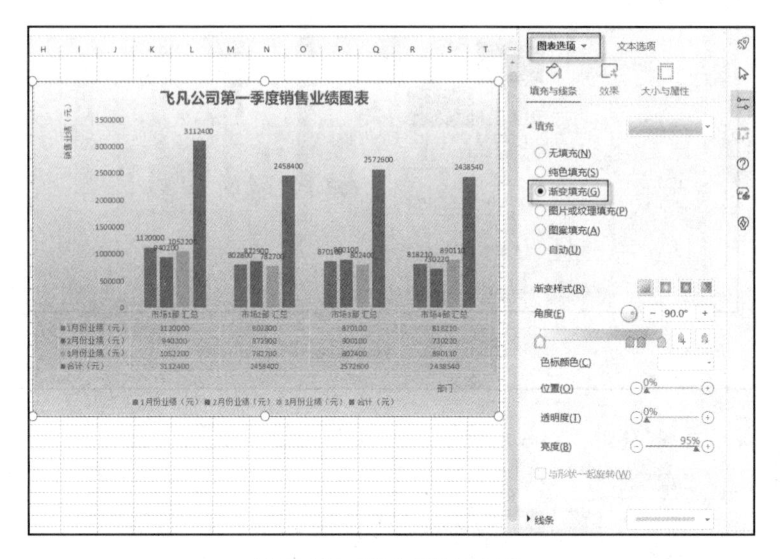

图 5-105　设置“渐变填充”

单击图表中间的绘图区，设置“填充”为“图片或纹理填充”，并选择一种填充样式，如图 5-106 所示。

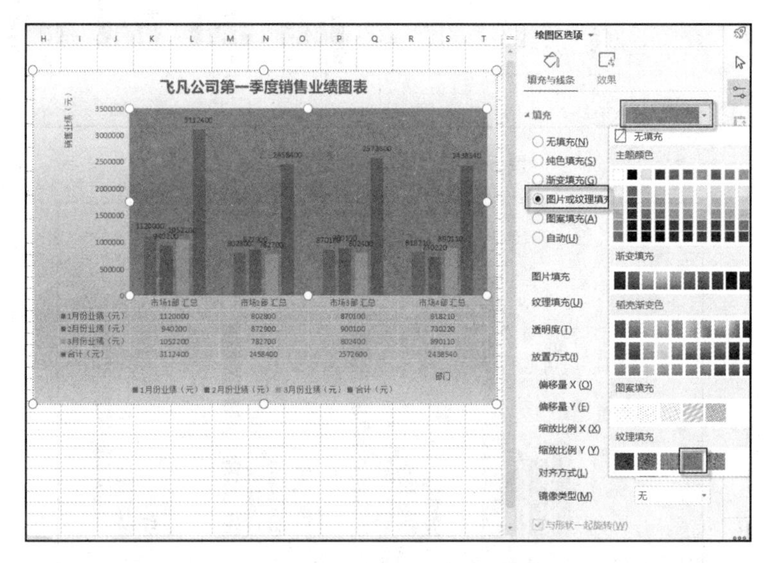

图 5-106　设置“图片或纹理填充”

（3）移动图表

选中图表，单击鼠标右键，在弹出的快捷菜单中执行“移动图表”命令，如图 5-107 所示。

在打开的“移动图表”对话框中选择“新工作表”单选项，并在右侧文本框中输入“飞凡公司第一季度销售业绩图表”，单击“确定”按钮，如图 5-108 所示。

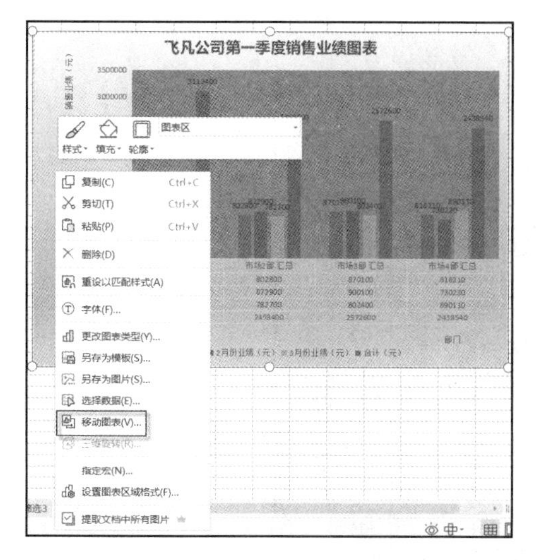

图 5-107　进行移动图表操作

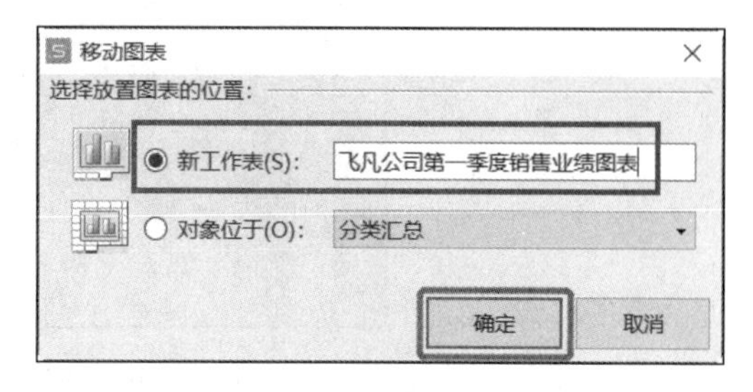

图 5-108　“移动图表”对话框

最终制作的飞凡公司第一季度销售业绩图表如图 5-109 所示。

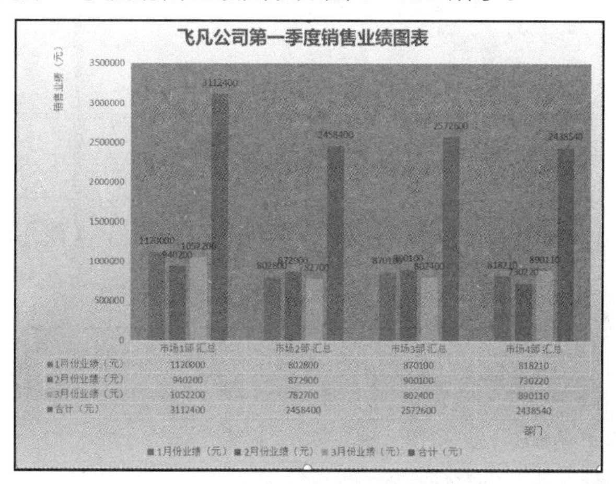

图 5-109　飞凡公司第一季度销售业绩图表

【知识与技能拓展】

天易电子科技有限公司人事处近期对新员工进行了岗前培训，并将新员工培训成绩制作成了新员工培训成绩表和新员工培训成绩统计表。请在上述两个表格的基础上，对培训成绩进行以下查询，并根据新员工培训成绩统计表制作各科目在各分数段的成绩统计图，具体任务要求如表 5-3 所示。

表 5-3　制作成绩统计图任务要求

序号	任务要求
1	对新员工培训成绩表按总成绩进行降序排列
2	筛选出性别为男，并且姓李或姓名中最后一个字是峰的员工信息
3	筛选出总成绩高于 390 分的女性员工信息或者总成绩低于 350 分的男性员工信息
4	制作各科目在 80～90 分和 90～100 分两个分数段的柱形图表

各分数段成绩统计图效果如图 5-110 所示。

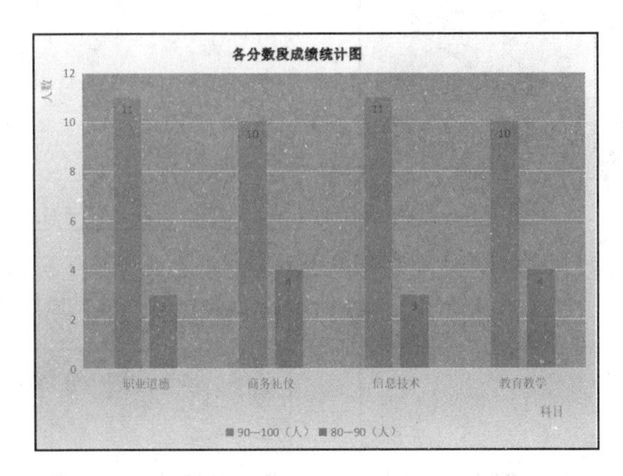

图 5-110　各分数段成绩统计图效果

任务 5.5　分析第一季度销售数据

【任务描述】

飞凡公司计划对第一季度销售数据进行深入分析，以便更好地应对市场需求，调整销售方案。为了高效、精确地进行数据分析，下面使用 WPS 表格来完成表 5-4 所示的任务。

表 5-4　分析第一季度销售数据任务要求

序号	任务要求
1	生成个人业绩查询系统
2	用 SUMIF 函数统计各部门第一季度的销售业绩
3	用数据透视表深入分析各部门销售数据

生成的个人业绩查询系统效果如图 5-111 所示。

个人业绩查询系统	
姓名	张和
1月份业绩（元）	237200
2月份业绩（元）	187400
3月份业绩（元）	239200
合计（元）	663800
业绩排名	2

图 5-111　生成的个人业绩查询系统效果

【知识储备】

5.5.1　定义名称

在 WPS 表格中，除了可以使用行号或列标来对单元格进行引用外，还可以使用名称来对单元格或单元格区域进行引用。

1. 名称的用途

（1）在公式中可以直接使用名称代表某个区域，而且不需要加引号。

（2）打破条件格式和数据有效性无法异表引用数据的限制。在引用其他工作表的数据时，只需定义单元格区域名称，就可以跨表直接在条件格式和数据有效性中使用单元格区域。

（3）在名称框中输入名称，可以直接定位到相应单元格区域。

2. 名称的定义方法

（1）选中某单元格或某单元格区域，在名称框中输入名称，按【Enter】键。

（2）选中某列单元格区域（包含标题），单击“公式”菜单下的“指定”按钮，指定“首行”为区域名称。

（3）选中要命名的单元格或单元格区域，单击“公式”菜单下的“名称管理器”按钮，打开“名称管理器”对话框，单击“新建”按钮，在打开的“新建名称”对话框里的“名称”文本框中输入名称，单击“确定”按钮，如图 5-112 所示。

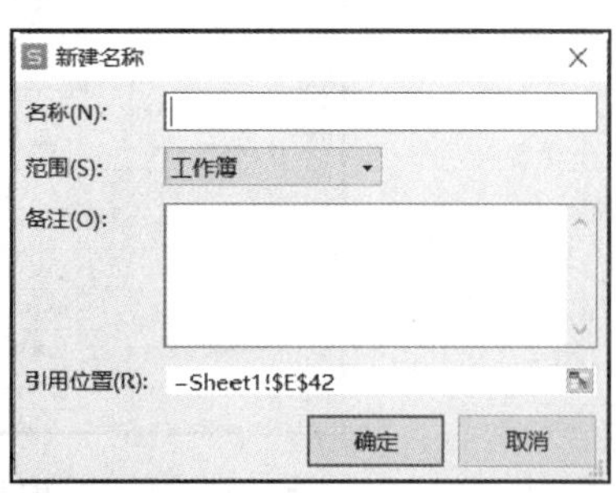

图 5-112　通过“名称管理器”对话框新建名称

3. 名称的删除

如果名称定义错了，或者不需要了，可以通过“名称管理器”对话框将其删除。方法如下：打开“名称管理器”对话框，选中需要删除的名称，单击“删除”按钮，单击“关闭”按钮，如图 5-113 所示。

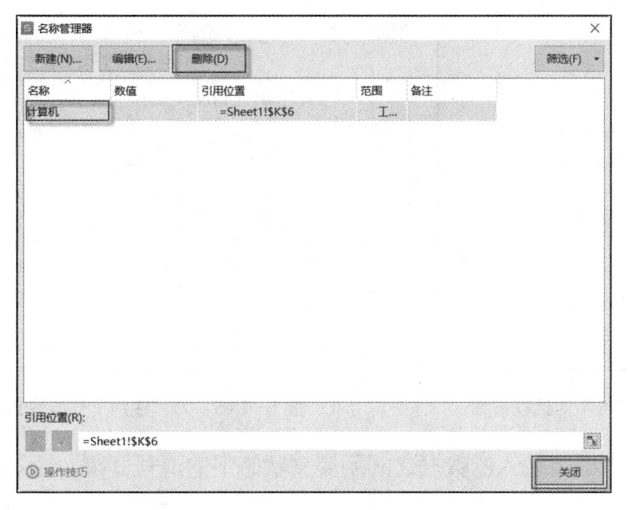

图 5-113　删除名称

5.5.2 设置数据有效性

在工作中使用 WPS 表格进行数据的计算与统计时，利用数据有效性功能，可以提高输入数据的准确性。在单元格区域设置好输入条件，添加数据有效性，可以避免非法数据的输入。

1. 为单元格添加下拉按钮

以飞凡公司员工信息档案表为例，下面为“性别”列添加下拉按钮。方法如下：选中需要输入性别的区域，单击“数据”菜单下的“有效性”按钮，在下拉列表中选择“有效性”选项，如图 5-114 所示。

飞凡公司员工信息档案表

序号	工号	姓名	性别	出生日期	部门	学历	毕业院校	联系电话	住址
1	2006002	杨少少		1977年4月	市场1部	本科	郑州大学	13503331333	吉祥小区
2	2013002	李金英		1981年6月	市场1部	研究生	江南大学	13803333333	花园小区
3	2017003	郭建		1992年5月	市场1部	本科	河北大学	13703333333	新天地小区
4	2017009	张和		1986年4月	市场1部	本科	扬州大学	13903333333	锦绣小区
5	2019004	李泽		1994年6月	市场1部	本科	河南师范大学	13103333333	锦艺小区
6	2015003	李琪琪		1989年6月	市场1部	研究生	河南大学	13503333331	卧龙小区
7	2006005	刘健		1977年5月	市场2部	本科	上海海洋大学	13503333332	富魄力小区
8	2016009	杜丽		1991年10月	市场2部	本科	武汉工程大学	13503333333	龙胜小区
9	2017008	杜家海		1991年7月	市场2部	研究生	郑州航空工业管理学院	13503333334	花田小区
10	2019010	李娟		1992年9月	市场2部	本科	济南大学	13503333335	海洋小区
11	2020001	潘唱江		1995年10月	市场2部	本科	浙江农林大学	13503333336	中华小区
12	2015001	郭俊		1990年1月	市场2部	本科	武汉工程大学	13503333337	众恒小区
13	2008008	朱海涛		1979年7月	市场3部	本科	湖南工商大学	13503333338	盛泰小区

图 5-114 选择“有效性”选项

在打开的“数据有效性”对话框中单击“设置”选项卡，在“允许”下拉列表框中选择“序列”选项，在“来源”文本框中输入“男,女”，如图 5-115 所示。

设置完成后单击“确定”按钮，效果图如图 5-116 所示。

图 5-115 “数据有效性”对话框设置

飞凡公司员工信息档案表

序号	工号	姓名	性别	出生日期	部门	学历	毕业院校	联系电话	住址
1	2006002	杨少少		977年4月	市场1部	本科	郑州大学	1350333	吉祥小区
2	2013002	李金英	男	1981年6月	市场1部	研究生	江南大学	1380333	花园小区
3	2017003	郭建	女	男 2年5月	市场1部	本科	河北大学	1370333	新天地小区
4	2017009	张和		1986年4月	市场1部	本科	扬州大学	1390333	锦绣小区
5	2019004	李泽		1994年6月	市场1部	本科	河南师范大学	1310333	锦艺小区
6	2015003	李琪琪		1989年6月	市场1部	研究生	河南大学	1350333	卧龙小区
7	2006005	刘健		1977年5月	市场2部	本科	上海海洋大学	1350333	富魄力小区
8	2016009	杜丽		1991年10月	市场2部	本科	武汉工程大学	1350333	龙胜小区
9	2017008	杜家海		1991年7月	市场2部	研究生	郑州航空工业管理学院	1350333	花田小区

图 5-116 为“性别”列设置数据有效性

注意，“来源”文本框中输入的数据之间用英文状态下的逗号间隔，否则将会出现图 5-117 所示的错误效果。

2. 为单元格设置提示信息及出错警告

教师在输入学生成绩时，可以为成绩输入区域设置数据有效性，为区域添加只允许输入 0～100 的整数的条件，如图 5-118 所示。

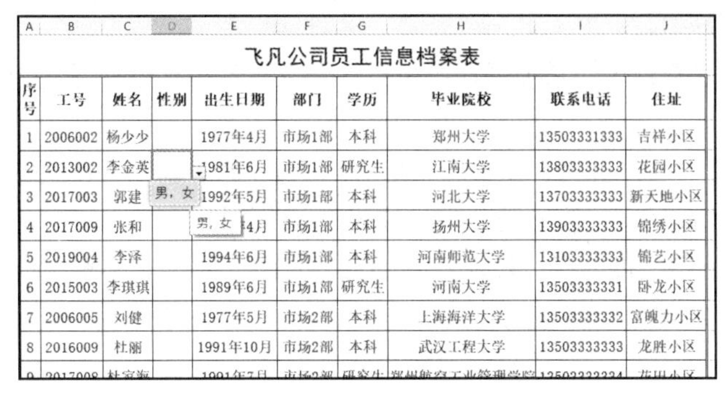

飞凡公司员工信息档案表

序号	工号	姓名	性别	出生日期	部门	学历	毕业院校	联系电话	住址
1	2006002	杨少少		1977年4月	市场1部	本科	郑州大学	13503331333	吉祥小区
2	2013002	李金英		1981年6月	市场1部	研究生	江南大学	13803333333	花园小区
3	2017003	郭建	男，女	1992年5月	市场1部	本科	河北大学	13703333333	新天地小区
4	2017009	张和	男，女	4月	市场1部	本科	扬州大学	13903333333	锦绣小区
5	2019004	李泽		1994年6月	市场1部	本科	河南师范大学	13103333333	锦艺小区
6	2015003	李琪琪		1989年6月	市场1部	研究生	河南大学	13503333331	卧龙小区
7	2006005	刘健		1977年5月	市场2部	本科	上海海洋大学	13503333332	富魄力小区
8	2016009	杜丽		1991年10月	市场2部	本科	武汉工程大学	13503333333	龙胜小区

图 5-117　错误效果

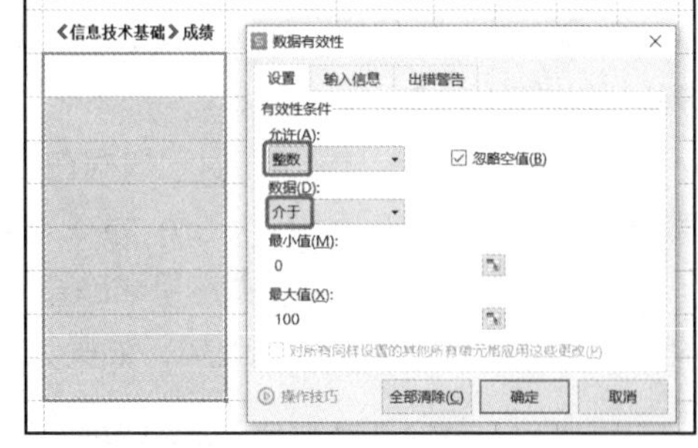

图 5-118　设置只允许输入 0～100 的整数

单击“输入信息”选项卡，在“标题”文本框中输入“输入学生成绩”，在“输入信息”文本框中输入“输入分数在 0～100 之间”，如图 5-119 所示。

单击“出错警告”选项卡，在“标题”文本框中输入“请输入 0～100 之间的数值”，在“错误信息”文本框中输入“您输入的内容，不符合限制条件。”如图 5-120 所示。

选中设置了数据有效性的单元格，会出现图 5-121 所示的提示信息。

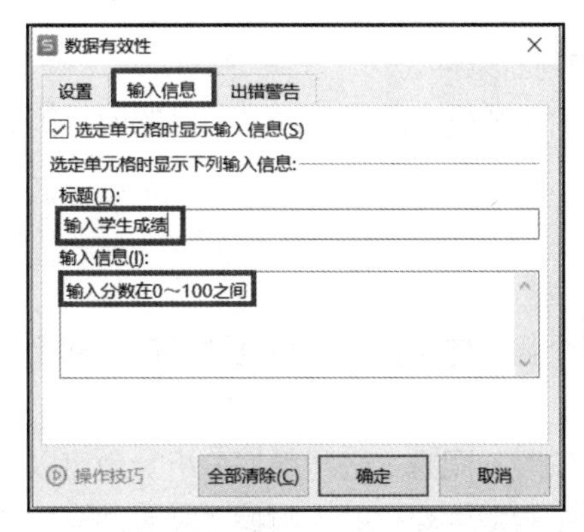

图 5-119　为单元格添加“输入信息提示

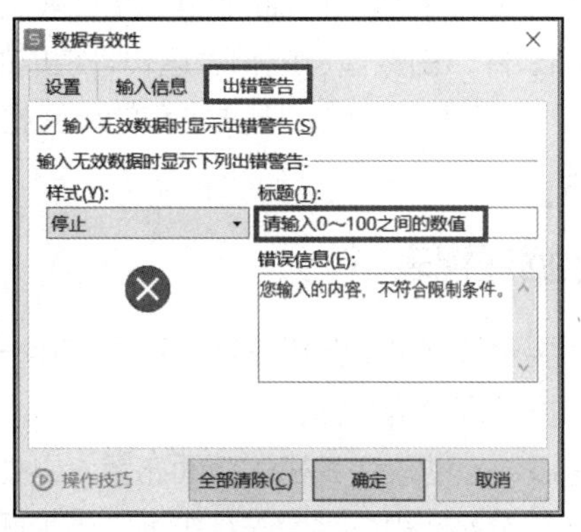

图 5-120　为单元格设置“出错警告”

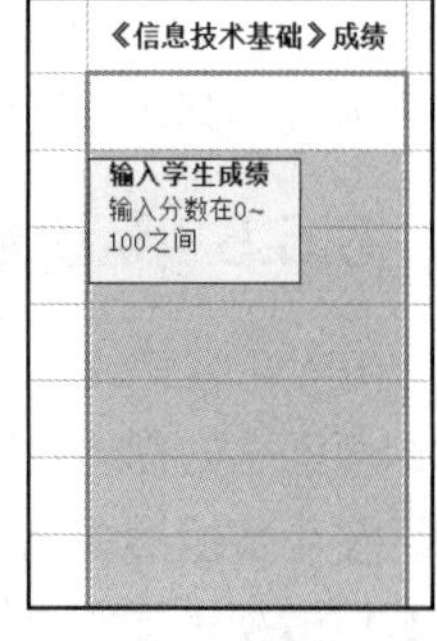

图 5-121　输入时的提示信息

在设置了数据有效性的单元格中输入“123”，会出现图 5-122 所示的提示信息。

图 5-122　输入不合法数据的提示信息

5.5.3　认识 VLOOKUP 函数

1. VLOOKUP 函数的功能

VLOOKUP 函数是 WPS 表格中的一个纵向查找函数，它在工作中有非常广泛的应用。例如，可以用它来核对数据，在多个表格之间快速导入数据等。VLOOKUP 函数的功能是按列查找，最终返回该列所需查询序列对应的值。

2. VLOOKUP 函数的语法格式

VLOOKUP(lookup_value,table_array,col_index_num,range_lookup)。

（1）lookup_value：查找对象，即需要在数据表第一列中进行查找的数值，Lookup_value 可以是数值、引用或文本字符串。

（2）table_array：查找区域，查找区域的划定非常关键，要查找的对象一定要在查找区域的第一列进行比对查找。

（3）col_index_num：返回数据在查找区域的列号，col_index_num 为 1 时，返回查找区域第一列的数值，col_index_num 为 2 时，返回查找区域第二列的数值，以此类推。

（4）range_lookup：决定是精确查找还是模糊查找，如果为 false 或 0，则返回精确匹配，如果找不到，则返回错误值 #N/A；如果为 true 或 1，将查找近似匹配值。

5.5.4 认识 SUMIF 函数

1. SUMIF 函数的功能

SUMIF 函数是 WPS 表格中常用的函数，使用 SUMIF 函数可以对表格范围中符合指定条件的单元格区域进行求和操作。

2. SUMIF 函数的语法格式

SUMIF(range,criteria,sum_range)。

（1）range：条件区域，用于条件判断的单元格区域。

（2）criteria：求和条件，由数值、逻辑表达式等组成的判断条件。

（3）sum_range：实际求和区域，需要求和的单元格、区域或引用，当该参数省略时，则条件区域为实际求和区域。

5.5.5 认识数据透视表

在 WPS 表格中，要对数据进行分析统计还可以使用一个强大的工具——数据透视表，利用它可以全面、方便地对数据进行分析统计。

使用数据透视表可以动态地改变表格的版面布置，以便按照不同方式进行数据分析。也可以使用数据透视表重新对行号、列标和页字段进行排列。当版面布置发生变化时，数据透视表便会按照新的布置重新计算数据。另外，如果原始数据发生变化，数据透视表也会随之更新。

对于数据透视表的操作，在后续任务中将会结合案例详细介绍。

【任务实现】

任务要求 1：生成个人业绩查询系统。要求单击“姓名”列，出现员工姓名的下拉列表，选择员工姓名，出现该员工的相应业绩。

微课 5-11

（1）对 B2 单元格设置数据有效性。

① 在飞凡公司第一季度销售业绩明细表中定义“姓名”区域。在飞凡公司第一季度销售业绩明细表中选择 B3:B26 单元格区域，在名称框中输入“姓名”，按【Enter】键确认，如图 5-123 所示。

② 在个人业绩查询系统表中选中 B2 单元格，单击“数据”菜单，在工具栏中单击“有效性”

按钮，在下拉列表中选择“有效性”选项，如图 5-124 所示。

③ 在打开的“数据有效性”对话框中设置“允许”为“序列”，“来源”为“=姓名”，如图 5-125 所示，单击“确定”按钮，效果图如图 5-126 所示。

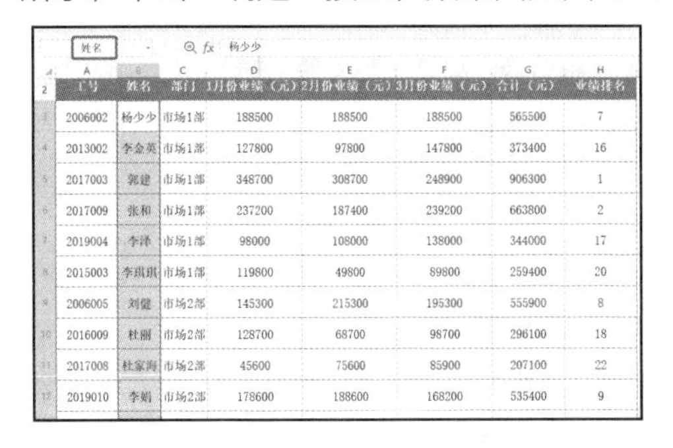

工号	姓名	部门	1月份业绩（元）	2月份业绩（元）	3月份业绩（元）	合计（元）	业绩排名
2006002	杨少少	市场1部	188500	188500	188500	565500	7
2013002	李金英	市场1部	127800	97800	147800	373400	16
2017003	郭建	市场1部	348700	308700	248900	906300	1
2017009	张和	市场1部	237200	187400	239200	663800	2
2019004	李泽	市场1部	98000	108000	138000	344000	17
2015003	李琪琪	市场1部	119800	49800	89800	259400	20
2006005	刘健	市场2部	145300	215300	195300	555900	8
2016009	杜丽	市场2部	128700	68700	98700	296100	18
2017008	杜家海	市场2部	45600	75600	85900	207100	22
2019010	李娟	市场2部	178600	188600	168200	535400	9

图 5-123　定义“姓名”区域

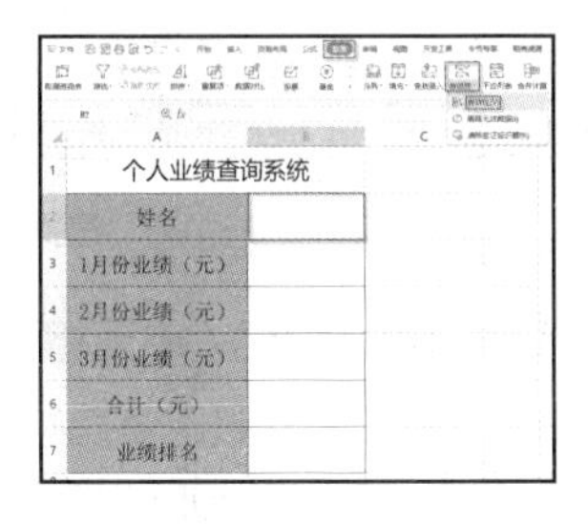

图 5-124　为 B2 单元格添加数据有效性

图 5-125　设置“数据有效性”对话框

（2）在飞凡公司第一季度销售业绩明细表中定义“员工业绩”区域。

① 单击“公式”菜单，在工具栏中单击“名称管理器”按钮，打开“名称管理器”对话框，单击“新建”按钮，如图 5-127 所示。

② 在打开的“新建名称”对话框的“名称”文本框中输入“员工业绩”，单击“引用位置”后的区域拾取按钮，如图 5-128 所示。

图 5-126　为 B2 单元格设置数据有效性后的效果

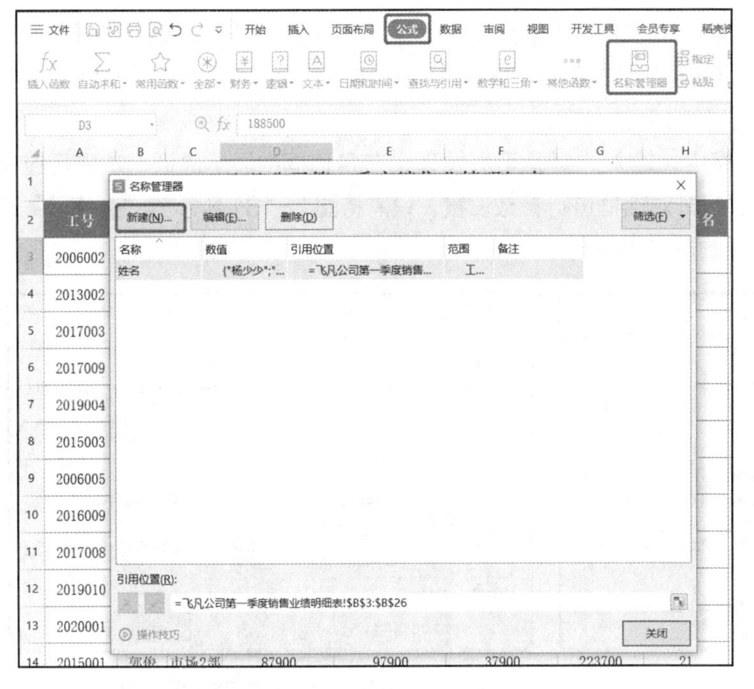

图 5-127　打开“名称管理器”对话框

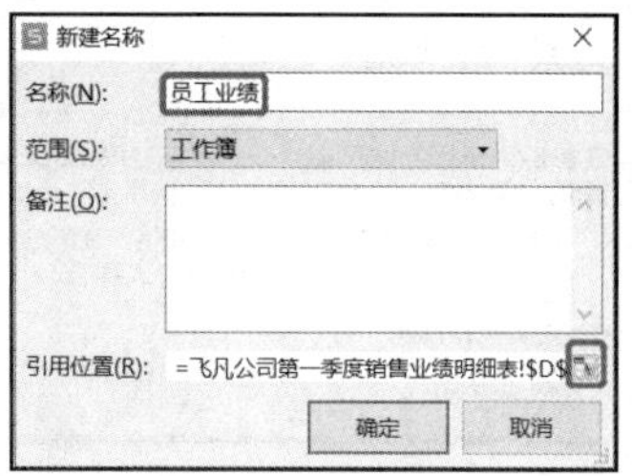

图 5-128　“新建名称”对话框

③ 选择查询区域 B3:H26，单击拾取按钮，如图 5-129 所示，返回对话框，然后单击“确定”按钮，关闭“名称管理器”对话框。

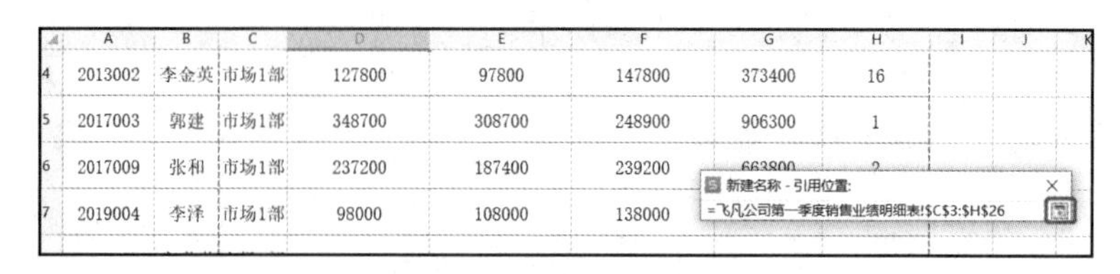

	A	B	C	D	E	F	G	H
4	2013002	李金英	市场1部	127800	97800	147800	373400	16
5	2017003	郭建	市场1部	348700	308700	248900	906300	1
6	2017009	张和	市场1部	237200	187400	239200	663800	2
7	2019004	李泽	市场1部	98000	108000	138000		

图 5-129　选择查询区域

（3）在个人业绩查询系统表中为 B3:B7 单元格区域返回查询的业绩。

① 在个人业绩查询系统表中，单击 B3 单元格，单击“插入函数”按钮，打开“插入函数”对话框，选择“查找与引用”类别，找到 VLOOKUP 函数，单击“确定”按钮，如图 5-130 所示。

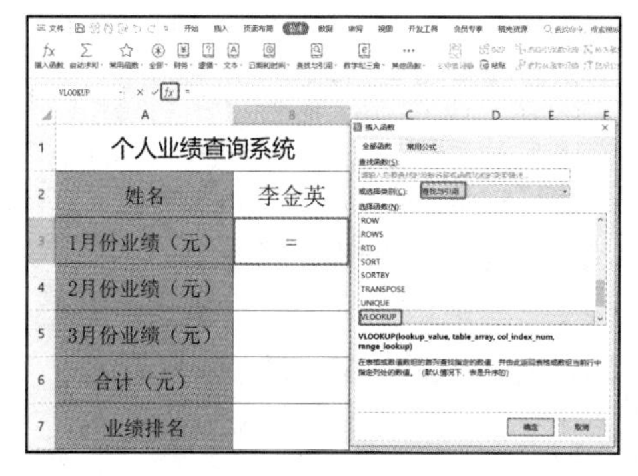

图 5-130　插入 VLOOKUP 函数

② 在打开的“函数参数”对话框中，设置“查找值”为“B2”，“数据表”为“员工业绩”，“列序数”为“3”，“匹配条件”为“false”，如图 5-131 所示。即在“员工业绩”区域查询 B2 单元格，进行精确匹配，若找到，返回第 3 列的数据。

③ 将光标定位到 B4 单元格中，输入“=”。可以发现，在名称框中显示最近一次刚用过的 VLOOKUP 函数，单击此函数，打开对话框进行参数设置。只需将图 5-131 所示的“列序数”改为“4”即可，其他参数一致，如图 5-132 所示。

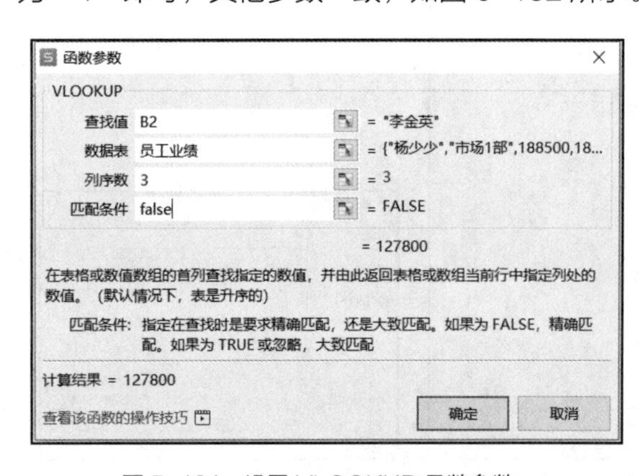

图 5-131　设置 VLOOKUP 函数参数

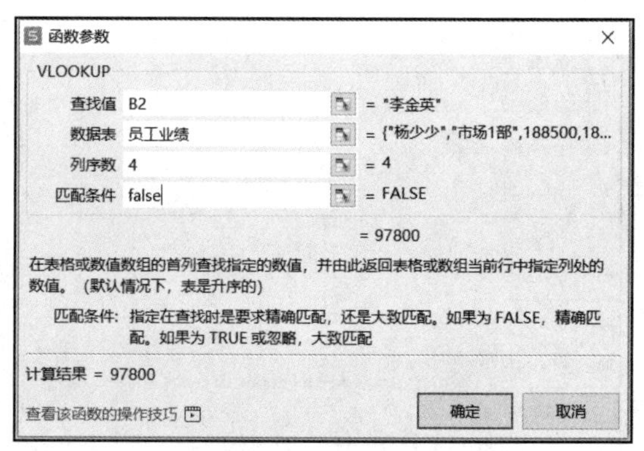

图 5-132　为 B4 单元格设置查询

④ 用同样的方法，设置 B5:B7 单元格区域的查询，返回值分别为“5”“6”“7”。查询的最终效果如图 5-133 所示。

任务要求 2：用 SUMIF 函数统计各部门第一季度的销售业绩。

（1）在飞凡公司第一季度销售业绩明细表中分别创建“部门”“一月份业绩”“二月份业绩”“三月份业绩”区域。

① 将标题中的月份数字改为汉字“一”“二”“三”，并删除字符“(元)”。选中 C2:C26 单元格区域，单击“公式”菜单下的“指定”按钮，如图 5-134 所示。

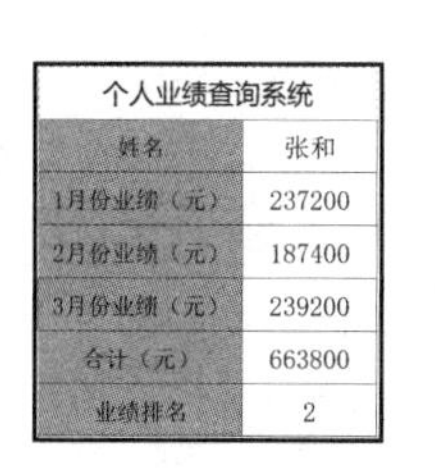

个人业绩查询系统	
姓名	张和
1月份业绩（元）	237200
2月份业绩（元）	187400
3月份业绩（元）	239200
合计（元）	663800
业绩排名	2

图 5-133　查询的最终效果

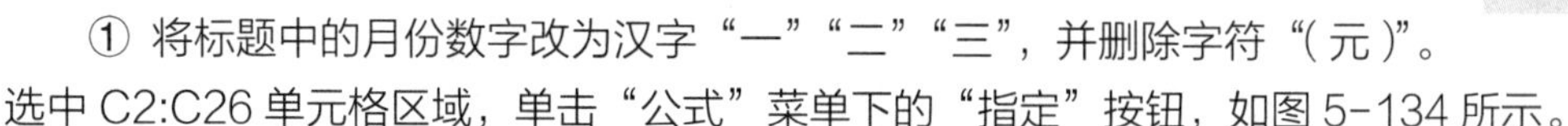

工号	姓名	部门	一月份业绩	二月份业绩	三月份业绩	合计	业绩排名
2006002	杨少少	市场1部	188500	188500	188500	565500	7
2013002	李金英	市场1部	127800	97800	147800	373400	16
2017003	郭建	市场1部	348700	308700	248900	906300	1
2017009	张和	市场1部	237200	187400	239200	663800	2
2019004	李泽	市场1部	98000	108000	138000	344000	17

图 5-134　单击“指定”按钮

② 在打开的“指定名称”对话框中，勾选“首行”复选框，将首行标题名称作为该区域的名称，如图 5-135 所示。

③ 用同样的方法，分别选中 E2:E26 单元格区域，设置首行名称“二月份业绩”为区域名称；选中 F2:F26 单元格区域设置首行名称“三月份业绩”为区域名称；选中 G2:G26 单元格区域，设置首行名称“合计”为区域名称。

注意，若前期未执行步骤①，在设置区域名称时，会弹出对话框提示“根据选择区域和指定条件无法创建名称”，如图 5-136 所示。在完成任务后将标题名称还原即可。

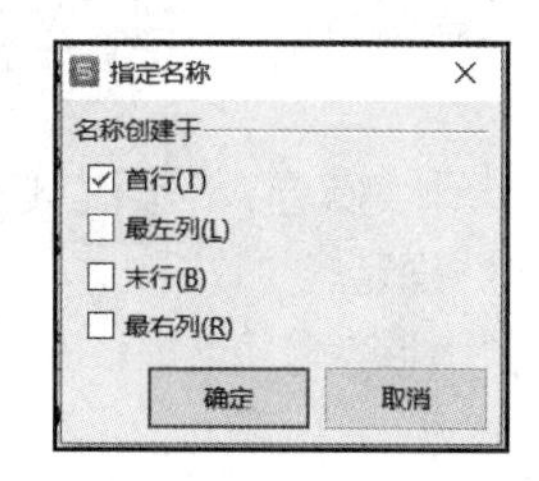

图 5-135　勾选“首行”复选框

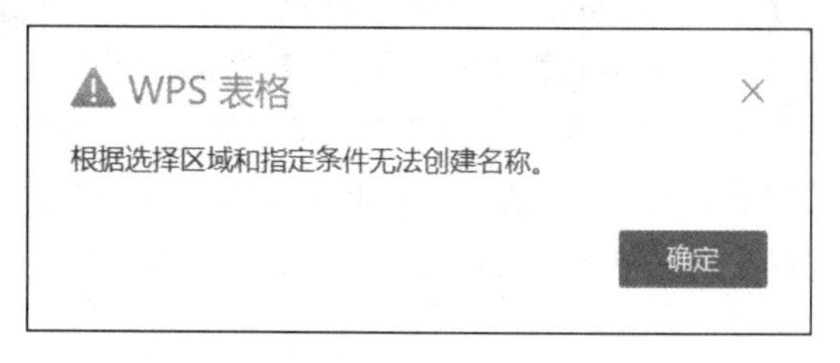

图 5-136　创建失败提示对话框

（2）在飞凡公司各部门第一季度销售业绩表中用 SUMIF 函数求销售业绩。

① 将光标定位到飞凡公司各部门第一季度销售业绩表的 B3 单元格中，单击“插入函数”按钮 fx，打开“插入函数”对话框。在对话框中设置“或选择类别”为“全部”，找到 SUMIF 函数，单击“确定”按钮，如图 5-137 所示。

② 在“函数参数”对话框中，将第一个参数“区域”设置为“部门”；将光标定位到第二个参

数“条件”文本框中，单击 B2 单元格进行引用；将第三个参数设置为“一月份业绩”，单击“确定”按钮，如图 5-138 所示。

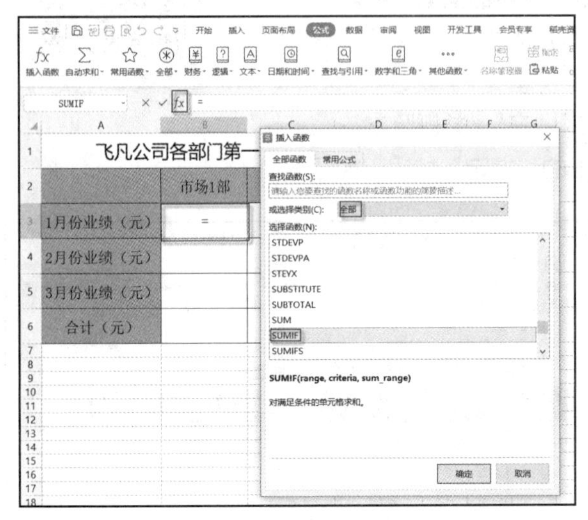

图 5-137　插入 SUMIF 函数

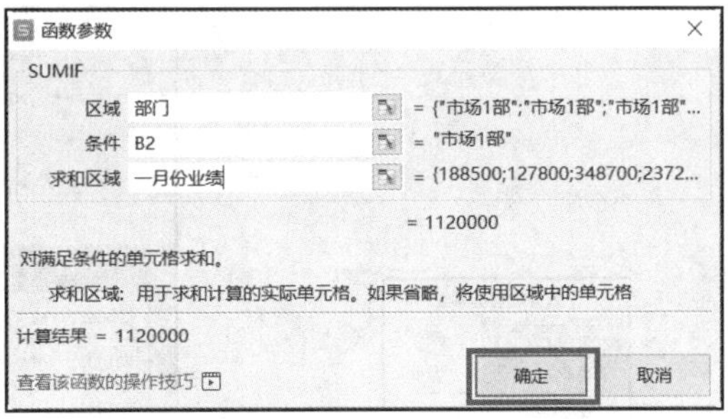

图 5-138　设置 SUMIF 函数参数

③ 选中 B3 单元格，向右拖曳填充柄填充至 D3 单元格。

④ 用同样的方法，填充剩余 3 行业绩，各部门第一季度销售业绩如图 5-139 所示。

飞凡公司各部门第一季度销售业绩			
	市场1部	市场2部	市场3部
1月份业绩（元）	1120000	802800	870100
2月份业绩（元）	940200	872900	900100
3月份业绩（元）	1052200	782700	802400
合计（元）	3112400	2458400	2572600

图 5-139　各部门第一季度销售业绩

任务要求 3：用数据透视表深入分析各部门销售数据

在之前的任务中用 SUMIF 函数和分类汇总对销售数据进行了分析和统计，但是这些分析和统计不够全面和方便，下面使用数据透视表对产品销售情况表进行统计分析。

（1）用数据透视表统计 A、C、F3 种产品在各部门的销售情况。

微课 5-13

① 在产品销售情况表中单击任一单元格，单击“插入”菜单下的“数据透视表”按钮，打开“创建数据透视表”对话框，如图 5-140 所示。

② 在对话框中，系统会自动选择数据区域，经检查区域选择正确。在“请选择放置数据透视表的位置”选项组中选择“新工作表”单选项，单击“确定”按钮，创建数据透视表“Sheet1”。修改“Sheet1”工作表的名称为“数据透视表”。

③ 在数据透视表中，将右侧任务窗格中的“字段列表”下的“部门”字段拖曳至“列”区域，将“产品名称”拖曳至“行”区域，将“合计（元）”字段拖曳至“∑值”区域中。至此，数据透视表就创建完成了。调整表格的行高和列宽，最终效果如图 5-141 所示。

这里要注意，只有将鼠标指针定位到数据透视表的数据区域内，右侧的数据透视表任务窗格才会显示字段列表。

（2）用切片器查询 3 种产品在各部门的销售情况。

使用数据透视表的切片器功能可以很方便地查询各种产品在各个部门的销售情况，可以实现数据的自由筛选。

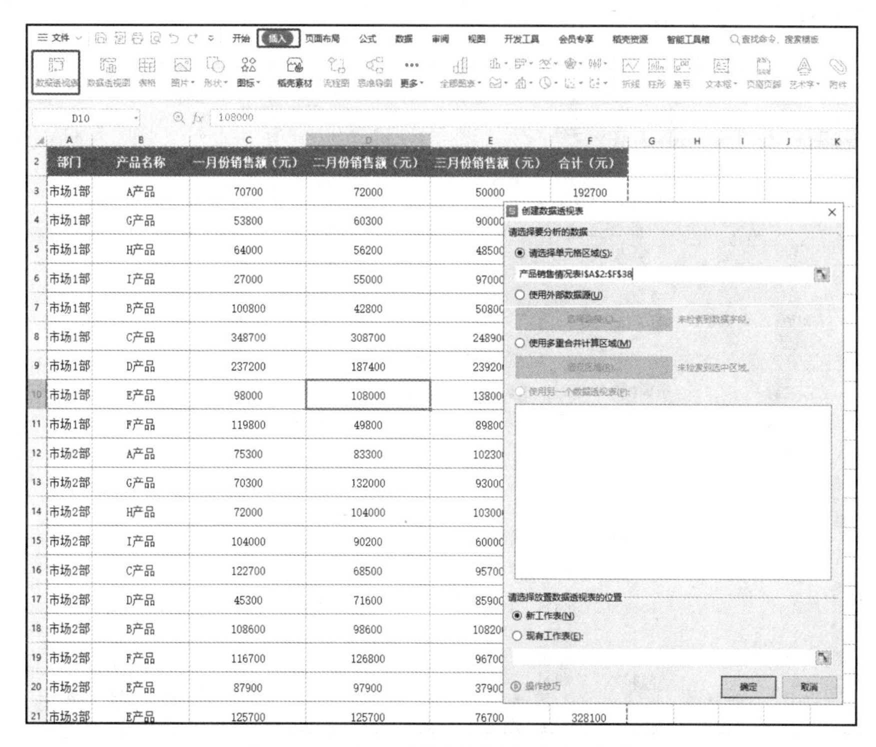

图 5-140　打开“创建数据透视表”对话框

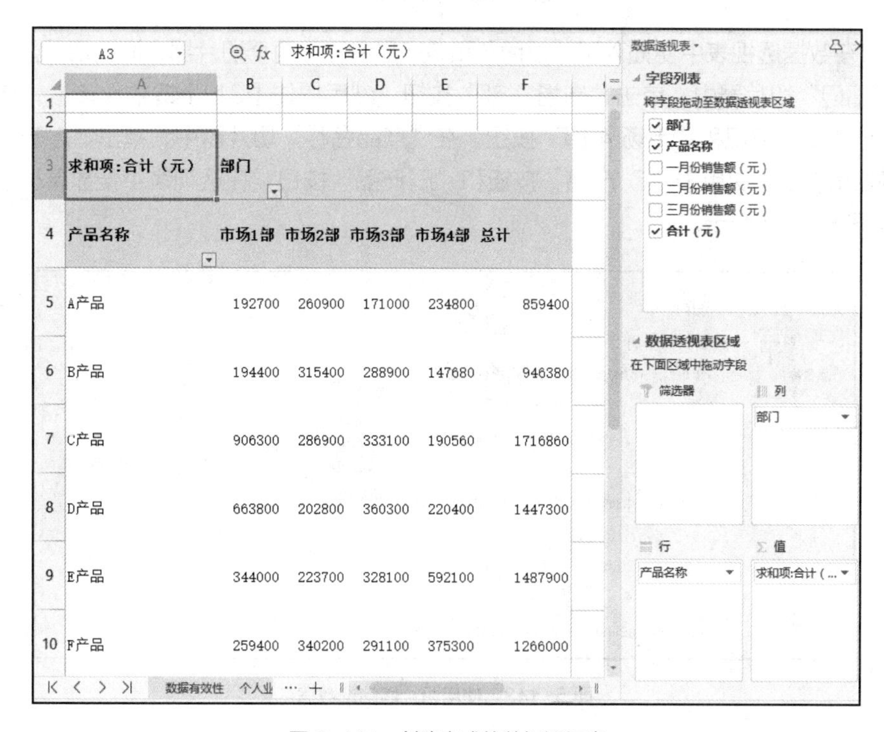

图 5-141　创建完成的数据透视表

① 在数据透视表中，单击数据透视表区域的任一单元格，在“分析”菜单下，单击“插入切片器”按钮，打开，“插入切片器”对话框。在对话框中，勾选“部门”和“产品名称”两个复选框，单击“确定”按钮，如图 5-142 所示。

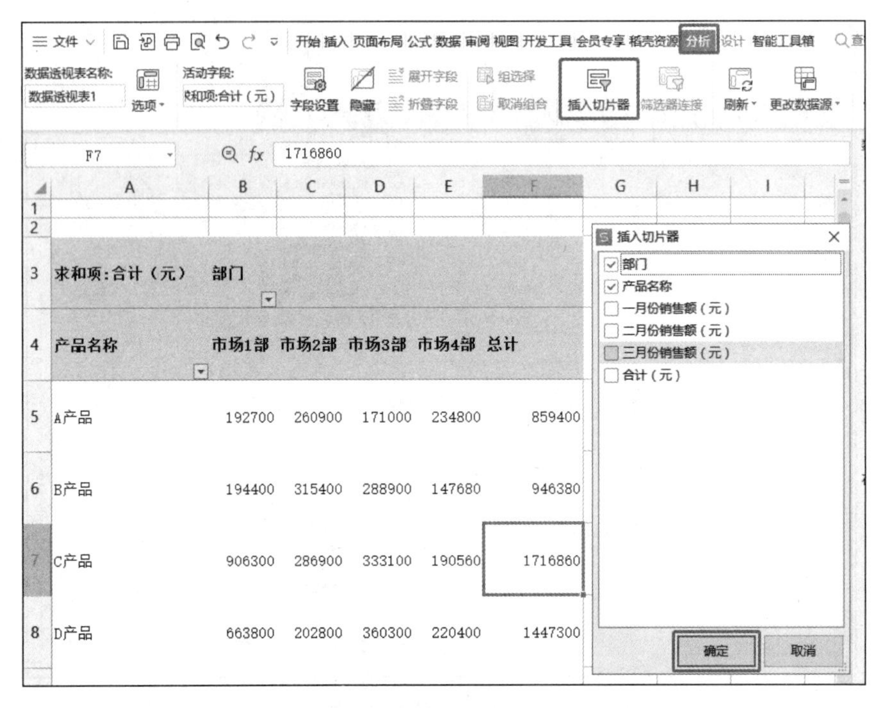

图 5-142 插入切片器

② 这时在数据透视表中便插入了“部门”和“产品名称”两个切片器，拖曳切片器，将其并排显示。在“部门”切片器中，单击“市场 1 部”按钮，然后按住【Ctrl】键依次单击“市场 2 部”按钮、“市场 3 部”按钮和“市场 4 部”按钮。在“产品名称”切片器中，单击“A 产品”按钮，然后按住【Ctrl】键依次单击“C 产品”按钮和“F 产品”按钮，在透视表中便显示出了满足条件的数据，如图 5-143 所示。

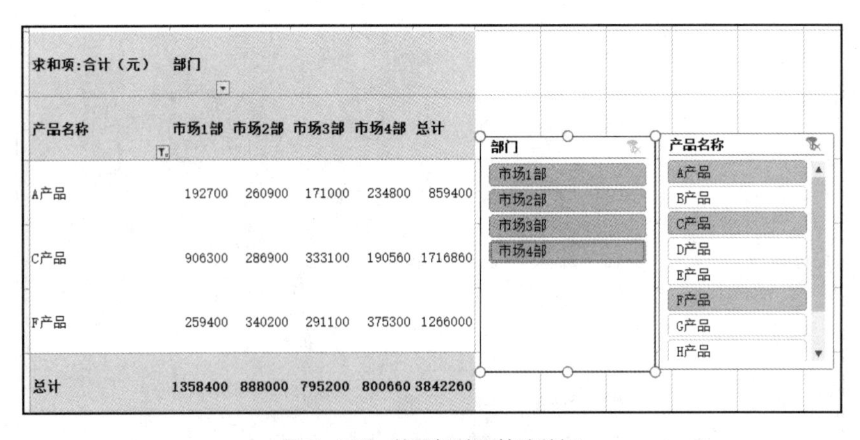

图 5-143 使用切片器筛选数据

注意，如果要删除切片器，可以选中切片器，然后按【Delete】键。

【知识与技能拓展】

天易电子科技有限公司人事处近期对新员工进行了岗前培训，并将新员工培训成绩制作成了新员工培训成绩表。为了快速、方便地对数据进行查询，需要制作一个成绩查询系统。要求选择“姓名”和“课程”后，便能查到相应的分数（提示：该任务可使用 IF 函数和 VLOOKUP 函数完成）。成绩查询系统效果如图 5-144 所示。

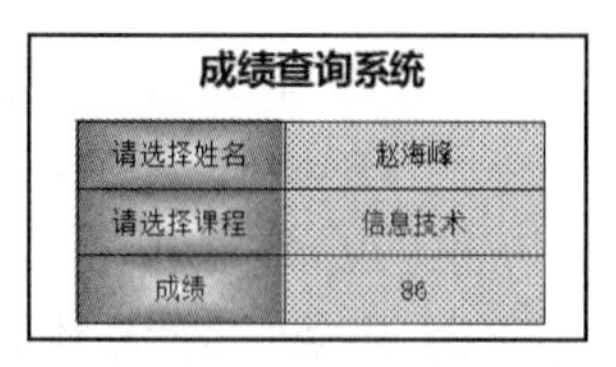

图 5-144　成绩查询系统效果

练习与测试

一、判断题

1. AVERAGE（A1:B4）是指求 A1 和 B4 单元格的平均值。(　　)
2. 在 WPS 表格中，要输入公式或函数，必须先输入等号。(　　)
3. WPS 表格的筛选是把符合条件的记录保留，不符合条件的记录删除。(　　)
4. 在 WPS 表格中，分类汇总包括分类和汇总两个功能。(　　)
5. MAX 函数是用来求最小值的。(　　)

二、选择题

1. 在 WPS 表格中，如果单元格中出现“#DIV/0!”，表示（　　）。
   A. 没有可用数值
   B. 结果太长，单元格容纳不下
   C. 公式中出现除零错误
   D. 单元格引用无效
2. 在 WPS 表格中有两种类型的地址：B2 和$B$2，以下说法中正确的是（　　）。
   A. 前者是绝对地址，后者是相对地址
   B. 前者是相对地址，后者是绝对地址
   C. 两者都是绝对地址
   D. 两者都是相对地址
3. 用“自定义”方式筛选出一班报名人数“不少于 7 人”或“少于 2 人”的兴趣小组，一班兴趣小组报名表的筛选条件为（　　）。
   A. ≥7 与<2　　B. ≥7 或<2　　C. ≤7 或>2　　D. ≤7 或<2
4. 在 WPS 表格中，A1:B2 单元格区域代表单元格（　　）。
   A. A1、B1、B2　　B. A1、A2、B2
   C. A1、A2、B1、B2　　D. A1、B2
5. 在 WPS 表格中，进行绝对地址引用的时候，在行号和列标前要加符号（　　）。
   A. @　　B. $　　C. &　　D. #

6. 在 WPS 表格中，以下关于筛选数据的说法正确的是（　　）。
   A. 删除不符合设置条件的其他内容
   B. 筛选后仅显示符合设置条件的某一值或符合一组条件的行
   C. 将改变不符合条件的其他行的内容
   D. 将隐藏符合条件的内容
7. 在 WPS 表格中，如未特别设置格式，则数值数据会自动（　　）对齐。
   A. 靠左　　B. 靠右　　C. 居中　　D. 随机
8. 求 WPS 表格中，A1 到 A6 单元格中数据的和不可用（　　）来表示。
   A. =A1+A2+A3+A4+A5+A6
   B. =SUM（A1:A6）
   C. =（A1+A2+A3+A4+A5+A6）
   D. =SUM（A1+A6）
9. 在 WPS 表格中，如果单元格中的内容是 18，则在编辑栏中不会显示（　　）。
   A. 10+8　　B. =10+8　　C. 18　　D. =B3+C3
10. 下面有关工作表、工作簿的说法中，正确的是（　　）。
   A. 一个工作簿可包含无限个工作表　　B. 一个工作簿可包含有限个工作表
   C. 一个工作表可包含无限个工作簿　　D. 一个工作表可包含有限个工作簿
11. 在 WPS 表格中，下面说法中不正确的是（　　）。
   A. 输入公式首先要输入“*”号　　B. 求大量数据的和可用 SUM 函数
   C. 公式中的乘号为“*”　　D. 将表中的一列数据称为记录
12. 对于不连续单元格的选取，可借助（　　）键完成。
   A.【Ctrl】　　B.【Shift】　　C.【Alt】　　D.【Tab】
13. 在 WPS 表格中，下列说法中正确的是（　　）。
   A. 排序一定要有关键字，关键字最多可有 4 个
   B. 筛选就是从记录中选符合要求的若干条记录，并显示出来
   C. 分类汇总中的汇总就是求和
   D. 单元格格式命令不能设置单元格的底色

14. 某次数学考试满分为 130，成绩已经按列输入 WPS 表格中，现在想使用筛选功能，选取出分数不低于 120 分和分数低于 72 分的学生，在“自定义自动筛选方式”对话框中相应部位应选择或填写（　　）。
   A. “大于 120”或“小于 72”　　B. “大于或等于 120”或“小于 72”
   C. “大于或等于 120”与“小于 72”　　D. “大于 120”或“小于或等于 72”
15. 要找出成绩表中所有数学成绩在 90 分及以上的同学，应该利用（　　）功能。
   A. 查找　　B. 筛选
   C. 分类汇总　　D. 定位

项目六 使用 WPS 演示制作演示文稿

项目导读

演示文稿广泛应用于多个领域，如工作汇报、产品展示、活动策划、教育培训、个人演讲等。演示文稿是集文案策划、平面设计、动画演绎为一体的演示工具，目前常用的演示文稿制作软件有微软公司开发的 Microsoft Office PowerPoint、苹果公司开发的 Keynote 和金山公司开发的 WPS。本项目将以 WPS 演示为例，介绍演示文稿的排版设计、动画制作、放映等内容。

任务 6.1 制作欢度春节演示文稿

【任务描述】

近期学校组织了一次留学生访学活动，学生会的小白需要在欢迎仪式上作为学生代表进行演讲，为留学生介绍中国传统节庆文化。现需要做一份欢度春节演示文稿，下面使用 WPS 演示来完成此任务，欢度春节演示文稿效果如图 6-1 所示。

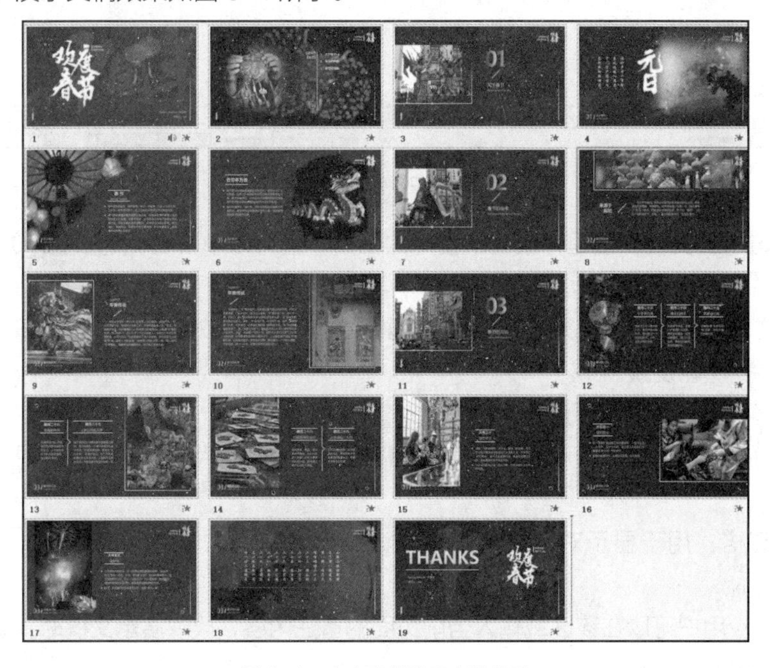

图 6-1 欢度春节演示文稿效果

演示文稿要求如下。

（1）明确使用场景，有层次和条理地介绍春节的由来和习俗。

（2）合理使用图片、插图、形状，使版面设计美观、大方。

（3）整体色调能够体现节日的氛围。

【知识储备】

6.1.1 演示文稿基础知识

WPS 演示的工作界面如图 6-2 所示。

（1）文档标题：用于显示文件名。

（2）“文件”菜单：执行“文件”菜单中的命令，可以对文件进行打开、新建、保存、编辑等操作。

图 6-2 WPS 演示的工作界面

（3）快速访问工具栏：这里存放经常使用的工具，也可以单击右侧的按钮进行自定义。

（4）菜单栏：用于存放菜单。

（5）工具栏：每一个菜单下方都对应一个工具栏，单击工具右侧的下拉按钮，可以打开相应对话框，进行更多功能设置。

（6）操作区：用于制作幻灯片的区域。

（7）导航窗格：以预览图的形式显示演示文稿中的所有幻灯片，选中预览图时，该幻灯片会显示在操作区中。

（8）任务窗格：用于显示对象、动画等的详细参数，点击下方 3 个圆点可自由设置任务窗格。

（9）备注区：用户可以在该区域输入当前页面的备注内容，放映演示文稿时，观众不会看到备注内容，只有放映者才能看到。

（10）状态栏：用于显示演示文稿的页码及总页数。

（11）视图栏：用于根据需要放大或缩小页面及选择其他视图模式。

演示文稿有 4 种视图模式，分别是普通视图、幻灯片浏览视图、备注页视图和阅读视图，可以单击“视图”菜单，在工具栏中切换视图模式，如图 6-3 所示，也可以通过工作界面右下角的视图栏进行切换。

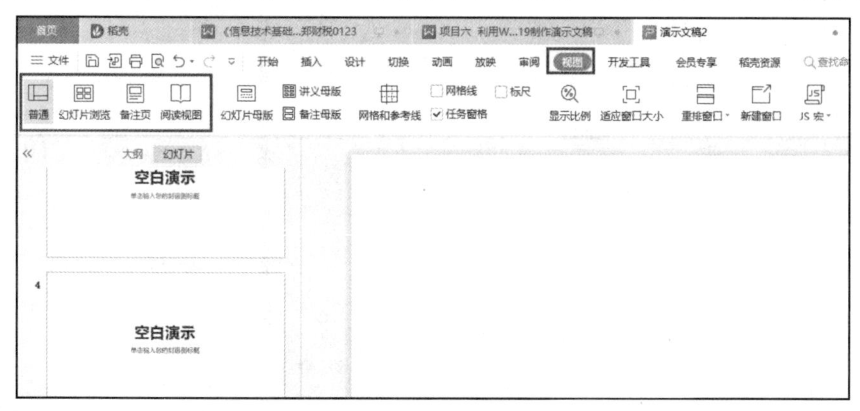

图 6-3　切换视图模式

幻灯片浏览视图用于将所有幻灯片以缩略图的形式展示，如图 6-4 所示。使用幻灯片浏览视图便于把控整个演示文稿版式设计与颜色的统一性。在任一视图模式下，按住【Ctrl】键滚动鼠标滚轮即可改变视图的显示比例。

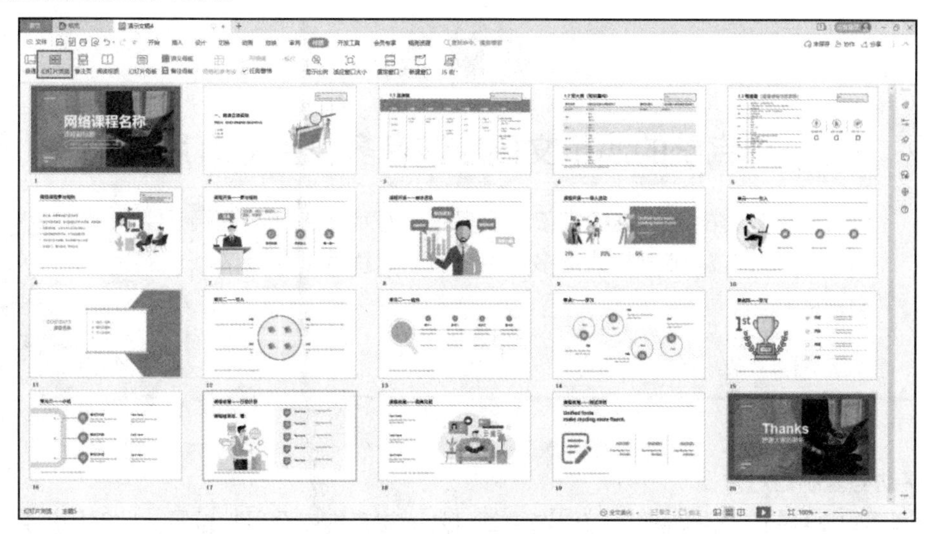

图 6-4　幻灯片浏览视图

6.1.2　幻灯片的编辑

1. 插入幻灯片

新建演示文稿后，系统会默认新建一张空白幻灯片，在“开始”菜单的工具栏中单击“新建幻灯片”按钮，就可以插入一张新的幻灯片。也可以单击“新建幻灯片”按钮下方的下拉按钮，在打开的下拉列表中选择需要的幻灯片进行插入，如图 6-5 所示。

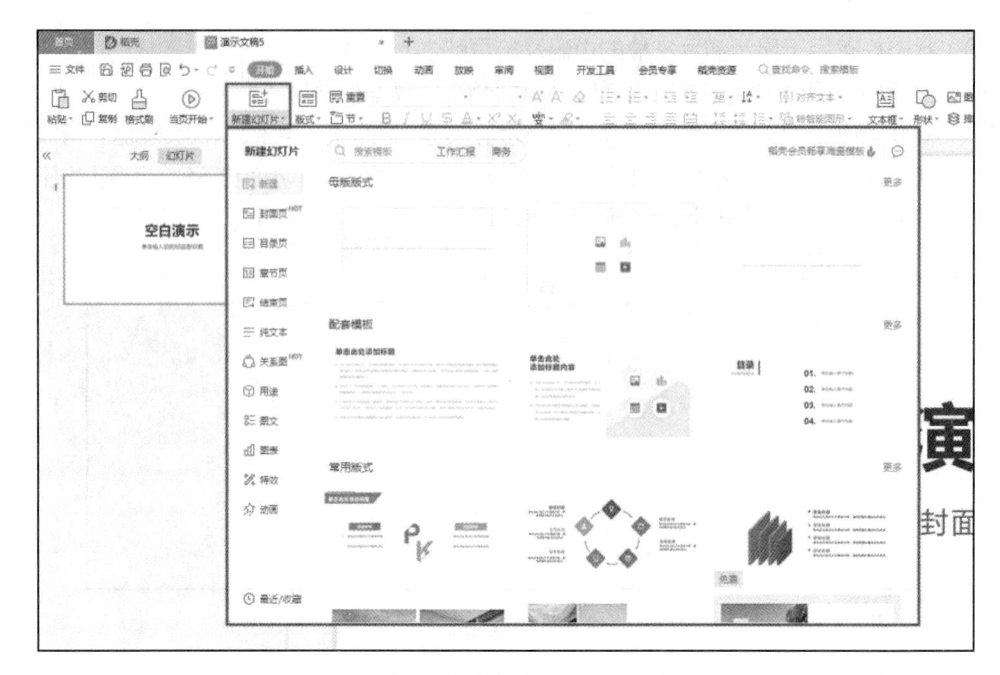

图 6-5 “新建幻灯片”下拉列表

答疑解惑

一个完整的演示文稿应该有多少张幻灯片？

一个完整的演示文稿应该包含多张幻灯片，包括封面页、目录页、章节页和结束页，以及多张内容页，这样才能条理清晰地表达自己的观点。

2. 移动与复制幻灯片

需要调整幻灯片的前后顺序时，可以选中幻灯片，将其拖曳至目标位置，此时用户会发现幻灯片的编号将重新编排。在幻灯片浏览视图中可以更加方便地调整幻灯片的顺序。

复制幻灯片的方法是选中幻灯片，按【Ctrl+C】组合键进行复制，在目标位置的上一张幻灯片处单击，按【Ctrl+V】组合键进行粘贴。

3. 调整幻灯片的大小

新建的空白演示文稿，其幻灯片大小默认为宽屏 16∶9 的尺寸。如果场地的放映条件有明确的要求，可以对幻灯片的大小进行调整。单击“设计”菜单，单击工具栏中的“幻灯片大小”按钮，在下拉列表中选择“自定义大小”选项，如图 6-6 所示，在打开的对话框中即可对幻灯片的大小进行调整。

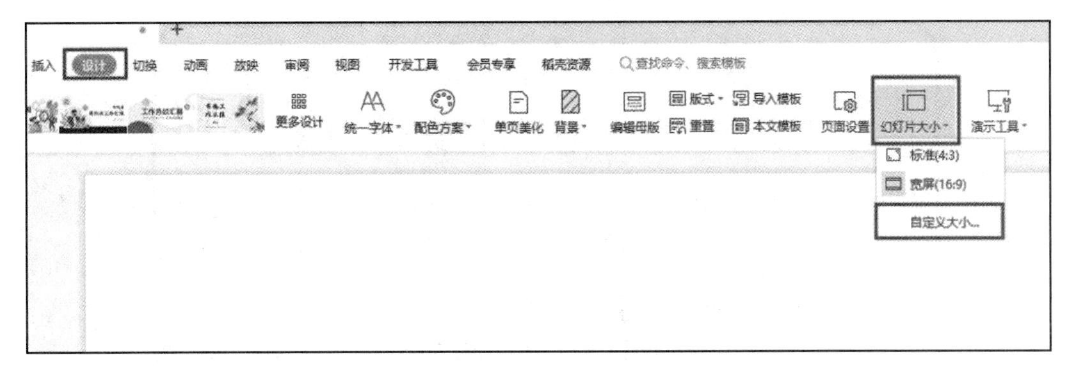

图 6-6　选择“自定义大小”选项

6.1.3　对象的插入

1. 插入文本框

在演示文稿中无法直接输入文字内容，需要通过插入文本框实现文字的输入。单击“开始”菜单，单击“文本框”按钮，在下拉列表中选择需要的文本框类型，如图 6-7 所示，按住鼠标左键并拖曳，在需要的位置绘制文本框，然后输入文字内容。

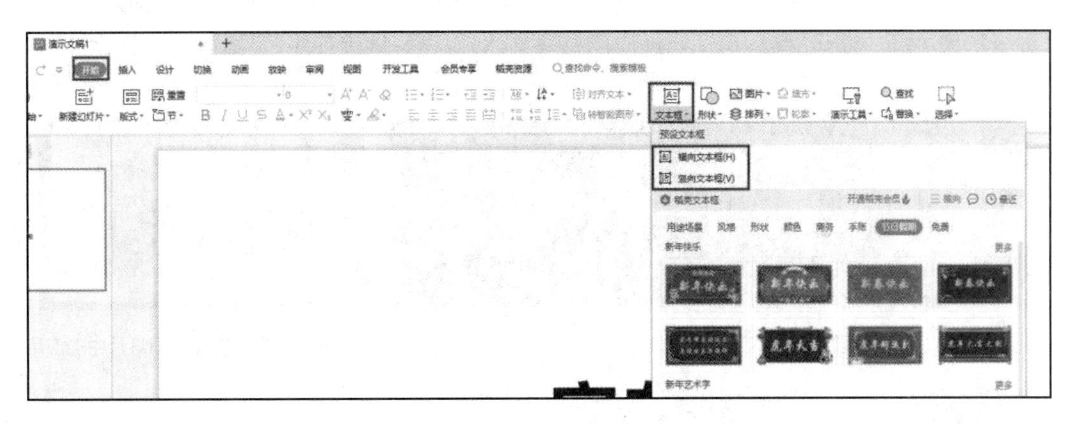

图 6-7　插入文本框

选中文本框时，菜单栏会自动激活“文本工具”菜单，在工具栏中可以对文字、段落、文本效果格式、形状格式进行设置，如图 6-8 所示。单击各选项组右下角的扩展按钮，可对其进行详细的设置。

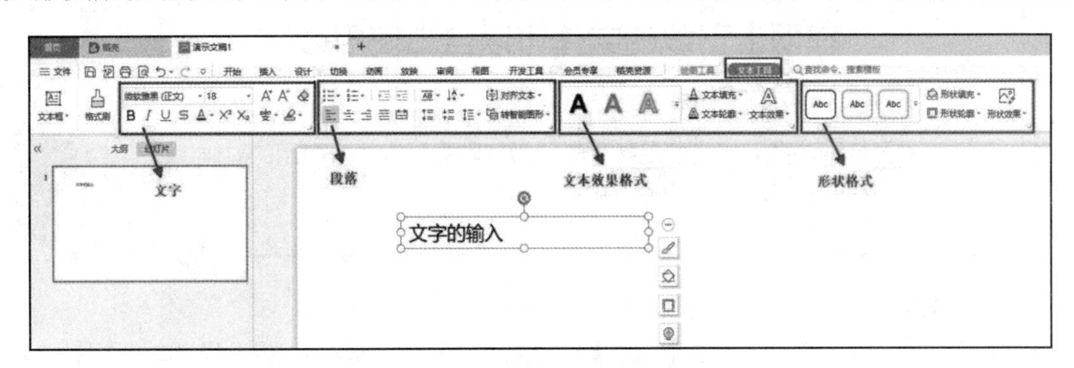

图 6-8　“文本工具”菜单

小贴士：相同的格式不需要重复设置

- ✧ 选中调整好格式的文本框，单击工具栏中的“格式刷”按钮，再单击需要调整格式的文本框，即可复制所选格式到目标文本框。
- ✧ 双击“格式刷”按钮可持续激活格式刷，将复制的格式应用到多个位置，按【Esc】键退出格式刷。

文字是传递信息的重要符号，除了其展示的内容，还可以通过字体表达外化的情绪。在不同的场景中，应使用不同风格的字体，让字体和内容相得益彰。

字体大致分为两种：衬线字体和非衬线字体。衬线字体在笔画的起始和末端都有装饰（如宋体），字体风格优雅，常用在表现文艺气息的幻灯片中；非衬线字体没有额外的装饰，笔画粗细基本相同（如黑体），字体风格简洁干练，常用在表现时尚、现代风格的幻灯片中，如图 6-9 所示。

设计严肃主题的演示文稿，可适当地应用书法字体，以更好地表现庄严、隆重的气氛，如图 6-10 所示。

图 6-9　不同风格字体的应用

图 6-10　书法字体在幻灯片中的应用

答疑解惑

在网上下载的字体可以自由使用么？

不是所有的字体都能随意使用，字体是有版权的，尤其商用的时候要特别注意。如我们最熟悉的“微软雅黑”字体，商用的时候就需要购买版权。

2. 插入图片

单击“插入”菜单，单击工具栏中的“图片”按钮，在下拉列表中可以选择“本地图片”“分页插图”或者“手机传图”选项，如图 6-11 所示。

图 6-11　插入图片

选择“本地图片”选项，在打开的对话框中选择所需图片，单击“插入”按钮即可。图片插入后会默认最大化显示在页面中间位置，用户可根据排版需要调整图片的大小和位置。

当需要插入多张图片，且每张图片在不同的页面时，选择“分页插图”选项可以提高工作效率，系统会为每张图片自动新建一张幻灯片。

选择“手机传图”选项，在打开的对话框中使用手机中的微信扫描二维码，就可以快速插入手机图片，如图 6-12 所示。

图 6-12　插入手机图片

选中插入的图片，菜单栏中会自动激活“图片工具”菜单，在工具栏中可以对图片的大小、形状格式进行设置，如图 6-13 所示。单击各选项组右下角的扩展按钮，可对其进行详细的设置。

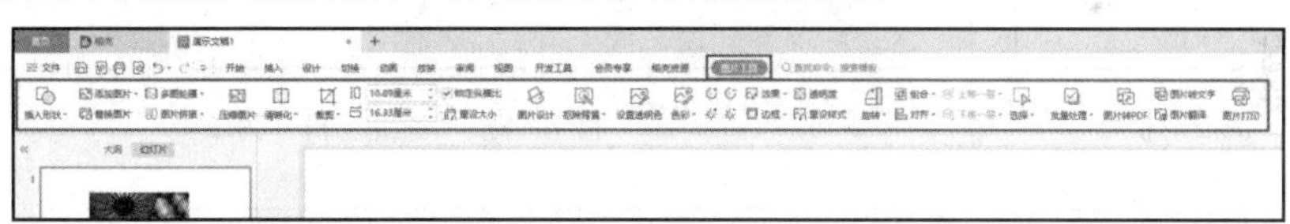

图 6-13　“图片工具”菜单

答疑解惑

在网上下载的图片可以自由使用吗?

图片和字体一样是有版权的，不能随意使用。在素材网站上下载图片时要注意查看版权的授权范围，有些图片就算充值了素材网站的会员，依然是不可以商用的。

3. 插入形状

单击“插入”菜单，单击工具栏中的“形状”按钮，在下拉列表中选择“线条”“矩形”“基本形状”“箭头汇总”“星与旗帜”等选项，如图 6-14 所示，按住鼠标左键并拖曳，在页面中绘制出相应的形状。

选中绘制好的形状，菜单栏中会自动激活“绘图工具”菜单，在工具栏中可以对图形的填充与线条、效果、大小属性等进行设置，如图 6-15 所示。单击各选项组右下角的扩展按钮，可对其进行详细的设置。

4. 插入智能图形

在演示文稿中，智能图形经常被用来制作流程图、逻辑关系图等。单击“插入”菜单，单击工具栏中的“智能图形”按钮，在打开的对话框中选择需要的智能图形进行插入，如图 6-16 所示。

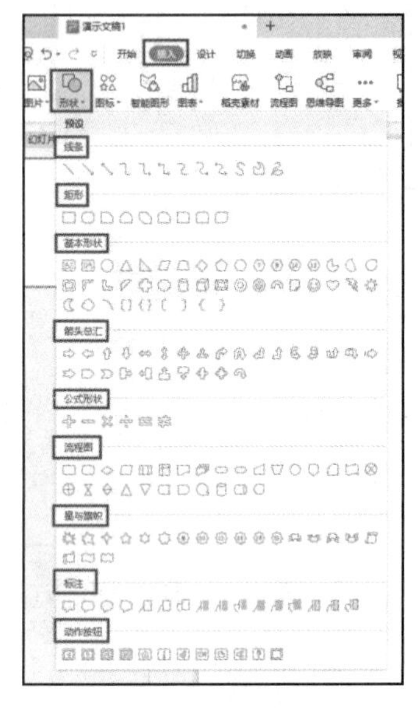

图 6-14　选择形状

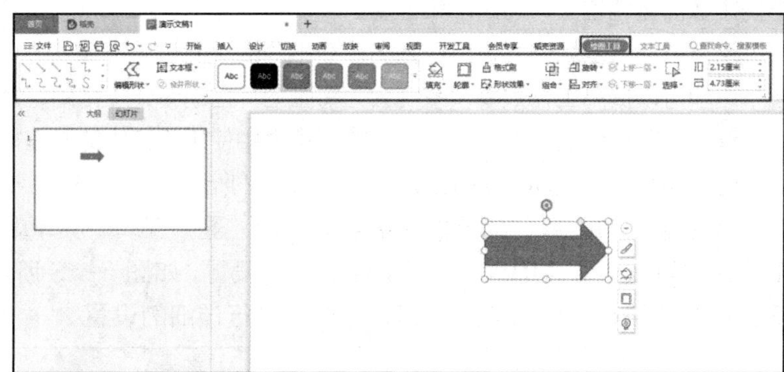

图 6-15　“绘图工具”菜单

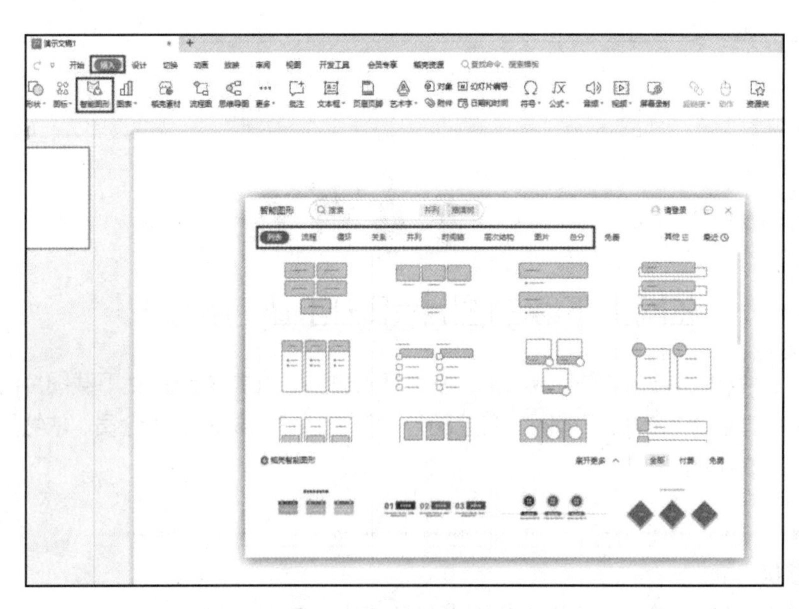

图 6-16　插入智能图形

选中绘制好的智能图形，菜单栏中会自动激活“设计”菜单，在工具栏中可以对智能图形的布局、颜色、大小属性进行设置，如图 6-17 所示。

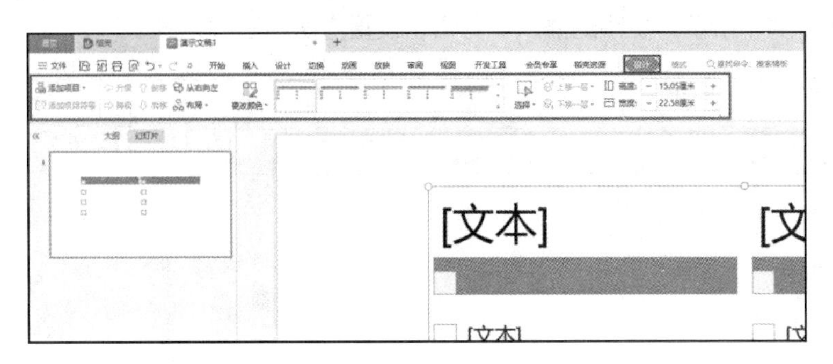

图 6-17 “设计”菜单

5. 插入表格与图表

可以从“插入”菜单下的工具栏中插入表格与图表，也可以将在 WPS 表格中制作的表格与图表复制到演示文稿中。表格与图表的制作在项目五中进行了详细的讲解，此处不再赘述。

选中绘制好的表格或图表，菜单栏中会自动激活相应的“表格工具”与“图表工具”菜单，便于用户进行修改和美化。

6. 插入音频与视频

在制作演示文稿时，用户可以根据需要插入音频与视频文件，烘托现场气氛，吸引观众的注意力。单击“插入”菜单，单击工具栏中的“音频”按钮，在下拉列表中选择需要的选项，如图 6-18 所示。

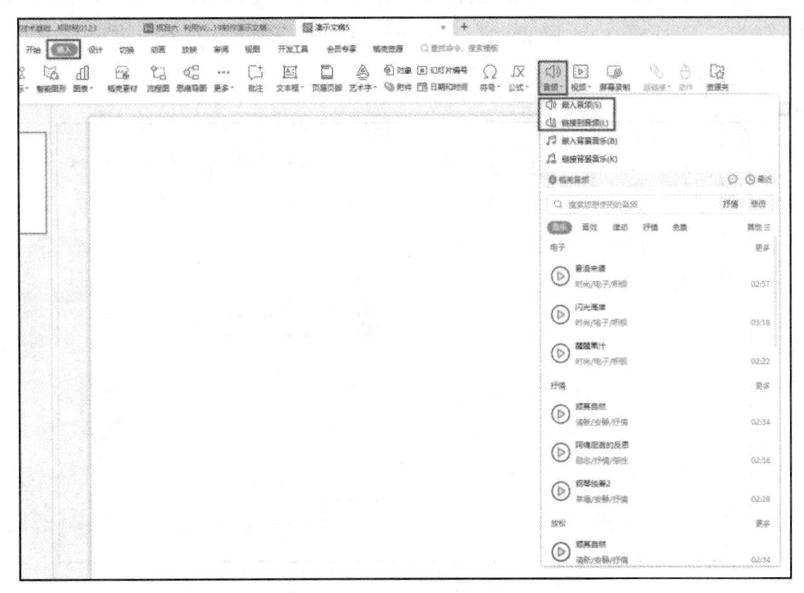

图 6-18 插入音频

“链接到音频”选项插入音频不会增加整个演示文稿的大小，但是在打包演示文稿时，音频文件需要与演示文稿文件一起打包，否则无法正常播放。选择“嵌入音频”选项插入音频是将音频文件嵌入演示文稿中，在打包演示文稿时可以不用将音频文件一起打包。但这种方式会增加整个演示文稿的大小，如果嵌入的音频文件比较大，可能会导致整个演示文稿运行卡顿。

选中插入的音频文件，菜单栏中会自动激活“音频工具”菜单，在工具栏中可以对音频进行剪辑和设置，如图 6-19 所示。视频的插入、剪辑、设置方法与音频相同。

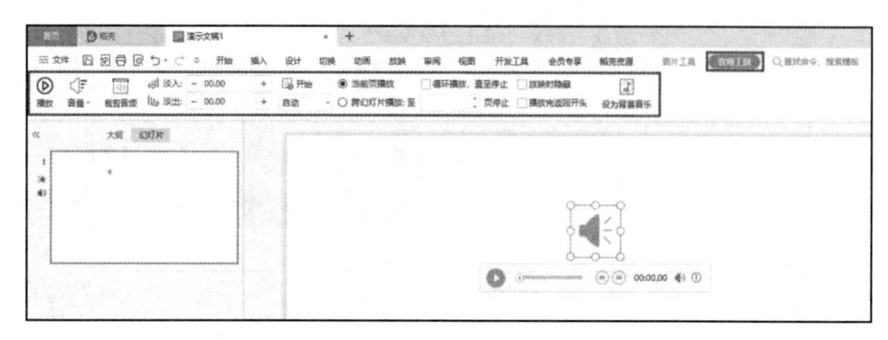

图 6-19 “音频工具”菜单

6.1.4 使用 iSlide 插件美化演示文稿

1. 安装 iSlide 插件

随着用户的审美要求越来越高，各种各样的插件被开发出来，帮助用户更加便捷地制作出美观的演示文稿，iSlide 插件就是其中的佼佼者。

在搜索引擎中搜索“iSlide”，进入官网下载该插件，插件安装完成后，启动 WPS 演示，新建演示文稿，在“开发工具”菜单下，单击工具栏中的“COM 加载项”按钮，在打开的“COM 加载项”对话框中勾选“iSlideTools.Public”复选框，单击“确定”按钮，如图 6-20 所示，菜单栏中会添加“iSlide”菜单。

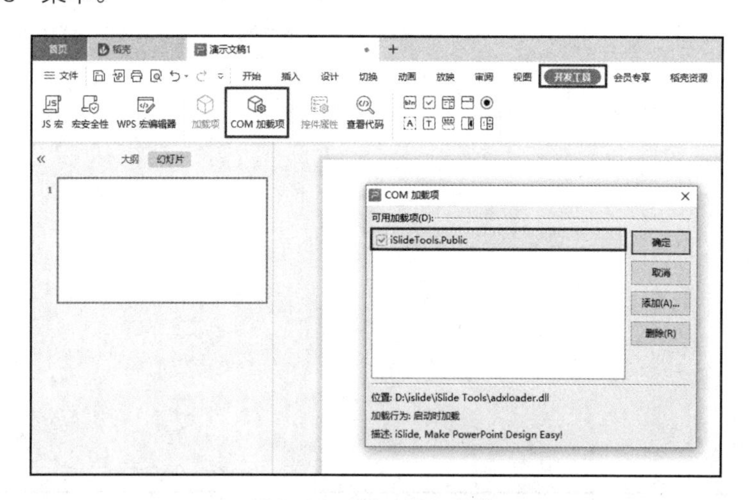

图 6-20 添加 iSlide 插件

单击“iSlide”菜单，单击工具栏中的任一按钮即可激活 iSlide 资源库。单击 iSlide 资源库左侧按钮可分别进入案例库、主题库、图示库、图标库、图片库、插图库等，在右侧列表中可以选择需要的素材，如图 6-21 所示。

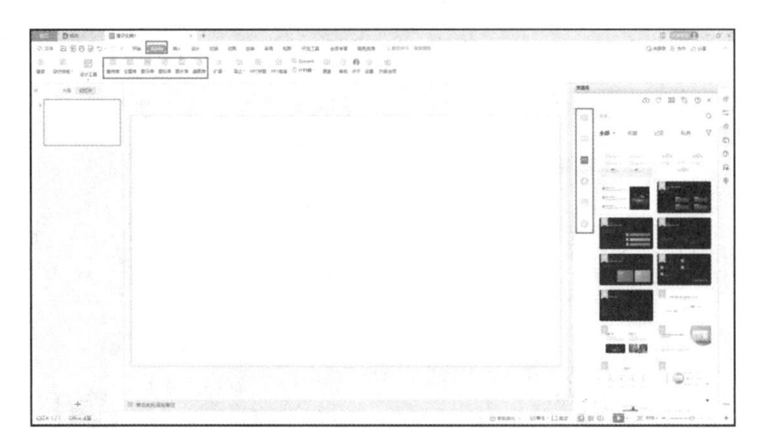

图 6-21 iSlide 资源库

注意，iSlide 插件需要注册登录方可使用，左上角带有“V”符号的素材需要充值成为会员才能使用。

2. iSlide 主题库

打开主题库后，在列表中单击需要的主题，该主题会出现在新建的演示文稿中，下载的主题均包含 5 个页面，分别是封面页、目录页、章节页、内容页、结束页，如图 6-22 所示。用户可以将需要的图片、文字、形状复制到自己的演示文稿中进行使用，也可以参考所下载主题的版面设计自行制作演示文稿。

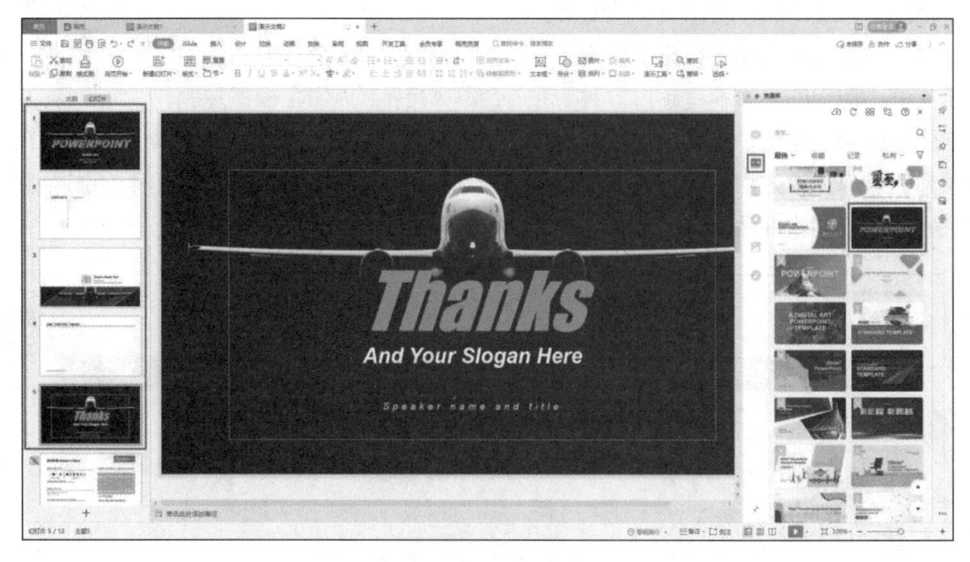

图 6-22 主题示例

3. iSlide 图示库

iSlide 图示库的功能与智能图形相同，可用来制作流程图、逻辑关系图等，不过 iSlide 图示库的资源更加丰富和美观，用户还可以直接搜索甘特图、循环、进度、地图、时间轴等关键词。

在图示库中搜索数字，如搜索数字 3，列表中会出现各种有 3 个组成部分的图示，单击需要的图示，会自动新建一张幻灯片并将其插入，插入图示的颜色会自动适配当前主题，选中图示后，可以对该图示进行详细的设置，如图 6-23 所示，这是 iSlide 插件最重要的功能之一。

图 6-23 插入图示

【任务实现】

1. 素材收集

微课 6-1

根据此次任务的主题“欢度春节”，收集关于春节的由来、习俗、诗词、童谣等文字信息，合理地编排演示文稿的文本。

根据文本收集与主题相关且无版权限制的图片、音频、视频等资料。注意，一个演示文稿中使用的字体不宜超过 3 种，否则会给人凌乱的感觉。根据主题，将标题字体定为书法字体，正文定为方正黑体与方正楷体。

登录方正字库的官方网站，下载方正黑体与方正楷体，如图 6-24 所示。下载完成后双击字体进行安装，重新启动软件后即可使用。

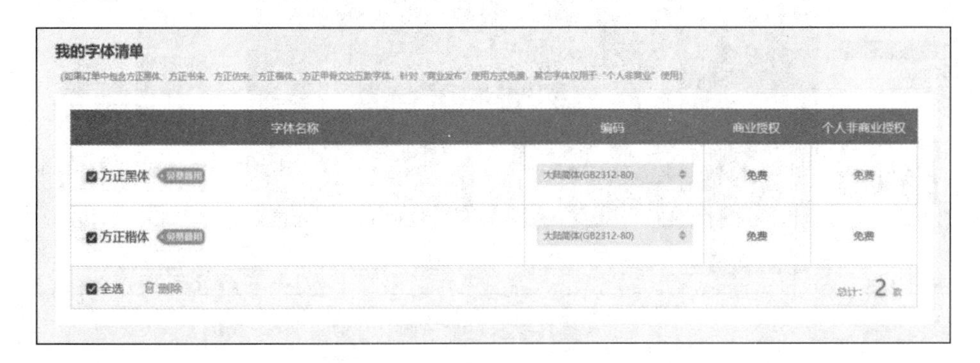

图 6-24 下载方正黑体与方正楷体

在毛笔字体生成器网站制作书法字体，在对话框中依次输入“欢度春节”4 个字，设置格式为电影海报字体、400 像素，颜色和背景为白色，勾选“透明？”复选框，如图 6-25 所示。单击“开始转换”按钮，在生成的预览图上单击鼠标右键，在弹出的快捷菜单中执行“另存图像为”命令，即可下载制作好的书法字体图片（透明底的 PNG 图片）。用同样的方法制作“中国年”3 个字的书法字体，颜色选择深红色。

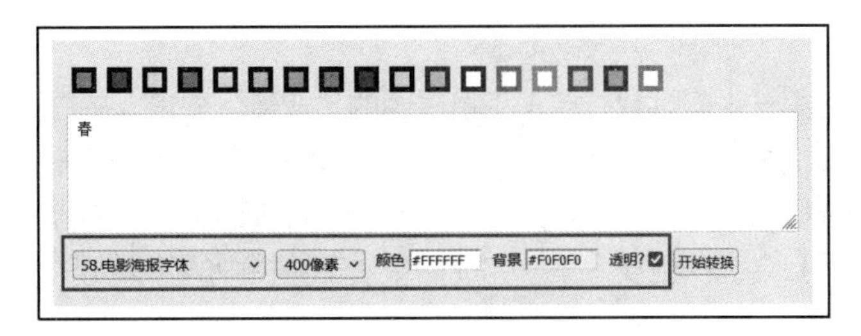

图 6-25　书法字体设置

2. 新建与保存

启动 WPS Office 2019 后，单击“新建”按钮，打开新建窗口，在左侧列表中单击“新建演示”按钮，以白色为背景色新建空白演示，如图 6-26 所示。

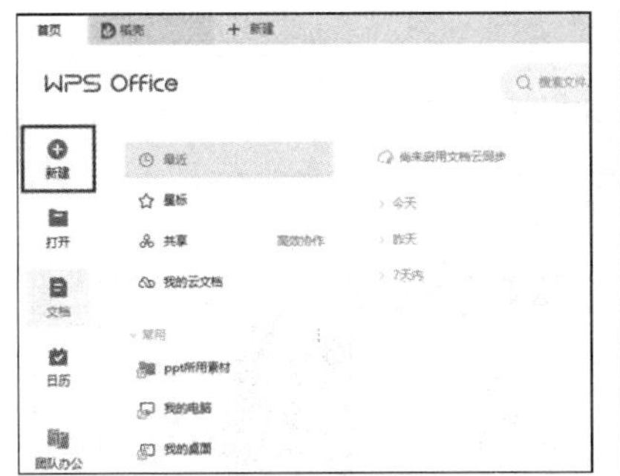
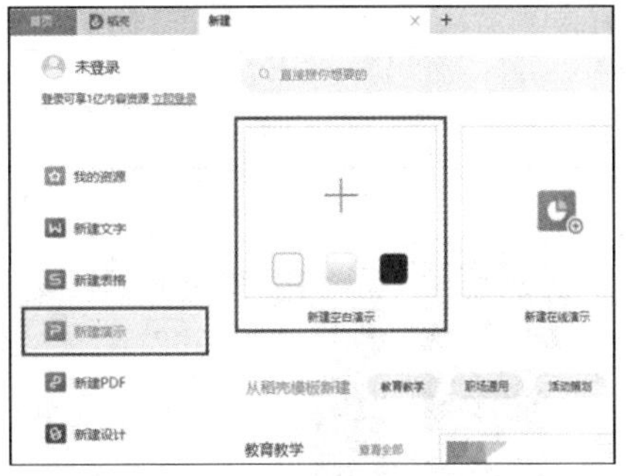

图 6-26　新建空白演示

在演示文稿的制作过程中，用户需要及时进行保存，以避免因断电或死机造成文件丢失，可以单击快速访问工具栏中的“保存”按钮，或按【Ctrl+S】组合键进行保存。首次保存时，需指定文件保存位置，将文件名改为“欢度春节”，单击“保存”按钮即可保存演示文稿，如图 6-27 所示。

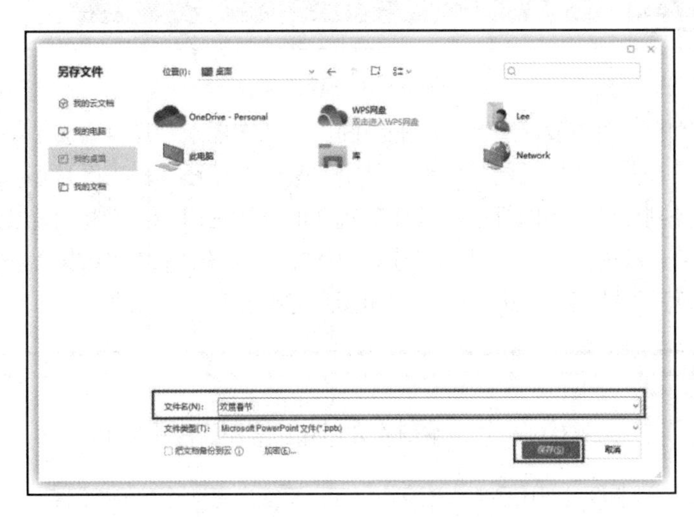

图 6-27　保存“欢度春节”演示文稿

3. 设计封面页、结束页

单击“设计”菜单，单击工具栏中的“编辑母版”按钮，如图 6-28 所示，菜单栏中会自动激活“幻灯片母版”菜单。

微课 6-2

选中导航窗格中的第一张幻灯片，单击工具栏中的“背景”按钮，在右侧打开的“对象属性”窗格中选择“图片或纹理填充”单选项，在“图片填充”下拉列表中选择“请选择图片”选项，如图 6-29 所示，打开已准备好的背景图片。此时所有幻灯片都会统一更换背景，完成后单击工具栏中的“关闭”按钮，关闭母版。

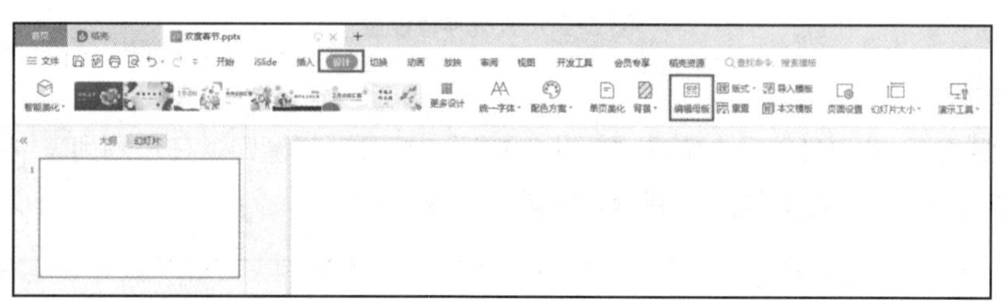

图 6-28　编辑母版

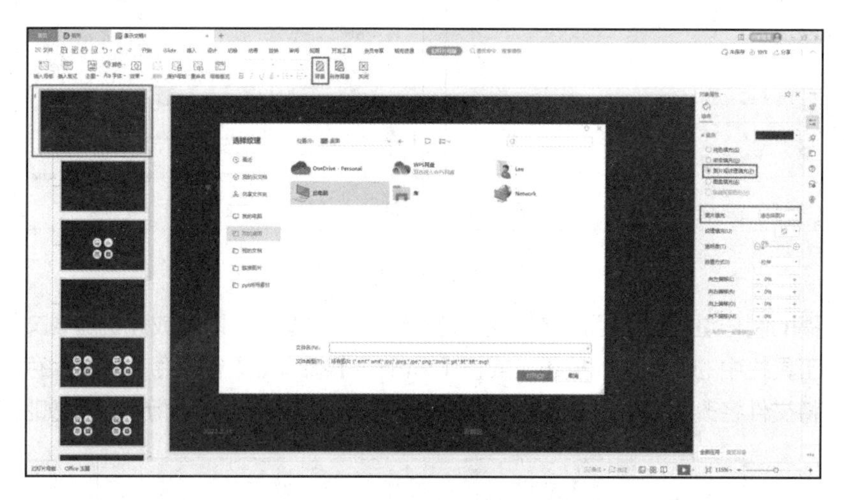

图 6-29　插入背景

在第一张幻灯片的页面中设计演示文稿的封面页。依次插入“欢度春节”4 个字的书法字体图片，分别选中图片，单击“图片工具”菜单，单击“裁剪”按钮，裁去图片多余的部分。将鼠标指针放置在 4 个角的控制点处，当鼠标指针呈双向箭头时，按住鼠标左键将其拖曳至合适的位置，等比例放大和缩小图片。双击图片，在打开的“对象属性”窗格中单击“效果”按钮，单击“阴影”左侧的三角形按钮打开下拉菜单，设置书法字体图片的阴影参数，如图 6-30 所示。

小贴士：素材大小调整的注意事项

要将图片等比例放大或缩小，可以直接拖曳 4 个角的控制点，但是对于其他素材，如图标、形状、插图等，需要在拖曳的同时按住【Shift】键才能等比例进行缩放，否则素材会变形。

4 张书法字体图片的阴影参数设置完成后，依次选中图片，单击鼠标右键，在弹出的快捷菜单中依次执行“置于顶层”“置于底层”“上移一层”“下移一层”命令调整 4 张图片的叠加关系，使“欢”字在最顶层，往下依次为“春”“节”，“度”字在最底层，如图 6-31 所示。按住【Shift】键依次单击 4 张图片，将其全部选中后按【Ctrl+G】组合键进行组合，方便整体调整大小和位置，按【Ctrl+Shift+G】组合键可以取消组合。

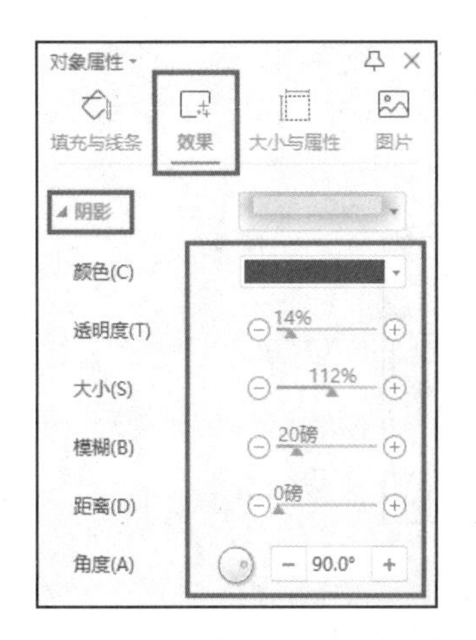

图 6-30　设置书法字体图片的阴影参数

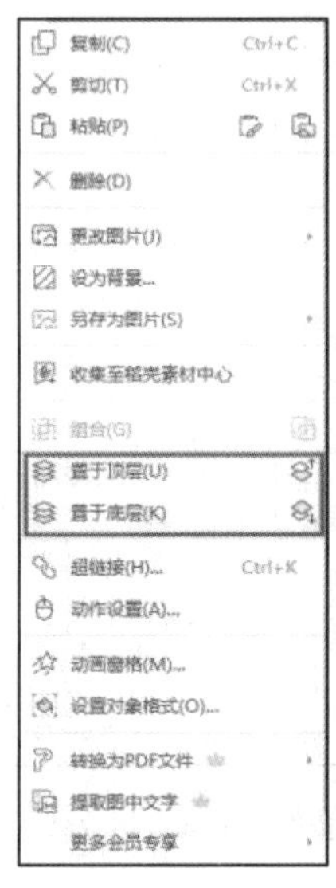

图 6-31　调整图片的叠加关系

依次插入“中”“国”“年”3 个字的书法字体图片，裁剪后放在合适的位置，组合后置于底层。

单击“iSlide”菜单，打开插图库，搜索“春节”，选择一款灯笼插图插入幻灯片，调整大小并调整至合适的位置。双击灯笼插图，在打开的“对象属性”窗格中单击“效果”按钮，单击“阴影”左侧的三角形按钮打开下拉列表，设置插图的阴影参数，如图 6-32 所示。

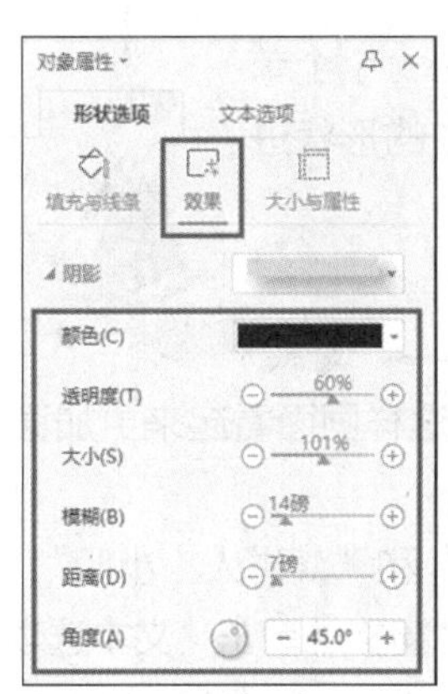

图 6-32　设置插图的阴影参数

单击“iSlide”菜单，打开图标库，搜索“烟花”，选择一款烟花图标插入幻灯片，调整大小并调整至合适的位置。双击图标，在打开的“对象属性”窗格中单击“填充与线条”按钮，单击“填充”

左侧的三角形按钮打开下拉列表，选择“渐变填充”单选项，渐变样式选择“矩形渐变-中心辐射”，删除多余的渐变色调整滑块。将左侧的滑块色标颜色调整为“橙色，着色 4，浅色 80%”，将右侧的滑块色标颜色调整为“橙色，着色 4，浅色 80%”，如图 6-33 所示。

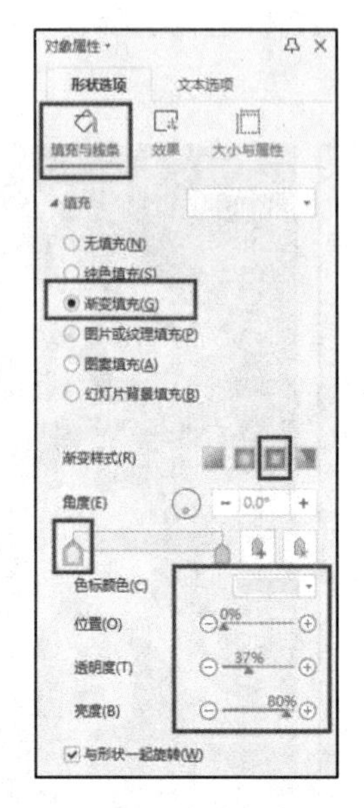

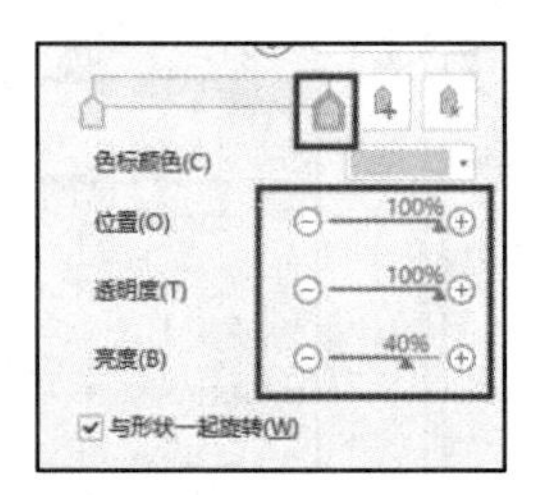

图 6-33　设置图标的渐变填充效果

答疑解惑

插图有不合适的地方可以修改吗?

iSlide 插图库中的插图不是一张图片，而是由一个个单独的形状组合而成的，取消组合后，就可以对单独的形状进行修改。

将图标复制两份，改变其大小和位置，使其呈倒三角形构图，这样画面看起来更加稳定，如图 6-34 所示。

在幻灯片右下角插入文本框，输入“Spring Festival · 中国年”和“演讲人：小明”，设置字体为方正黑体简体、字号为 14。双击文本框，在打开的“对象属性”窗格中单击“文本选项”选项卡，单击“文本填充”左侧的三角形按钮打开下拉列表，选择“渐变填充”单选项，渐变样式选择“线性渐变-向下”，调整渐变色参数与烟花图标一致，设置文本的渐变填充效果，如图 6-35 所示。在“欢度春节”右上角插入文本框，输入“SPRING FESTIVAL”，设置字体为方正黑体简体、字号为 14、加粗、倾斜，将其作为小元素点缀标题“欢度春节”，用同样的方法设置渐变填充。

图 6-34　添加图标后画面更加稳定

图 6-35　设置文本的渐变填充效果

单击“插入”菜单，单击工具栏中的“形状”按钮，在页面右下角绘制一条直线，双击直线，在打开的“对象属性”窗格中单击“填充与线条”按钮，单击“线条”左侧的三角形按钮打开下拉列表，选择“渐变线”单选项，渐变样式选择“线性渐变-向下”，宽度为 1 磅，调整渐变色参数与烟花图标一致。用同样的方法绘制“SPRING FESTIVAL”左侧的装饰线条与页面左下角的装饰性元素组合，完成封面页的设计，如图 6-36 所示。

图 6-36　完成封面页的设计

将封面页复制一张，缩小标题“欢度春节”，将其移动到右侧，在原标题处插入文本框，输入“THANKS”，设置字体为方正黑体简体、字号为 96、加粗，调整渐变色的方法与前文“Spring Festival 中国年”一致。将页面右下角的文字移至“THANKS”下方，并绘制一条直线作为分隔，完成结束页的设计，如图 6-37 所示。

图 6-37　完成结束页的设计

4. 设计目录页、章节页

微课 6-3

将鼠标指针移至导航窗格的幻灯片缩略图上方，缩略图上会出现“+”按钮，单击该按钮新建一页幻灯片。单击“插入”菜单，单击工具栏中的“视频”按钮，在下拉列表中选择“链接到视频”选项，将“烟花视频”文件插入。复制封面页中下方的装饰性线条形状和标题“欢度春节”至目录页，调整标题的大小和中英文组合顺序，并将其移动至页面右上角作为角标使用。

插入一张合适的图片，双击图片，在打开的“对象属性”窗格中单击“效果”按钮，单击“柔化边缘”左侧的三角形按钮打开下拉列表，将“大小”调整为 100 磅，设置图片的柔化边缘，如图 6-38 所示。

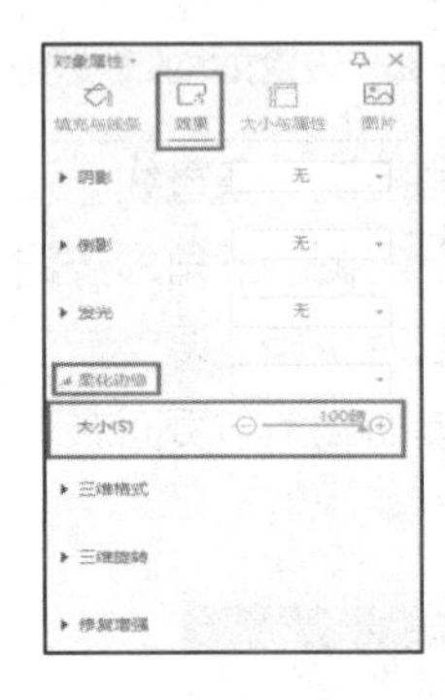

图 6-38　设置图片的柔化边缘

单击“iSlide”菜单，打开主题库，选择一款主题插入，复制其目录页中的版式至“欢度春节”演示文稿的目录页，调整线条、图标的位置及大小，在文本框中输入“1 关于春节”“2 春节的由来”“3 春节的习俗”，设置字体为方正黑体简体、字号为 16，完成目录页的设计，如图 6-39 所示。

图 6-39　完成目录页的设计

新建一页幻灯片，将目录页中的角标与下方装饰性线条复制至当前页。插入视频“1”，调整视频大小，并将其移至合适的位置。在视频的右侧与下方绘制矩形，设置矩形的填充颜色为渐变填充，使之与背景融为一体，如图 6-40 所示。

图 6-40　使矩形与背景融为一体

小贴士：绘制与背景颜色一致的图形

选择图形颜色时，单击“取色器”按钮，当鼠标指针变为吸管形状时，在背景上单击可以吸取相同的颜色。

在视频上方绘制矩形线框，设置线框的颜色与页面下方装饰性线条的渐变色一致，依次输入“0”“1”“关于春节”“About Spring Festival”，调整大小并设置渐变色。在文字中间绘制线条作为分隔，完成章节页的设计，如图 6-41 所示。注意，想要做出图中文字“01”的渐变叠加效果，需要分两个文本框插入数字，在“对象属性”窗格中灵活调整“透明度”选项的设置。

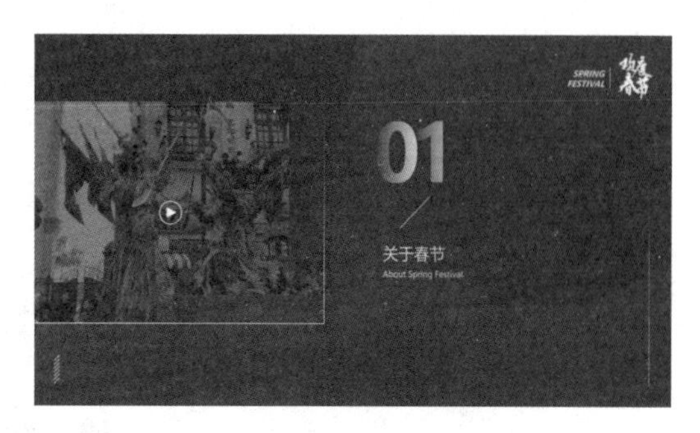

图 6-41　完成章节页的设计

将当前幻灯片复制两张，依次替换插入的视频与文字，完成所有章节页的设计，预览效果如图 6-42 所示。

图 6-42　章节页预览效果

5. 设计内容页

分别在每个章节页的下方新建幻灯片，根据整理好的演示文稿文字脚本制作相应的内容页。每张内容页的固定版式包括右上角的角标、左下角的章节名、右下角的装饰性线条。灵活运用以上的所有方法，完成全部内容页的设计。

注意，单击插入后的图片，在右侧的快速工具栏中单击“图片处理”按钮，切换到“创意裁剪”选项卡，选择其中的选项，就可以制作出意想不到的蒙版效果，如图 6-43 所示。

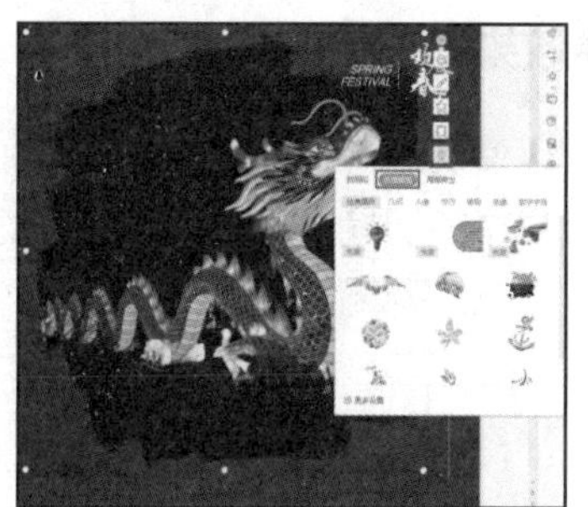

图 6-43　图片的创意裁剪

【知识与技能拓展】

小红是小白的同学，她要在这次留学生访问的迎新仪式上发表演讲，宣传中国传统的节庆文化。请选择一个中国的传统节日，收集相关的文字、图片、视频、音频等资料，制作一份逻辑清晰、版式美观的演示文稿。

任务 6.2　设置欢度春节演示文稿的动画与交互效果

【任务描述】

欢度春节演示文稿已经制作完成了，下面配合演讲的需求，为演示文稿设置动画与交互效果，任务如效果视频所示。

【知识储备】

为演示文稿添加动画与交互效果，可以突出重点信息，丰富页面的内容，激发观众的兴趣，提高演示文稿的观赏性。

答疑解惑

动画与交互效果是越多越好吗?

不是。动画与交互效果要为演讲服务。一味添加复杂的动画与交互效果会适得其反，注意，不能因为动画与交互效果的使用影响演讲的节奏。

6.2.1　切换效果的设置

使用切换效果可以使幻灯片在换页的时候更加顺滑。单击“切换”菜单，选中导航窗格中的一张幻灯片，单击工具栏中的切换效果，即可为该幻灯片添加切换效果，如图 6-44 所示。

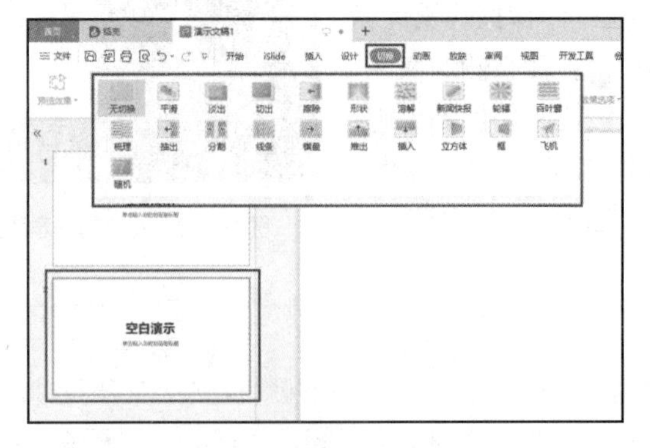

图 6-44　添加切换效果

切换效果添加完成后，单击快速工具栏中的“幻灯片切换”按钮，可在打开的“幻灯片切换”任务窗格中对切换动画的参数进行设置，完成后单击“播放”按钮可以预览切换动画，如图 6-45 所示。

图 6-45　设置并播放切换动画

6.2.2　自定义动画的设置

单击“动画”菜单，选中幻灯片页面上的对象（文字、图片、形状、表格、视频等），在工具栏中选择需要的动画效果添加自定义动画，如图 6-46 所示。自定义动画包括“进入”“强调”“退出”“动作路径”“绘制自定义路径”“智能推荐”6 种形式，可根据演讲需要添加合适的动画效果。

自定义动画添加完成后，单击快速工具栏中的“动画窗格”按钮，在打开的“动画窗格”窗格中单击对象右侧的下拉按钮，在打开的下拉列表中可以自定义动画的触发方式、效果选项、计时等，如图 6-47 所示。在一张幻灯片中可以给多个对象添加自定义动画，也可以给一个对象添加多个自定义动画，当有多个动画时，需注意调整动画播放的先后顺序。

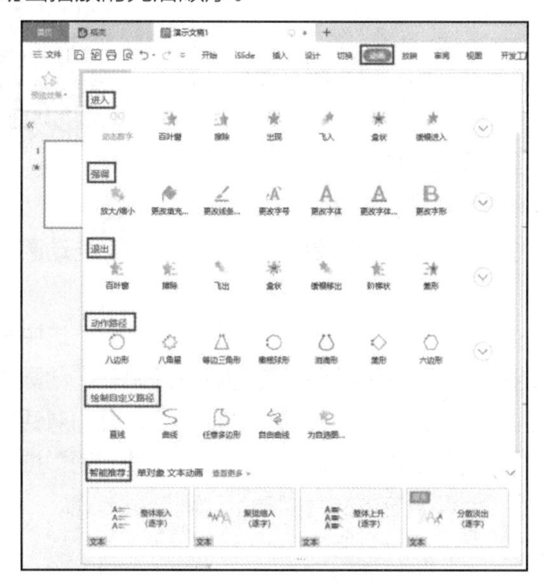

图 6-46　添加自定义动画

图 6-47　自定义动画

6.2.3　超链接的创建和编辑

当演示文稿内容较多，结构复杂时，适当添加页面链接，可以帮助用户迅速找到需要浏览的信息。

选中幻灯片页面上的对象（文字、图片、形状），单击鼠标右键，在弹出的快捷菜单中执行“超链接”命令，在打开的“插入超链接”对话框中可以为对象添加超链接。注意，表格、音频、视频、组合不能添加超链接。常用的超链接包括链接到本地文件、链接到网页、链接到指定的幻灯片。单击“超链接颜色”按钮，可为超链接访问前后设置不同的颜色，以示区别，如图 6-48 所示。

设置动作的方法与设置超链接相同，可为鼠标单击或移过对象时添加指定的动作、声音，如图 6-49 所示。

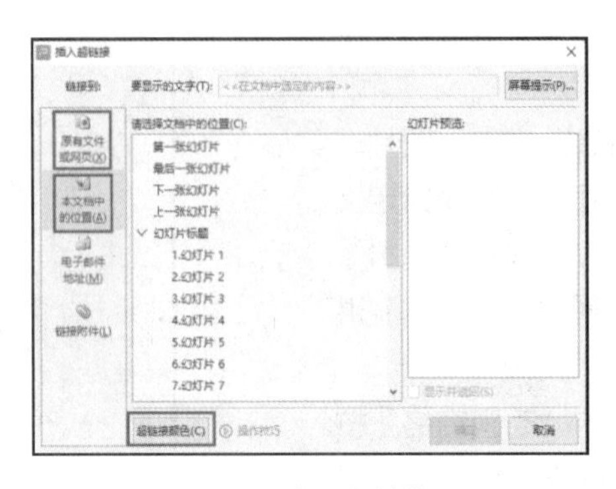

图 6-48　插入超链接

图 6-49　添加动作

【任务实现】

1. 为封面页添加自定义动画

微课 6-5

在封面页中，选中组合后的标题“欢度春节”，为其添加“缩小”动画，在快速工具栏中单击“动画窗格”按钮，设置参数为“开始：单击时；缩放：轻微缩小；速度：非常快（0.5 秒）”。

选中“SPRING FESTIVAL”与装饰线的组合，为其添加“飞入”动画，设置参数为“开始：与上一动画同时；方向：自顶部；速度：非常快（0.5 秒）”。

选中页面右下角的文本组合，为其添加“飞入”动画，设置参数为“开始：在上一动画之后；方向：自右侧；速度：非常快（0.5 秒）”。

将插入的灯笼插画取消组合，并重新组合为 4 组，两组为流苏，两组为其他部分。选中其中一个流苏，为其添加“绘制自定义路径”动画，绘制一条短线使流苏从左向右移动，在“动画窗格”窗格中单击流苏动画右侧的下拉按钮，在下拉列表中选择“效果选项”选项，在打开的对话框中设置流苏的自定义路径，如图 6-50 所示。单击“动画”菜单，单击工具栏中的“动画刷”按钮，复制动画至另一个流苏上，设置“延迟”为 0.3 秒，使两个流苏交替摆动，动画会更美观。

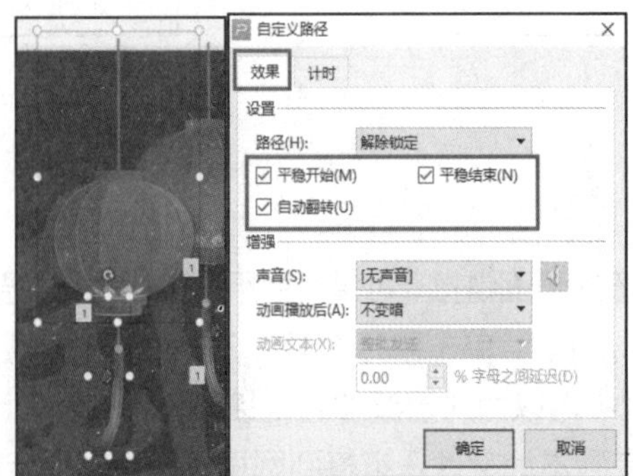

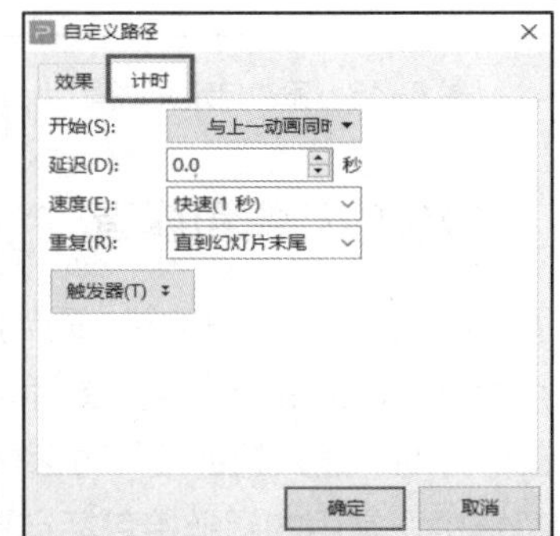

图 6-50　设置流苏的自定义路径

小贴士：相同的动画不需要重复设置

- ✧ 选中调整好动画效果的对象，单击“动画”菜单，单击工具栏中的“动画刷”按钮，单击需要添加动画的对象，即可复制所选动画效果到目标对象上。
- ✧ 双击“动画刷”按钮可持续激活上动画刷功能，可将复制的动画效果应用到多个对象。按【Esc】键可退出动画刷。

选中左上角的烟花图标，首先为其添加“飞入”动画，设置参数为“开始：与上一动画同时；方向：自底部；速度：0.25 秒”；然后为其添加“放大/缩小”动画，设置参数为“开始：与上一动画同时；尺寸：150%；速度：中速（2 秒）”；最后为其添加“向外溶解”动画，设置参数为“开始：与上一动画同时；速度：中速（2 秒）；延迟（0.3 秒）；重复：直到幻灯片末尾”。用动画刷复制动画效果至另外两个烟花图标上，给页面右侧的烟花图标“飞入”动画增加 0.3 秒的延迟，给“向外溶解”动画增加 0.5 秒的延迟；给页面下方的烟花图标“飞入”动画增加 0.5 秒的延迟，给“向外溶解”动画增加 0.8 秒的延迟。烟花绽放动画制作完成，播放动画，可以看到 3 个烟花图标依次飞入画面，且绽放速度不同，动画更加美观。至此，封面页自定义动画制作完成。

2. 为结束页、章节页添加自定义动画

微课 6-6

在结束页中删除 3 个烟花图标，将封面页中制作的 3 个带有动画效果的烟花图标复制至结束页。将标题“欢度春节”与“SPRING FESTIVAL”进行组合，使用动画刷将封面页中标题“欢度春节”的动画效果复制至该组合。

选中“THANKS”，为其添加“飞入”动画，设置参数为“开始：与上一动画同时；方向：自顶部；速度：非常快（0.5 秒）”。切换到“效果”选项卡，在“动画文本”下拉列表框中选择“按字母”选项，制作 6 个字母依次飞入的动画，如图 6-51 所示。

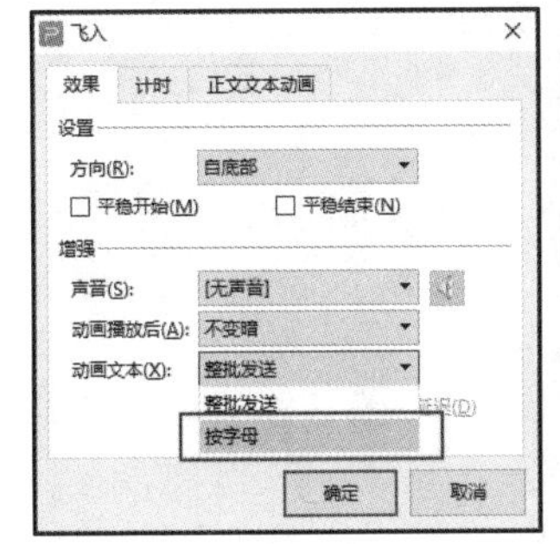

图 6-51　制作 6 个字母依次飞入的动画

给“THANKS”文本框下方的装饰性线条与文本组合添加“飞入”动画，设置参数为“开始：与上一动画同时；方向：自左侧；速度：非常快（0.5 秒）”，为文本组合添加 0.2 秒的延迟，使两个对象依次飞入画面。结束页自定义动画制作完成。

在 01 章节页中，选中插入的视频，在工具栏中设置开始方式为“自动”，勾选“循环播放，直到停止”复选框设置“音量”为“静音”，如图 6-52 所示。

图 6-52　设置视频自动播放

将“0”与“1”文本进行组合，将“关于春节”与“About Spring Festival”文本进行组合，为二者与中间的装饰性线条添加“飞入”动画，设置参数为“开始：与上一动画同时；方向：自右侧；速度：非常快（0.5 秒）”。因为幻灯片切换时视频的播放会有一定的延迟，所以为“01”文本添加 2 秒的延迟，为装饰性线条添加 2.1 秒的延迟，为“关于春节 About Spring Festival”添加 2.2 秒的延迟。

将封面页中制作的 3 个带有动画效果的烟花图标复制至 01 章节页中，完成 01 章节页的自定义动画制作。使用同样的方法完成所有章节页的自定义动画制作。

3. 为内容页添加自定义动画与交互效果

微课 6-7

为内容页制作动画时需要注意，动画的播放尽量在 1 秒内完成，不要影响演讲的速度。另外，进入动画的形式不宜过多，否则容易分散观众的注意力，一个演示文稿中的进入动画尽量控制在 1～2 种。例如，本演示文稿的内容页统一使用“飞入”动画，选择最贴近页面边缘的方向进入，有多个对象时依次增加 0.1 秒的延迟，制作对象依次飞入的效果。

第 4 页与第 18 页幻灯片中的诗词与童谣的文字使用竖排，添加进入动画时可以使用“擦除”动画，设置参数为“开始：与上一动画同时；方向：自右侧；速度：中速（2 秒）”。切换到“正文文本动画”选项卡，在“组合文本”下拉列表框中选择“作为一个对象”选项，制作文字从右至左逐行出现的动画效果。

在第 18 页幻灯片中，依次选中文本框中的文字，制作超链接跳转至相应的幻灯片，在相应的幻灯片中插入“旋转箭头”图标，添加“鼠标单击”动作，选择“超链接到”单击项，在下拉列表框中选择“最近观看的幻灯片”选项，勾选“播放声音”复选框，在下拉列表框中选择“单击”音效，如图 6-53 所示。

使用以上方法完成所有内容页的自定义动画制作。

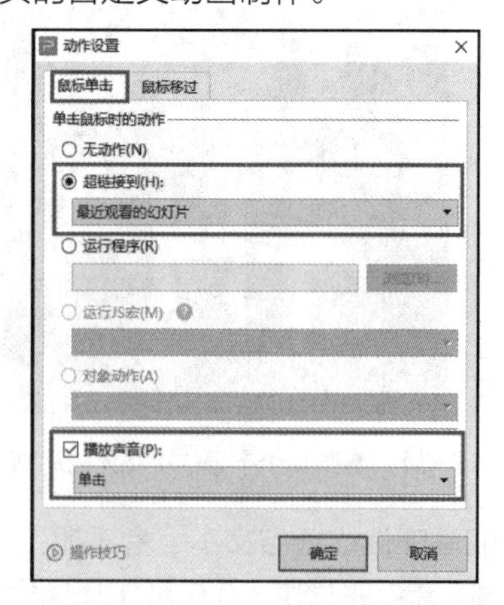

图 6-53　添加鼠标单击动作

4. 为演示文稿添加切换效果

选中导航窗格中的目录页，为其添加“分割”切换效果。按住【Ctrl】键依次单击导航窗格中每张章节页下的内容页，选中第 4、8、12 页幻灯片，为其添加“平滑”切换效果。用同样的方法选中剩下的内容页与结束页，为其添加“擦除”切换效果，完成演示文稿的切换效果制作。

> **小贴士：神奇的“平滑”切换效果**
>
> ✧ 如果相邻两张幻灯片上有相同的对象，只是参数如大小、位置、角度等不同，给后面一张幻灯片添加“平滑”切换效果，可以得到神奇的无缝衔接切换效果，去试试看吧！
>
> ✧ 苹果公司推出的 Keynote 软件中也有这个功能，叫作“神奇移动”。

【知识与技能拓展】

灵活应用所有的动画与交互效果制作方法，为小红的演示文稿适当添加动画，帮助她完成演讲。

任务 6.3　放映和输出欢度春节演示文稿

【任务描述】

演示文稿的版面设计、动画与交互效果都制作完成后，还需要将其打包，并输出为 PDF 格式，如图 6-54 所示，然后使用打印机进行打印，为演讲做好准备。

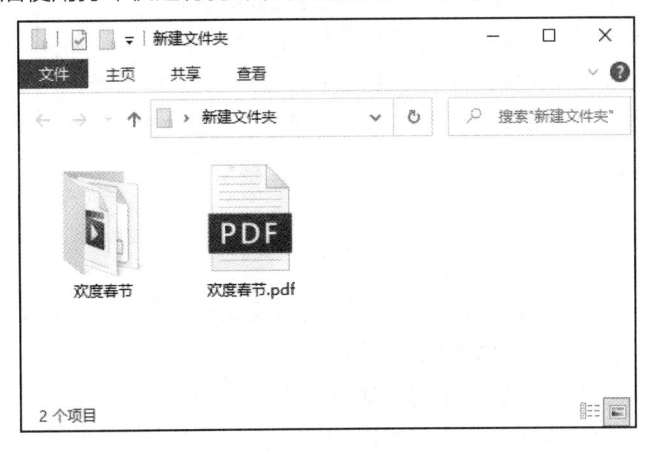

图 6-54　将演示文稿文件打包并输出为 PDF 格式

【知识储备】

6.3.1　演示文稿的放映

要从头开始放映当前演示文稿，可以按【F5】键，也可以在视图栏中单击“播放”按钮右侧的下拉按钮，在下拉列表中选择“从头开始”选项。如果选择“放映设置”选项，可在打开的“设置放映方式”对话框中进行自定义放映设置，如图 6-55 所示。

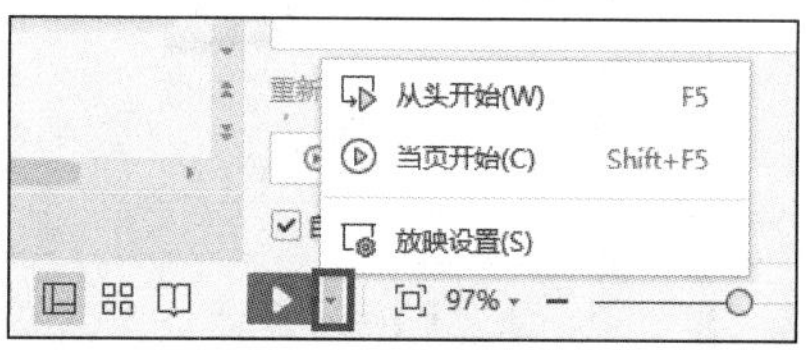

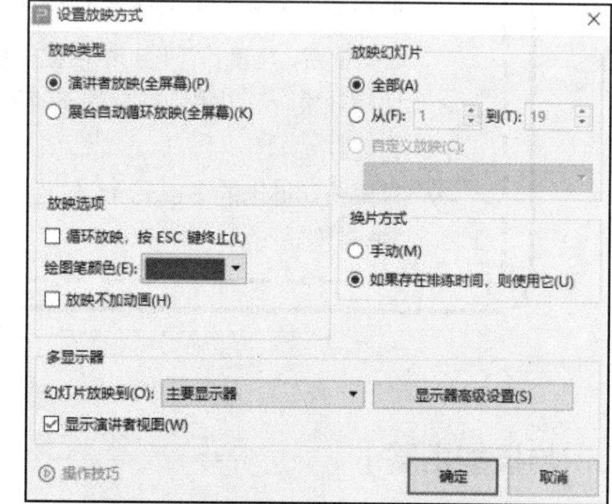

图 6-55　自定义放映设置

6.3.2　演示文稿的输出

为了方便将演示文稿分享给其他人，用户可以将演示文稿输出成其他格式，这样即使计算机上没有安装相关软件，也可以正常浏览演示文稿的内容。

演示文稿默认的保存格式为 PPTX，用户可以根据需要将其保存为其他格式，例如 PDF 格式、图片格式等，如图 6-56 所示。

制作演示文稿时会用到各种素材，当插入的素材用的是链接的方式时，素材一旦改变存储位置，就会影响演示文稿的正常放映。为了避免出现这种情况，可以将文件打包，这样可以演示文稿及相关的媒体文件复制到指定的文件夹中，便于一起移动。

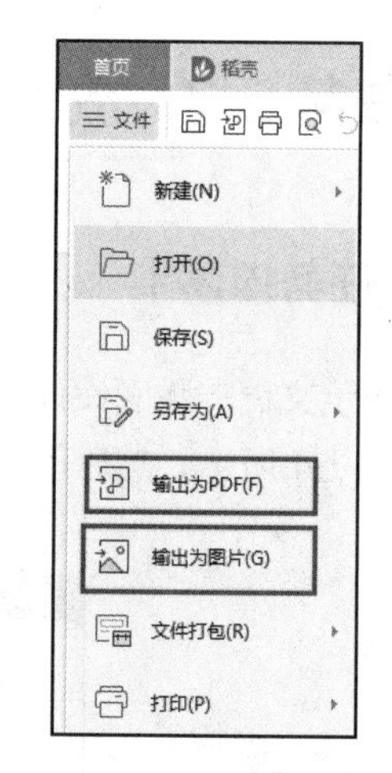

图 6-56　将演示文稿输出为其他格式

【任务实现】

微课 6-8

在封面页中插入准备好的音频文件，音频文件会被自动设置为“循环播放，直至停止”“播放时隐藏”，为整个演讲增加氛围感。

单击“放映”菜单，单击工具栏中的“排练计时”按钮，进行预演，预演结束后自动打开幻灯片浏览视图，用户可以看到每张幻灯片的放映时间，如图 6-57 所示，可以利用排练计时功能控制演讲的时长。

图 6-57 可以看到每张幻灯片的放映时间

制作该演示文稿时安装了新的字体，若放映的计算机上没有该字体，这时演示文稿中的这些字体会被自动替换，解决方法如下：单击“文件”菜单，选择“选项”选项，在打开的“选项”对话框左侧列表中选择“常规与保存”选项，勾选“将字体嵌入文件”复选框，选择“嵌入所有字符”单选项，嵌入字体，如图 6-58 所示。

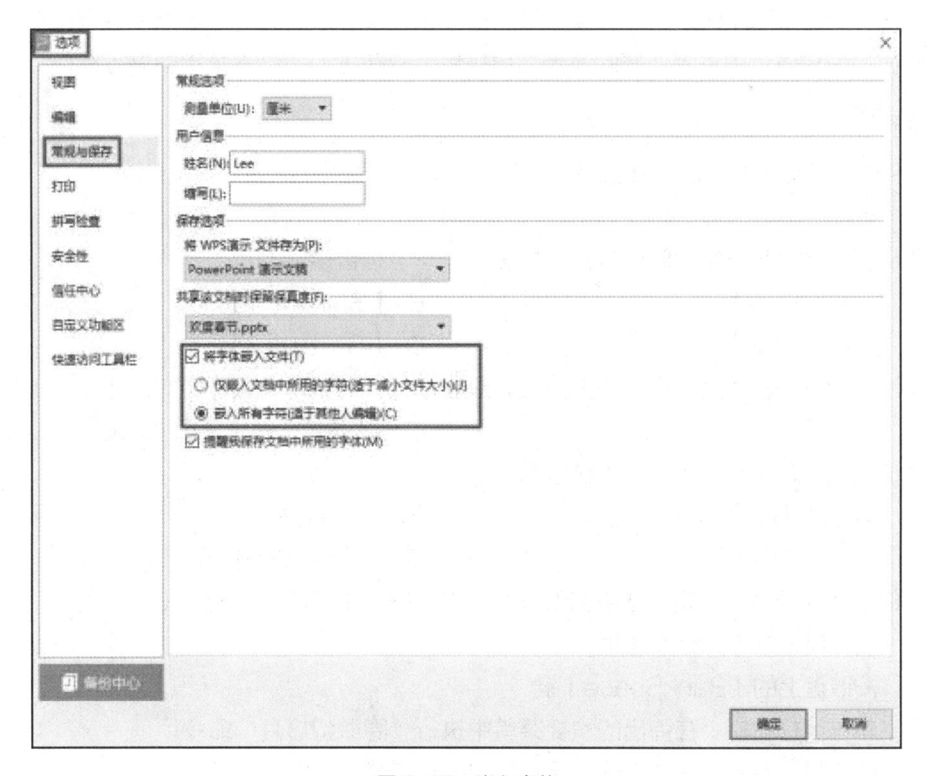

图 6-58 嵌入字体

将演示文稿输出为 PDF 格式，PDF 格式的文件里的视频素材以图片的形式展示，文件更小，更方便传输与打印。

将演示文稿打包，将打包后的演示文稿存储至 U 盘，演讲时复制到会场放映使用的计算机上即可。

【知识与技能拓展】

将小红的演示文稿输出成 PDF 格式并打印出来，利用排练计时功能，帮助小红控制演讲的时长，将演示文稿打包，做好演讲前的所有准备。

练习与测试

一、填空题

1. 要在 WPS 演示中设置动画，应在（　　　）菜单中进行操作。
2. 要在 WPS 演示中对幻灯片母版进行修改，应在（　　　）菜单中进行操作。
3. 要在 WPS 演示中对幻灯片进行页面设置，应在（　　　）菜单中进行操作。
4. 要在 WPS 演示中插入表格、图片、艺术字、视频、音频，应在（　　　）菜单中进行操作。
5. 要在 WPS 演示中对幻灯片放映条件进行设置，应在（　　　）菜单中进行操作。
6. 要在 WPS 演示中将制作好的演示文稿打包，应在（　　　）菜单中进行操作。

二、选择题

1. WPS 演示文稿的默认扩展名是（　　）。

   A. .ppt　　B. .pptx　　C. .xslx　　D. .docx

2. 要从当前幻灯片开始放映幻灯片，应按（　　）组合键。

   A.【Shift + F5】　　B.【Shift + F4】

   C.【Shift + F3】　　D.【Shift + F2】

3. 要设置幻灯片的切换效果及切换方式，应在（　　）菜单中进行操作。

   A. “开始”　　B. “设计”　　C. “切换”　　D. “动画”

4. 超链接只有在（　　）中才能被激活。

   A. 幻灯片视图　　B. 大纲视图

   C. 幻灯片浏览视图　　D. 幻灯片放映视图

5. 在幻灯片视图中，要删除选中的幻灯片，以下操作中不能实现的是（　　）。

   A. 按键盘上的【Delete】键

   B. 按键盘上的【BackSpace】键

   C. 单击鼠标右键，在弹出的快捷菜单中执行“隐藏幻灯片”命令

   D. 单击鼠标右键，在弹出的快捷菜单中执行“删除幻灯片”命令

6. 关于 WPS 演示的母版，以下说法中错误的是（　　）。

A. 可以自定义幻灯片母版的版式

B. 可以对母版进行主题编辑

C. 可以对母版进行背景设置

D. 在母版中插入图片对象后，在幻灯片中可以根据需要进行编辑

7. 在 WPS 演示中，默认的视图模式是（　　）。

A. 普通视图　　B. 阅读视图

C. 幻灯片浏览视图　　D. 备注视图

8. 某一文字对象设置了超链接后，以下说法中不正确的是（　　）。

A. 在演示该页幻灯片时，将鼠标指针移到文字对象上会变成手形

B. 在幻灯片视图中，将鼠标指针移到文字对象上会变成手形

C. 该文字对象的颜色会以默认的主题效果显示

D. 可以改变文字的超链接的颜色

9. 关于 WPS 演示的自定义动画功能，以下说法中错误的是（　　）。

A. 各种对象均可设置动画　　B. 动画设置后，先后顺序不可改变

C. 可以为动画配置声音　　D. 可将对象设置成播放后隐藏

10. 在 WPS 演示中，自定义动画的形式是（　　）。

A. 进入、退出

B. 进入、强调、退出

C. 进入、强调、退出、动作路径、绘制自定义路径、智能推荐

D. 进入、退出、动作路径

11. 在 WPS 演示中，把对象从一个地方复制到另一个地方的顺序是：a.单击“复制”按钮；b.选定对象；c.将光标置于目标位置；d.单击“粘贴”按钮。（　　）。

A. abcd　　B. cbad　　C. bacd　　D. bcad

12. 不能为演示文稿插入的对象是（　　）。

A. 图表　　B. 表格工作簿　　C. 视频　　D. Windows 系统

13. 与 WPS 文字相比，（　　）是 WPS 演示所特有的。

A. 插入图片　　B. 插入艺术字

C. 设置切换效果　　D. 插入插画

14. 需要在演示文稿中插入背景音乐，下列属于声音文件的扩展名的是（　　）。

A. .bmp　　B. .mp3　　C. .rar　　D. .txt

项目七 新一代信息技术及应用

07

项目导读

进入 21 世纪以来，学科交叉融合加速，新兴学科不断涌现，前沿领域不断延伸，以云计算、大数据、人工智能、区块链等为代表的新一代信息技术革命已成为全球焦点。新一代信息技术的融合创新，催生出一系列新产品、新应用和新模式，极大推动了新兴产业的发展，给人们的生活带来了翻天覆地的变化，加快了社会的多元化进程。本项目将以新一代信息技术为背景，介绍云计算、物联网、大数据、人工智能、虚拟现实、增强现实、元宇宙和区块链等相关知识。

任务 7.1 认识云计算

【任务描述】

21 世纪，“云”已不再只是天空中虚无缥缈的自然现象，它与计算机结合，成为新一代信息技术的专业术语。目前常用的云存储、云办公、云课堂、云音乐、企业云等，都是云计算技术的产物。本节介绍云计算的概念及特点、分类和典型应用。

【知识储备】

7.1.1 云计算的概念及特点

微课 7-1

云计算之所以称为“云”，一是因为它在某些方面具有自然界中云的一些特征，如体积较大、可动态伸缩、边界模糊、具体位置不确定，但又确实存在于某处；二是因为云计算的鼻祖之一亚马逊（Amazon）公司将一项基于网络的服务取名为“弹性计算云（Elastic Compute Cloud，EC2）”，并取得了商业上的成功。

云计算（Cloud Computing）既是一种分布式计算模式，也是一种 IT 服务模式。它能够将巨大的数据计算处理程序分解成无数个小程序，然后通过多部服务器组成的系统处理和分析这些小程序，并将得到的结果返回给用户，云计算处理数据的模式如图 7-1 所示。通过这项技术，可以在很短的时间内完成对大量的数据的处理，从而实现提供强大的网络服务。

“云”也可以看作一个庞大的网络系统，“云”中的基础设施（服务器、存储、应用软件等）通过网络汇聚为庞大的资源池。“云”中的资源在使用者看来是可以无限扩展的，并且可以随时获取、按需使用、按使用量付费。“云”就像自来水一样，可以随时使用，并且不限量，用户只需要按照实际的用水量付费给自来水厂就可以了。

由此可知，云计算更通俗的说法就是任何人，在任何地点、任何时间，使用任何设备（手机、计算机等各种移动终端）都可以进行计算、使用应用软件、存储资料等，云计算示意图如图 7-2 所示。

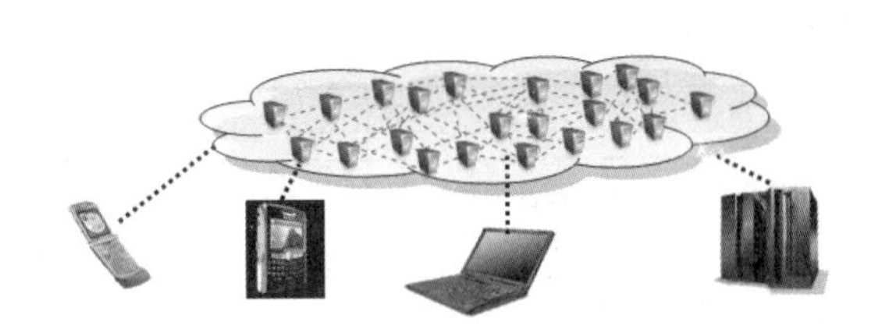

图 7-1　云计算处理数据模式

图 7-2　云计算示意图

目前，国内外知名的云计算服务商有阿里云、百度云、腾讯云、微软 Azure、谷歌 Cloud、亚马逊 AWS 等。

云计算的可贵之处在于其具有高度的灵活性、可扩展性和较高的性价比，与传统的网络应用模式相比，其具有如下优势与特点。

1. 技术虚拟化

云计算的虚拟化突破了时间、空间的界限，用户只需要一台笔记本或者一个手机，就可以通过网络服务完成数据备份、迁移和扩展等，甚至完成超级计算这样庞大的任务，而实际上用户并不知道这些应用服务运行的具体位置。

2. 动态可扩展

云计算的超大规模和高效的计算能力，可以根据应用需要实现动态扩展虚拟化目的。

3. 按需部署

云计算平台能够根据用户的需求快速调配计算能力及资源。“云”就像一个庞大的资源池，用户可以按需购买，也可以像自来水、电、燃气那样计费。

4. 通用性强

云计算不针对特定的应用，在“云”的支撑下可以构造出千变万化的应用，同一个“云”可以同时支撑不同的应用服务运行。

5. 灵活性高

云计算的兼容性非常强，它将虚拟化要素统一放在云系统资源虚拟池当中进行管理，不仅可以兼容低配置机器、不同厂商的硬件产品，还能够使外设获得高性能的计算服务。

6. 可靠性高

“云”使用了数据多副本容错、计算节点同构可互换等措施，保障了服务的高可靠性。使用云计算提供的计算能力、存储空间等资源，比使用本地计算机更安全、更可靠、更稳定。

7. 性价比高

对于云计算服务商来说，云计算的公用性和通用性大幅度提高了资源的使用率，降低了成本，使服务商可以用较低的价格提供云计算服务。对于使用云计算的企业和用户来说，他们不必再负担高昂的软硬件基础设施和管理成本，就可以使用高性能的云计算服务。

7.1.2 云计算的分类

1. 按部署类型进行分类

云计算按照部署类型可以分为公有云、私有云和混合云，如表 7-1 所示。

表 7-1 云计算按照部署类型分类

部署模式类型	定义	典型实例
公有云	由云计算服务商建设，其云基础设施对用户提供云服务。公有云平台负责组织协调计算资源，并根据用户的需要提供各种计算服务。用户可通过互联网访问资源服务，无须购买云基础设施，只需为其使用的资源进行付费	阿里云、亚马逊 Aws、微软 Azure
私有云	云基础设施特定为某个企业服务，其特定的云服务功能不直接对外开放	政府机构，大型企业集团搭建的云平台
混合云	云基础设施由私有云或公有云等多个云组成，独立存在，通过标准的或私有的技术绑定在一起提供服务	实际应用较少

2. 按服务类型进行分类

云计算按照服务类型可以分为基础设施即服务(Infrastructure as a Service，IaaS)、平台即服务(Platform as a Service，PaaS)和软件即服务(Software as a Service，SaaS)。这 3 种云计算服务有时称为云计算堆栈，因为它们共同构成了云计算堆栈，以下是这 3 种服务的简介，三者之间的关系如图 7-3 所示。

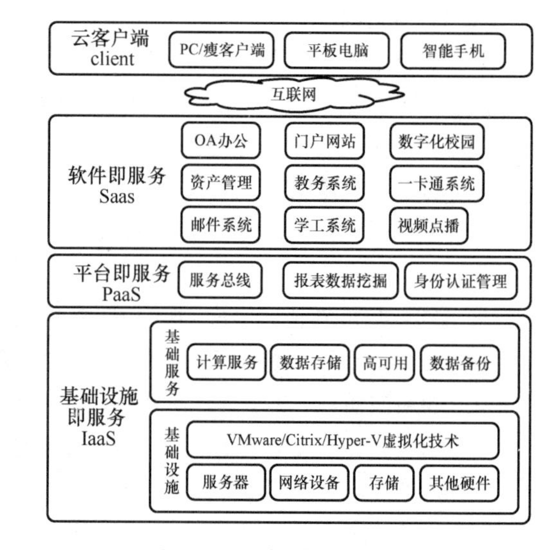

图 7-3 3 种服务之间的关系

（1）基础设施即服务。用户通过互联网可以租用云平台的基础设施服务，如虚拟机、存储、网络和操作系统等。

（2）平台即服务。主要面向软件开发人员，它提供了完整的云端开发、测试和管理软件的环境，使开发者直接在云端使用，不需要在本地安装开发工具，节省了时间和成本。

（3）软件即服务。主要面向企业或者个人用户，用户通过互联网可以随时随地访问云端软件，使用应用服务。

7.1.3 云计算的典型应用

1. 金融云

金融云旨在为银行、基金、保险等金融机构提供 IT 资源和互联网运维服务。目前，智能客服、风险控制、精准营销、人脸账户等创新型云应用在金融行业的认可度不断提升，用户可以从网上银行、手机银行等完成查账、转账、借贷、还贷、购买基金和保险等操作。

2. 医疗云

医疗云平台可以对病人的信息进行统一的存储和管理，方便实现跨区域医疗资源共享，提高医疗工作效率，还能够构建完整的基础医疗服务系统，其典型应用如远程诊断（见图 7-4）、完善个人健康信息档案、实现远程挂号预约等。

3. 电子政务云

电子政务云（E-Government Cloud）对政府管理和服务职能进行精简、优化、整合，并通过信息化手段实现各种业务流程办理和提供职能服务，如实现网上办公、信息发布、行政审批、电子监察、信息归档、缴税、缴纳社保等功能，电子政务云如图 7-5 所示。目前，用户在手机端通过支付宝或者微信等平台，可以查看个人医保卡状态以及缴费和支出情况等。

图 7-4　远程诊断

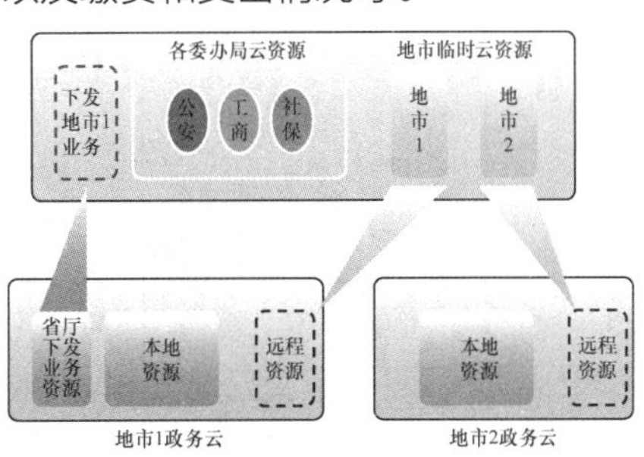

图 7-5　电子政务云

【任务实现】

下面以通过支付宝查看个人医保卡消费情况为例，介绍电子政务云的使用方法。

（1）下载并登录支付宝 App。在手机的应用市场中搜索支付宝，进行下载和安装，然后注册个人信息，登录支付宝，如图 7-6 所示。

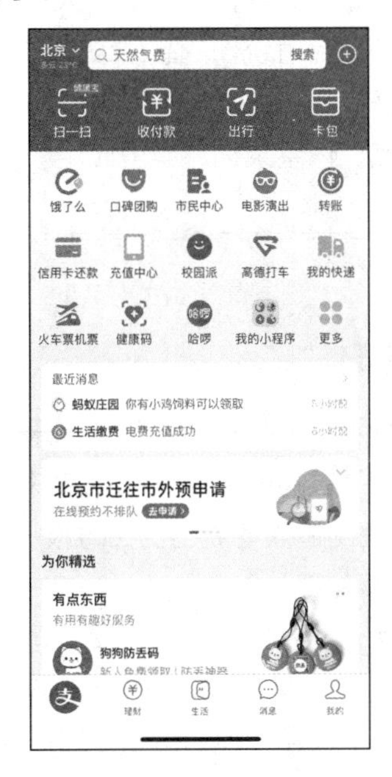

图 7-6　下载并登录支付宝

（2）在上方的搜索框中输入“医保查询”并搜索，如图 7-7 所示。

（3）在小程序中查询账户余额，即可查看个人医保卡消费情况，如图 7-8 所示。

图 7-7　搜索“医保查询”

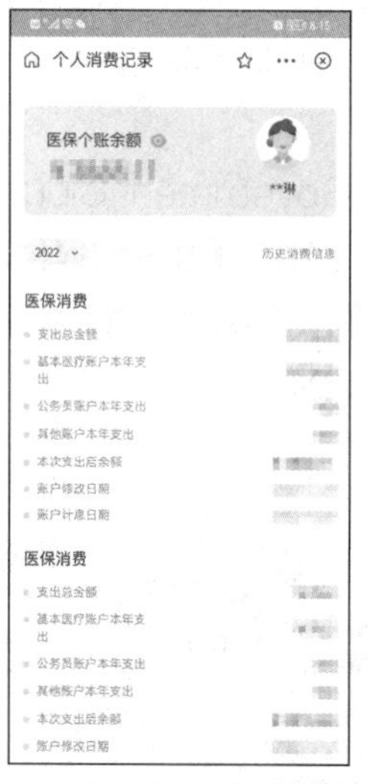

图 7-8　查看个人医保卡消费情况

任务 7.2　认识物联网

【任务描述】

“物联网”概念的问世，打破了之前的传统思维。过去一直将物理基础设施和 IT 基础设施分开：一方面是机场、公路、建筑物；另一方面是数据中心、个人计算机、宽带等。在物联网时代，钢筋混凝土、电缆等设施将与芯片、宽带整合为统一的基础设施，在此意义上，基础设施更像是一个新的“地球工地”，世界就在它上面运转。本节主要介绍能够让物体“开口说话”，达到“智慧”状态的物联网技术，讲解它的概念及特点、体系架构、典型应用。

【知识储备】

7.2.1　物联网的概念及特点

微课 7-2

物联网概念最早出现在比尔·盖茨 1995 年所写的《未来之路》一书中，只是当时受限于无线网络、硬件及传感设备的发展，此概念并未引起世人的重视。到了 1998 年，美国麻省理工学院创造性地提出了当时被称作“EPC 系统”的“物联网”的构想。

物联网（The Internet of Things，IoT），顾名思义就是一个万物互联的网络。它是通过射频识别（Radio Frequency IDentification，RFID）、全球定位系统等信息传感设备，按约定的协议，把物品与互联网连接起来，进行信息交换和通信，以实现智能化识别、定位、跟踪、监控和管理的一种网络，其概念模型如图 7-9 所示。

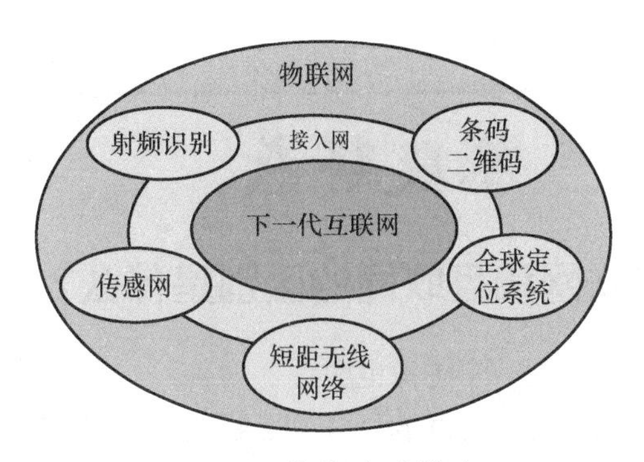

图 7-9　物联网概念模型

物联网主要实现“任何物体、任何人、任何时间、任何地点”的智能化识别、信息交换与管理，实现物物互联。所以说，物联网体现出了“智慧”和“泛在网络”的含义。

在研究物联网的体系架构之前，先介绍我们对客观物理世界的感知和处理过程。

（1）依据感知器官来感知信息。

（2）由神经系统将信息传递给大脑。

（3）大脑综合感知的信息和存储的知识做出判断，以选择最佳方案。

如果将以上过程与物联网的工作过程做一个比较，不难看出两者有惊人的相似之处。物联网处理问题同样也要经过 3 个步骤，物联网与人工作过程的类比如图 7-10 所示。

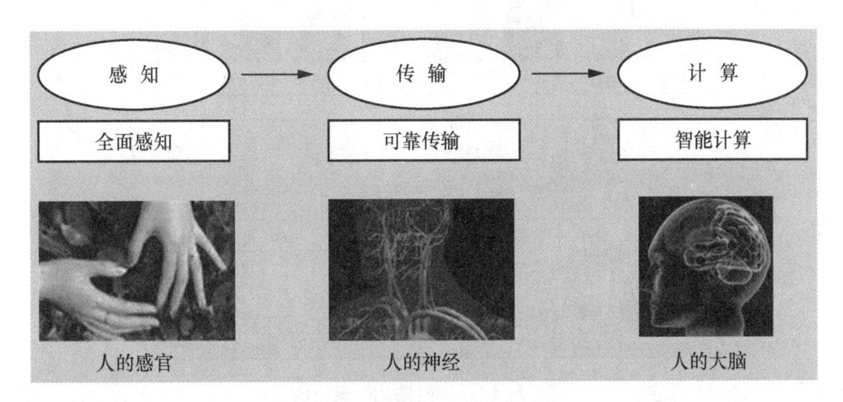

图 7-10　物联网与人工作过程的类比

因此，物联网的功能具备以下 3 个特征。

1. 全面感知

可以利用射频识别技术、传感器、二维码、条形码等获取被控或被测物体的信息。例如，在气象监测中，使用大气压力传感器、风速传感器和风向传感器可以监测外界的大气压力、风速和风向等气象信息。

2. 可靠传递

可以通过各种电信网络与互联网的融合，将物体的信息实时、准确地传递出去。

3. 智能计算

利用云计算、模糊识别等智能计算技术，对海量数据和信息进行分析和处理，对物体实施智能化的控制。

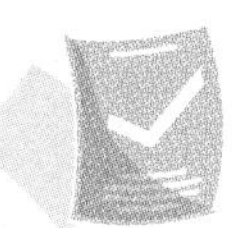

答疑解惑

物联网和互联网的区别是什么？

- ✧ 互联网实现信息交互，是一个虚拟世界。
- ✧ 物联网不仅可以实现人与人之间的互联，而且可以实现人与物、物与物的互联。
- ✧ 物联网的核心和基础是互联网，它在互联网基础上进行延伸和扩展，通过信息传感设备和互联网实现信息的交换和传输。

7.2.2 物联网的体系架构

根据物联网的技术架构，结合互联网的分层模型，物联网的体系架构从下到上依次是感知层、网络层和应用层，如图 7-11 所示。

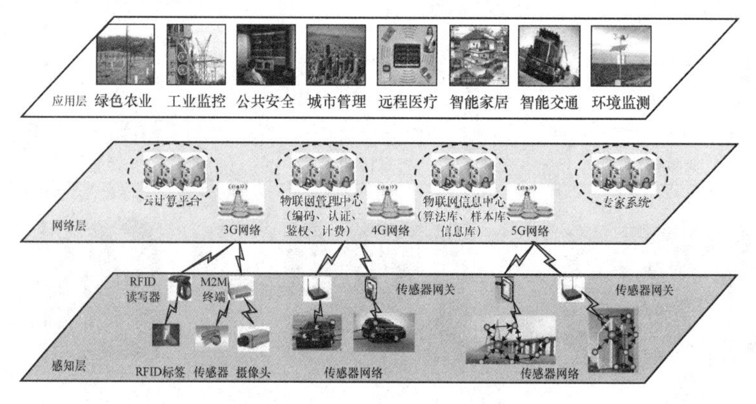

图 7-11 物联网的体系架构

1. 感知层

感知层位于物联网体系架构的最底层。这一层用来实现对物理世界的智能感知和识别、信息采集处理和自动控制，并通过通信模块将物理实体连接到网络层和应用层。感知层是实现全面感知的基础。

例如，张贴安装在设备上的 RFID 标签和用来识别 RFID 信息的扫描仪、感应器都属于物联网的感知层的应用。高速公路不停车收费系统、超市仓储管理系统等都是基于这一类结构的物联网应用。

（1）感知层的功能

感知层用于识别物体和采集数据，主要采集各类物理量、物品标识、音频和视频等数据。

（2）感知层涉及的技术

感知层主要涉及 RFID 技术、传感技术、多媒体信息采集技术、二维码技术、实时定位技术等。常见的用于自动识别的物体有磁卡、IC 智能卡、RFID 卡、条形码（一维条形码和二维条形码）等，如图 7-12 所示。

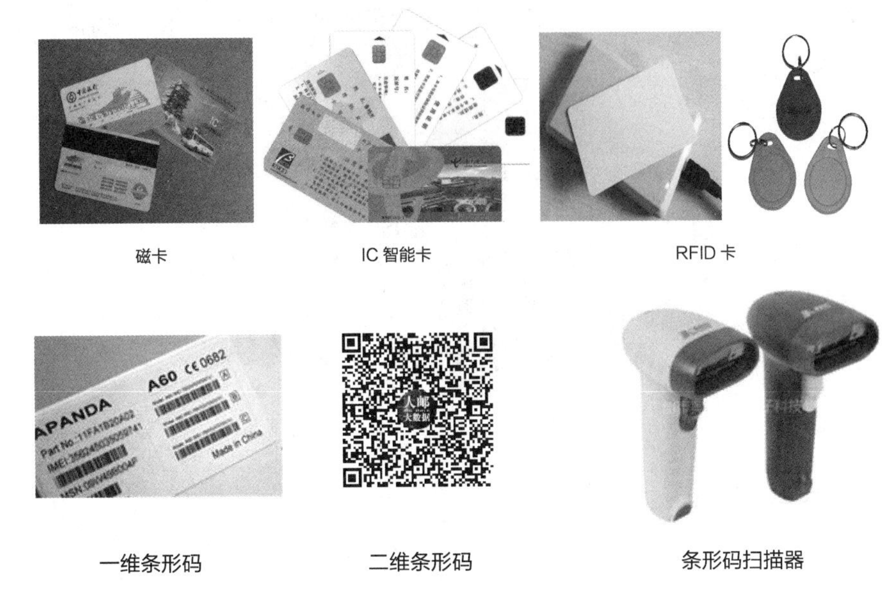

图 7-12　用于自动识别的物体

2. 网络层

网络层处于物联网体系架构中的第二层，它基于感知层建立，并为应用层服务。网络层由互联网、有线和无线通信网、移动通信网络和云计算平台等组成，相当于人的神经中枢和大脑，负责传递和处理感知层获取的信息。网络层通常使用的网络形式有如下几种。

（1）互联网。互联网和电信网是网络层的平台和技术支持。

（2）无线宽带网。Wi-Fi 和 WiMax 等无线宽带技术的覆盖范围较广，传输速度较快。

（3）无线低速网。ZigBee、Bluetooth、红外等低速网络。

（4）移动通信网。移动通信网将成为全面、随时、随地传输信息的有效平台。

3. 应用层

应用层处于物联网的最上层，是物联网的核心，也是物联网和用户的接口。它与行业需求相结合，实现物联网的智能应用。

应用层的关键技术包括中间件技术、云计算、数据挖掘等。

应用层的典型应用有智能交通、绿色农业、工业监控、远程医疗、智能家居、环境监测、公共安全、城市管理等。

7.2.3　物联网的典型应用

物联网作为一种新兴的信息技术，其应用领域涉及方方面面，其在工业、农业、环境、交通、物流、安保等基础设施领域的应用，有效地推动了这些领域的智能化发展；在家居、医疗健康、教育、金融与服务、旅游等与生活息息相关的领域的应用，大大提高了人们的生活质量。物联网的应用无处不在，下面介绍几种常见的应用。

1. 智能家居

物联网在智能家居中的应用包括环境监测、能耗监测、智能音箱、智能照明、智能冰箱、智能门禁、智能安防、智能窗帘等，如图 7-13 所示。出门在外时，用户可以通过电话、计算机来远程遥控各智能系统。

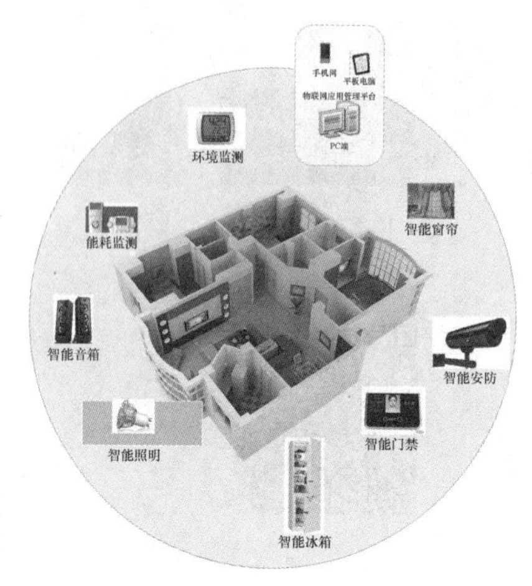

图 7-13　智能家居

2. 智能物流

智能物流可全方位、全程监管食品的生产、运输、销售流程，大大节省了相关的人力、物力，同时也让这一过程更彻底、更透明。目前，京东物流已经搭建起软硬件一体化的智能物流体系，京东智能物流车如图 7-14 所示。通过智能化布局的仓配物流网络，京东物流为商家提供仓储、运输、配送、客服、售后的正逆向，一体化供应链解决方案、快递、快运、大件、冷链、跨境、客服、售后等全方位的物流产品和服务，以及物流云、物流数据、云仓等物流科技产品。

3. 智能交通

物联网在智能交通中的应用使人、车和路能够紧密配合，主要包括车辆定位与调度、交通情况感知、交通智能化调度等，可以改善交通运输环境，提高资源利用率，如图 7-15 所示。

图 7-14　智能物流车

图 7-15　智能交通

例如，共享单车通过车身上的 GPS 或 NB-IoT 模块智能锁，将数据上传到共享服务平台，实现车辆精准定位、实时掌控车辆运行状态等。智能红绿灯通过安装在路口的一个雷达装置，实时监测路口的行车数量、车距及车速，同时监测行人的数量及外界天气状况，动态地调控交通灯的信号，提高路口车辆通行率，减少交通信号灯的空放时间，提高道路的承载能力。

4. 绿色农业

物联网的应用使农业真正实现了生产自动化、管理智能化，通过计算机、手机实现对农作物智能化灌溉、精细化施肥、标准化调温、环境监测等，提高农产品质量、节省人力、降低人工误差，进而提高经济效益，如图 7-16 所示。

图 7-16　绿色农业

例如，在温室大棚中，通过物联网智慧农业系统中的各类传感器采集土壤温湿度、空气温湿度、光照强度、二氧化碳浓度等，实时监控棚内农作物的生长环境信息和生态指标（植物枝叶状态、果实状态等），然后通过手机等移动终端设备远程操控水泵、遮阳板、风扇、灯泡、农药喷灌等设备开启或关闭，让农作物始终处于适宜的生长环境中，从而提高农作物的产量和质量。

【任务实现】

共享单车企业在校园、地铁站点、公交站点、居民区、商业区、公共服务区等提供服务，为城市居民采用公共交通工具出行 “最后一公里”提供了保障。共享单车采用的是分时租赁模式，是一种新型绿色环保共享经济。下面以美团的共享单车为例，介绍使用共享单车的基本操作步骤。

（1）在手机的应用市场中下载美团 App，安装并打开应用，注册/登录界面如图 7-17 所示。

（2）成功登录之后，进入美团首页，点击“骑车”按钮，进入骑车界面，此时会弹出一个用户确认函，如图 7-18 所示，单击“同意”按钮。

（3）如果共享单车在身边，直接点击下方的“扫码用车”按钮。如果身边没有共享单车，可以在地图上查看最近的共享单车，找到车后扫码用车即可，如图 7-19 所示。

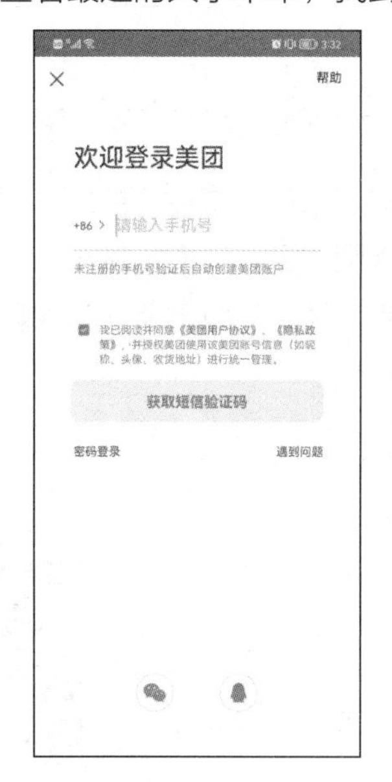

图 7-17　注册/登录界面

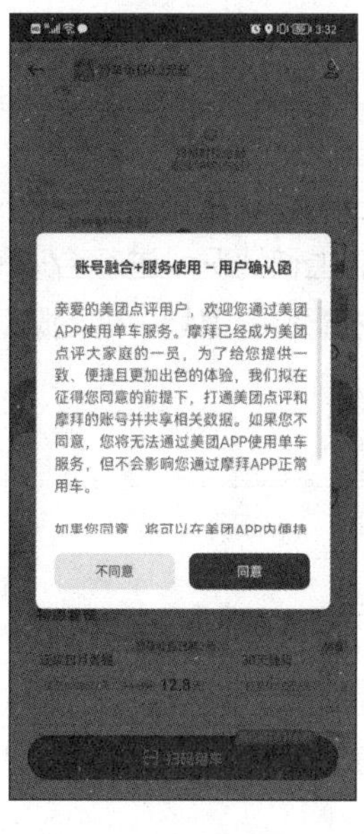

图 7-18　用户确认函

图 7-19　扫码用车

（4）到达目的地后，将共享单车停放到指定停车区域，点击“我要还车”按钮，完成付费，如图 7-20 所示。

图 7-20　还车并付费

任务 7.3　认识大数据

【任务描述】

当前，大数据（Big Data）平台已经成功应用在农业、交通、医疗、工业等领域。例如，通过农业大数据平台可以实时监测农作物的生长情况，进行合理的水肥灌溉，实现智能一体化管理，真正让数据“智慧”起来。心中有数，才能提前谋划，做到防患于未然。本节主要介绍大数据的概念及特点、关键技术及典型应用。

【知识储备】

7.3.1　大数据的概念及特点

微课 7-3

虽然大数据近些年才开始受到人们的关注，但早在 1980 年，未来学家阿尔文 • 托夫勒就在他的著作《第三次浪潮》中预言大数据将是“第三次浪潮的华彩乐章”。

大数据又称巨量资料，指在一定时间范围内，无法用传统的数据系统或软件工具进行撷取、管理和处理的数据集合。大数据是需要新的数据处理模式才能处理的数据，是海量、高增长和多样化的信息资产。

大数据技术的战略意义不在于掌握庞大的数据信息，而在于对这些数据进行专业化处理。换言之，如果把大数据比作一种产业，那么这种产业实现营利的关键在于提高对数据的加工能力，通过加工实现数据的增值。

大数据的“大”主要通过下面 5 个维度来体现，即容量性（Volume）、多样性（Variety）、高速性（Velocity）、价值性（Value）、真实性（Veracity）。这 5 个维度统称为大数据的 5V 特性。5V 特性指出了大数据的核心问题，那就是如何将数据容量大、数据类型多样、价值密度低的数据快速分析、处理并生成数据集，从而挖掘出更加真实可靠、更有价值的信息。

1. 容量性（Volume）

容量性指数据容量、规模庞大，这是大数据的首要特征。目前我国有大量的网络用户，这些网络用户的手机里有各种应用，他们的每一次搜索、点击、浏览、收藏和评论，都会产生大量的数据，而对这些海量的数据进行统计和分析离不开大数据技术。这也让数据的存储单位从过去的 GB、TB 级别，发展至现在的 PB、EB、ZB 级别。

2. 多样性（Variety）

多样性指数据形式多样，主要是指数据来源广泛、数据种类多样。

大数据大体可分为 3 类：第一类是结构化数据，即关系型数据，其特点是先有结构再有数据，如学生的基本信息、一张二维表等；第二类是半结构化数据，其特点是先有部分数据，如编辑网站的 XML、HTML 文档，用树、图表示的数据结构类型数据（如树形结构的家族关系图）等；第三类是非结构化数据，其特点是先有数据，再有模式，如文档、图片、音频、视频等都属于非结构化数据，它是大数据的主流数据。

3. 高速性（Velocity）

高速性指数据处理速度快，还具有一定的时效性。当前对大数据的处理要求是实时分析、实时响应。这种方式代替了传统的批量、在线的处理方式，对于数据的输入、处理与丢弃都是立刻见效的，几乎无延迟。因此，对于大数据平台来说，谁的速度更快，谁就更有优势。

4. 价值性（Value）

价值性指合理运用大数据，以低成本创造高价值。相比传统的“小”数据，大数据最大的价值在于对大量不相关的、价值密度较低的数据，通过机器学习、人工智能或数据挖掘方法进行深度分析，挖掘出对未来趋势与模式预测分析有价值的数据，文中发现的新规律和新知识将推动社会的发展。

5. 真实性（Veracity）

真实性指数据真实可靠。大数据分析的数据集不是部分数据，而是全部的数据，这样得到的结果更加真实、可靠。例如，企业对相关数据进行分析，得到更为真实、可靠的结果，可以帮助企业降低成本、提高效率，做出更明智的决策。

7.3.2 大数据的关键技术

大数据系统结构图如图 7-21 所示，由下到上依次是数据采集、数据存储、数据处理、数据挖掘与分析、数据可视化与决策。

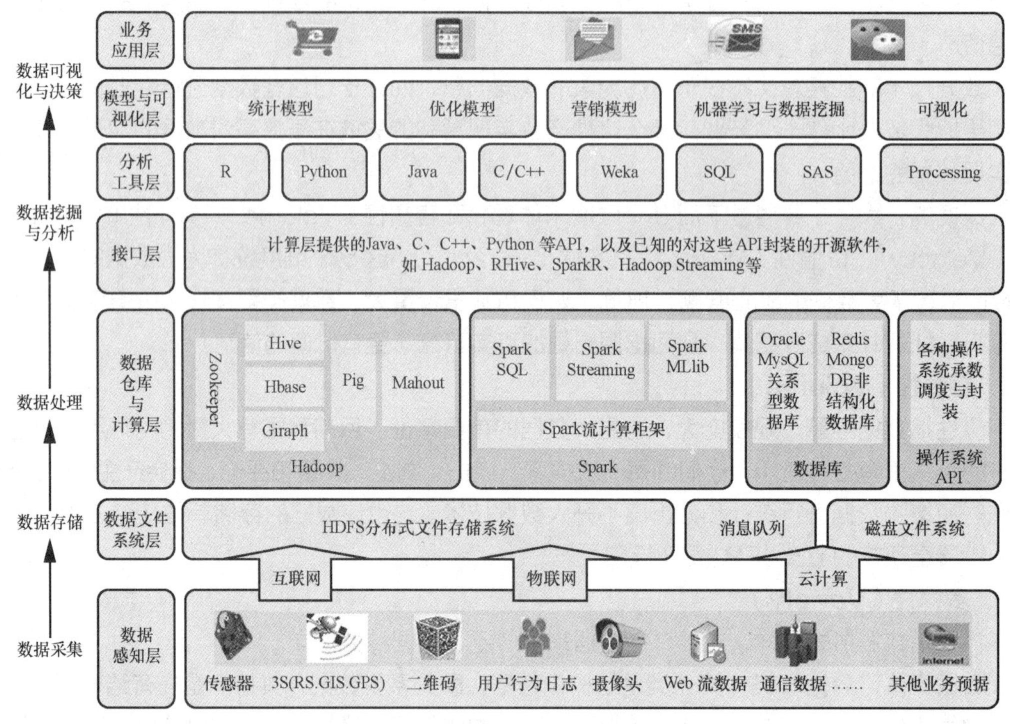

图 7-21　大数据系统结构图

1. 数据采集

由于大数据的数据来源丰富、数据类型多样，所以需要采集海量的数据，包括用户浏览网页、购买商品产生的数据，以及工业设备、交通运输、通信设施、仪表仪器等产生的数据。对于这些数量庞大、格式不一的数据，需要在数据采集阶段尽可能保留原有语义，尽量保证数据精确，便于后续对数据进行综合分析。

2. 数据存储

数据存储是指存储器或建立响应的数据库，把采集到的数据存储起来，便于进行管理和调用。当前，全球数据量正以极快的速度增长，所以大数据存储系统面临非常多的问题，如成本问题、兼容问题、数据格式可扩展性问题等。目前，主要用 Hadoop 分布式文件系统（Hadoop Distributed File System，HDFS）来存储海量的数据。

3. 数据处理

进行数据处理时需要根据数据类型和分析目标，采用适当的算法模型。针对计算处理海量数据的任务，分布式计算就成了主流计算框架。大数据的数据处理主要通过 Hadoop 并行处理框架完成，该平台框架通过分布式文件系统、分布式数据库存储系统（Hbase）、分布式计算框架（MapReduce）实现对数据的高速并行处理。

4. 数据挖掘与分析

数据挖掘是从大量的、不完全的、有噪声的、模糊的、随机的数据中，提取隐含的、事先不知道的、潜在的有用信息和知识，然后分析出信息和知识的内在规律和相互间的关系的过程。

简而言之，数据挖掘的过程就是如何获取有用知识的过程。它的基本业务流程如下：问题定义 ⟶ 数据获取 ⟶ 数据预处理 ⟶ 特征选择 ⟶ 模型建立 ⟶ 预测效果。

5．数据可视化

数据可视化就是将前期挖掘并分析得到的数据，通过可视化手段呈现出来，如分析结果可以通过图表或者文字等形式呈现，便于用户更直观地看到数据的分布、发展趋势、关联性等。以智慧农业为例，其数据可视化如图 7-22 所示，这是数据得以展现其价值的重要环节。

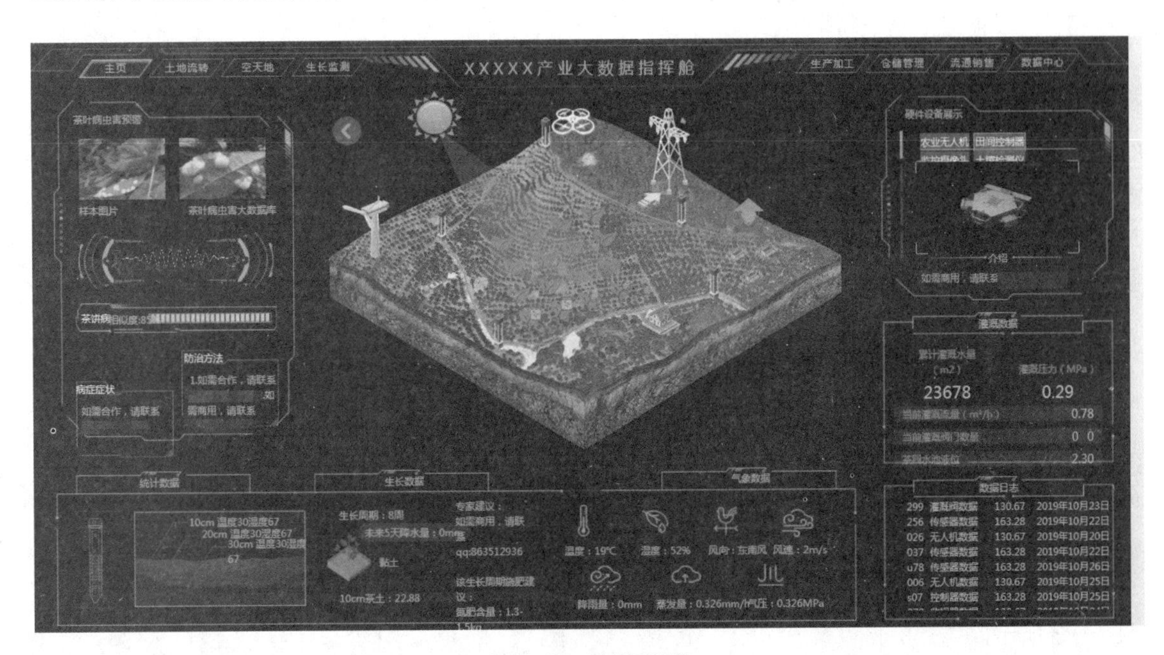

图 7-22　数据可视化

7.3.3　大数据的典型应用

“未来已来，将至已至”，“互联网+”将从 IT 时代跨入 DT（Data Technology）时代。大数据已经与各行各业进行融合，包括农业、金融、医疗、交通、政务、教育等多个领域。下面介绍大数据的一些典型应用场景。

1．农业大数据

农业大数据是大数据理念、技术和方法在农业方面的实践，它加快了乡村振兴的步伐。农业大数据涉及农业生产、销售物流、行业监管、辅助决策等环节，是跨行业、跨专业、跨业务的数据分析、挖掘、可视化应用。农户、企业及示范区工作人员可以通过农业大数据中心的图表，实时监测设备分布情况、环境数据、环境统计情况（积温、光照时长等）、病虫害分布情况、病虫害识别图片、农作物长势图片、预警发生地分布等信息。农业大数据提升了农业生产的数字化服务水平，也为其他部门的生产服务决策提供数据支撑。

2．医疗大数据

大数据在疾病预防、远程医疗、药品研发、临床决策等方面发挥了巨大作用，提高了医疗效率，改善了医疗效果。例如，公共卫生部门通过覆盖患者电子病历数据库，可快速检测传染病，展示公共卫生统计数据，了解公民健康状况等。通过大型数据集分析还可以帮助医生快速确定较好的临床治疗方案。

3. 政务大数据

政务大数据指通过大数据技术将与政务相关的数据整合起来，应用在政府业务领域，赋能政府机构，提升政务实施效能。2021 年 12 月，国家发改委印发《“十四五”推进国家政务信息化规划》，其中提出，到 2025 年，政务信息化建设总体迈入以数据赋能、协同治理、智慧决策、优质服务为主要特征的“融慧治理”新阶段。

政务大数据在整合信息系统的基础上，构建并健全政务信息资源共享共用机制，支撑各级部门之间的信息资源跨层级、跨区域、跨部门、跨系统、跨业务协同管理和服务，通过大数据实现“用数据说话、用数据决策、用数据管理、用数据创新”。政务大数据可分为自然信息类（如地理、资源、气象、环境、水利等）、城市建设类（如交通设施、旅游景点、住宅建设等）、城市管理统计监察类（如工商、税收、人口、企业、机构等）、服务与民生消费类（如水、电、燃气、通信、医疗、出行等）。

【任务实现】

Quick BI 是阿里云推出的数据分析和可视化工具，通过它可以无缝对接各类云上数据库和自建数据库，大幅提升数据分析和报表开发效率。它支持 0 代码鼠标拖曳式操作，让业务人员能轻松实现海量数据可视化分析。本任务利用 Quick BI 在线分析某饮料店销售案例，并通过大数据分析进行可视化展现。

（1）登录阿里云官网，注册 Quick BI 个人版，填写基本信息，进行免费试用或直接购买，如图 7-23 所示。

图 7-23　注册 Quick BI 个人版

（2）创建数据源。进入工作空间后，单击左下角“数据源”按钮，弹出“添加数据源”窗口，下面以本地上传为例进行说明。

（3）单击“本地上传”选项卡，如图 7-24 所示，选择要上传的本地文件，此处上传“个人消费情况表.xlsx”文件，表格中的数据可以采用支付宝中记录的个人消费情况，如图 7-25 所示。

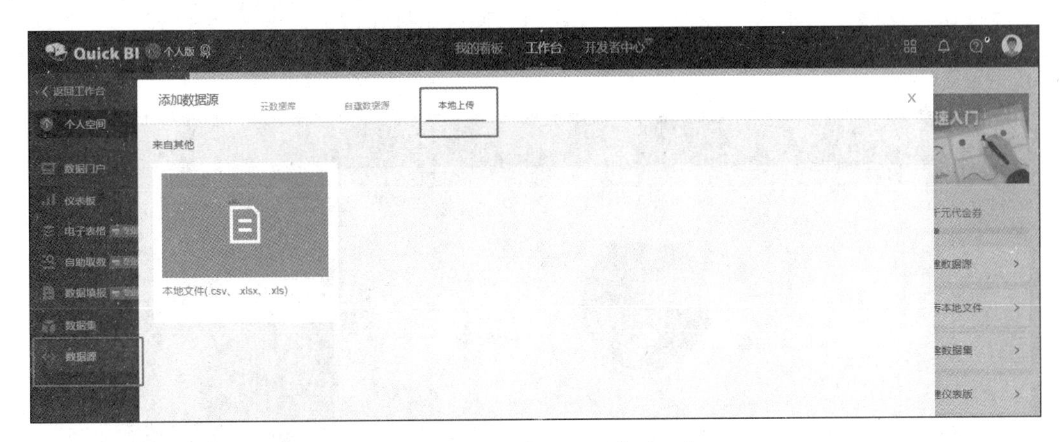

图 7-24　单击“本地上传”选项卡

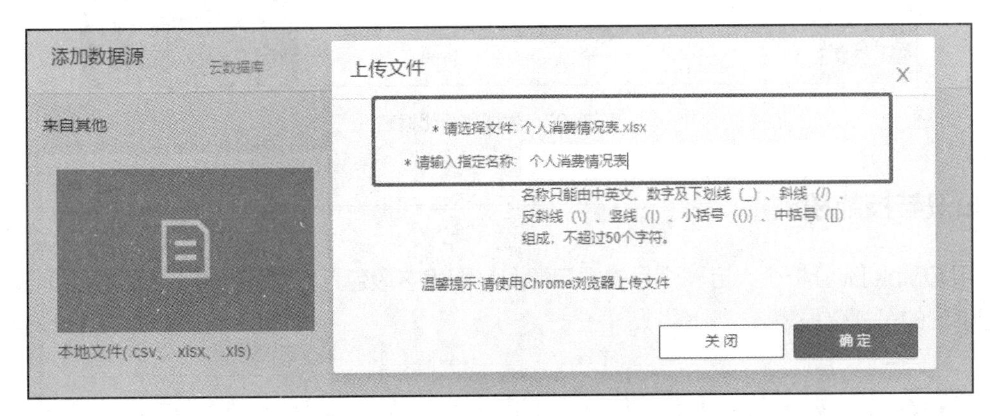

图 7-25　上传“个人消费情况表.xlsx”文件

（4）创建数据集。单击左下角“数据集”按钮，将“个人消费情况表.xlsx”文件导入，根据情况选择“维度”值和“度量”值，然后单击“刷新预览”按钮，最后单击“保存”按钮，如图 7-26 所示。

图 7-26　创建数据集

（5）创建仪表盘。单击右上角的“开始分析”按钮，弹出仪表盘窗口。

（6）在仪表盘窗口右边编辑区中，将“支出分类”和“消费金额”字段拖曳到对应的“扇区标签/维度”和“扇区角度/度量”类别中。此处选择饼状分析图制作可视化报表，单击下方的“更新”按钮，生成可视化报表，如图 7-27 所示。用户可以通过可视化报表查看数据分析结果，了解自己在某一方面的消费情况。

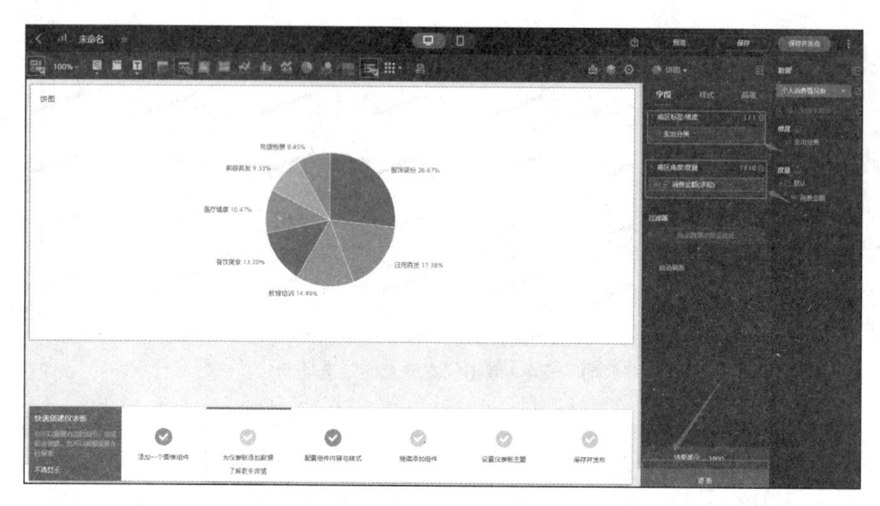

图 7-27　生成可视化报表

【知识与技能拓展】

利用 Quick BI 分析个人近一个月的学习情况，图表字段包括“学习分类”和“学习时间”，制作学习情况的可视化报表。

任务 7.4　认识人工智能

【任务描述】

随着 2016 年谷歌公司开发的 AlphaGo 机器人战胜世界围棋冠军李世石，人工智能（Artifical Intelligence，AI）掀起了新一波浪潮。人工智能产业化进程发展至今，已逐步从 AI 技术与各行业典型应用场景融合赋能阶段向效率化、工业化生产的成熟阶段迈进。

如今，智能化服务已快速进入餐饮、出行、旅游、电影、教育、医疗等生活服务领域，覆盖吃、住、行、玩等场景，人工智能在未来可能会扮演人类的“专职秘书”。本节主要介绍人工智能的概念及特点、研究内容和典型应用。

【知识储备】

微课 7-4

7.4.1　人工智能的概念及特点

人工智能（Artificial Intelligence，AI）是研究、开发用于模拟、延伸和扩展人的智能的理论、方法、技术及应用的一门新的技术科学。

近几年，随着云计算、物联网、大数据、移动互联网等新理论、新技术的不断发展，人工智能进入了新阶段，它无时无刻不在影响着我们的生活。手机支付、指纹识别、人脸识别、视网膜识别、虹膜识别、手机导航、语音助手、新闻推荐、智能监控、智能机器人、无人机、无人车等都是人工智能技术的产物，如图 7-28 和图 7-29 所示。

图 7-28　智能机器人

图 7-29　无人机

要判断一项应用或产品是否属于人工智能，主要看其是否具备人工智能的 3 个基本能力。

1. 感知能力

人工智能能够对外界环境进行感知，可以像人一样通过听觉、视觉、嗅觉、触觉等接收来自环境的各种信息，对外界的文字、语音、表情、动作等产生必要的反应，典型应用如手机人脸识别、百度地图智能语音、小米智能音箱等。

2. 思考能力

人工智能是人类设计出来的，它按照人类设定的程序进行工作，能够自我判断、推理和决策，典型应用如前面提到的 AlphaGo 机器人。

3. 行为能力

人工智能具有自动规划和执行下一步工作的能力，典型应用如扫地机器人、无人机、无人车、送餐机器人等。

7.4.2　人工智能的研究内容

人工智能的研究内容是由机器执行的与人类智能有关的行为，如判断、推理、识别、感知、设计、思考、规划、学习等。

人工智能研究的内容可以分为两个方面：一是人工智能的理论基础；二是人工智能的实现。

具体研究内容可以总结为认知建模、知识表示、知识推理、知识应用、机器感知、机器思维、机器学习、机器行为、智能系统构建等。

与其对应的研究方法主要有 4 种：功能模拟法、结构模拟法、行为模拟法、集成模拟法。

总之，研究人工智能的目的是构建拟人、类人、超越人的智能系统，使机器能够胜任一些通常需要人类智能才能胜任的复杂工作。

7.4.3　人工智能的典型应用

1. 工业机器人

工业机器人被广泛应用于电子、物流、化工等各个工业领域之中。工业机器人主要依靠多关节机械手或多自由度的机器装置，实现各种工业加工制造功能。例如，在智能物流系统中，机器人可以自动分拣、搬运、装载商品等，如图 7-30 所示。

2. 医疗机器人

医疗机器人主要从事医疗或辅助医疗工作，包括临床医疗机器人、护理机器人、医用教学机器人和为残疾人服务的机器人等。目前世界上较先进的用于外科手术的机器人是达芬奇手术机器人，利用其完成手术的场景如图 7-31 所示。

图 7-30　机器人分拣、搬运、装载商品

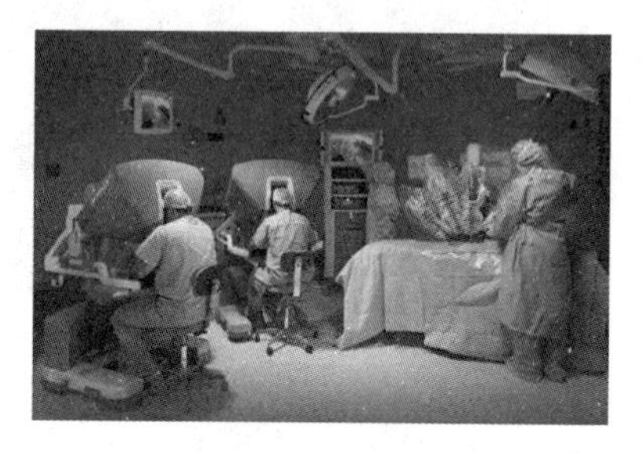

图 7-31　利用达芬奇手术机器人做手术

3. AI+金融

人工智能技术在金融领域的应用主要集中在身份识别、智能投顾、智能客服、信贷决策等方面。

（1）身份识别

通过人脸识别、虹膜识别、指纹识别等生物识别技术，快速提取客户特征，进行高效身份验证。

（2）智能投顾

智能投顾又称机器人投资顾问（Robo-Advisor），主要是根据投资者的风险偏好、财务状况与理财目标，运用智能算法及投资组合理论，为用户提供智能化的投资管理服务。

（3）智能客服

智能客服是指以语音识别、自然语言理解、知识图谱为技术基础，通过电话、上网、App、短信、微信等渠道与客户进行语音或文字交流，了解客户需求，回复客户提出的咨询，并根据客户需求导航至指定业务模块。

（4）信贷决策

在信用风险管理方面，利用“大数据+人工智能技术”建立的信用评估模型和关联知识图谱，可以建立精准的用户画像，支持信贷审批人员在履约能力和履约意愿等方面对用户进行综合评定，提高风险管控能力。

【任务实现】

自 2010 年至今，百度布局人工智能产业已有十余年之久，目前其在技术层面和业务层面均取得了多项亮眼成果。“小度”作为百度旗下人工智能助手，已成为广受欢迎的对话式人工智能操作系统。小度智能屏、智能音箱、智能耳机、智能词典笔、智能摄像头等已走入千家万户。下面，尝试唤醒百度地图的智能语音助手，感受一下小度在百度地图导航中的作用。

（1）下载百度 App，并完成注册登录。

（2）点击“我的”按钮，然后点击右上角“设置”按钮，如图 7-32 所示。

（3）进入“设置”界面后，选择“语音设置”选项，如图 7-33 所示。

（4）进入“语音设置”界面后，打开智能语音开关，如图 7-34 所示。

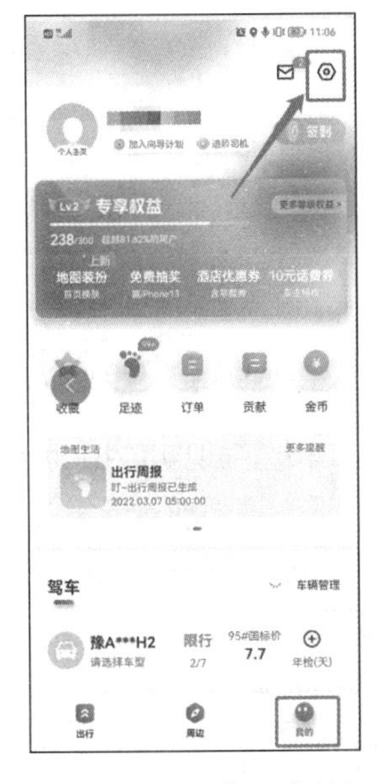

图 7-32　点击“设置”按钮

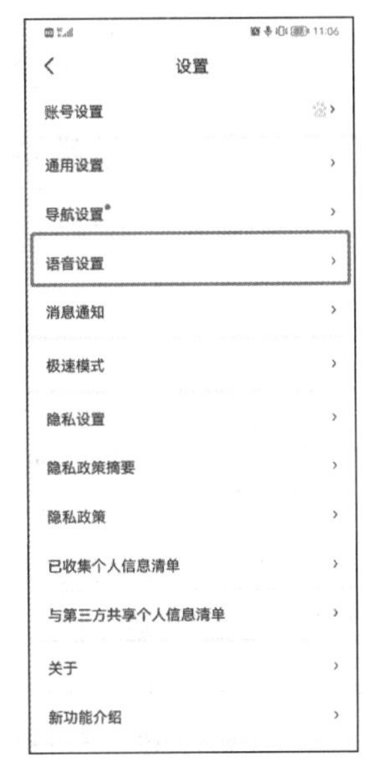

图 7-33　选择“语音设置”选项

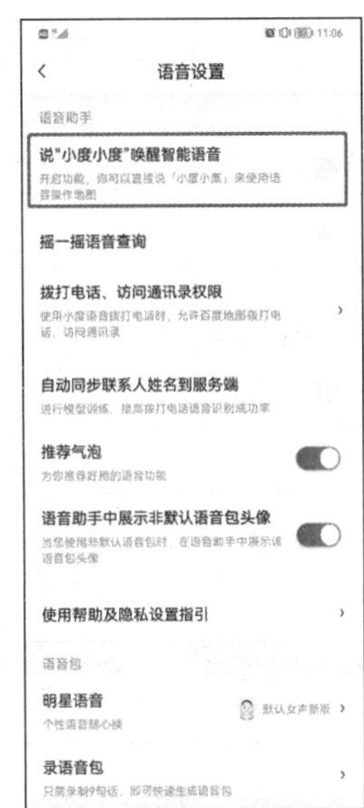

图 7-34　打开智能语音

（5）返回主界面，试着说“郑州新郑国际机场”，地图上将显示新郑机场位置，并根据情况选择最佳出行路线，如图 7-35 所示。

图 7-35　显示位置并选择最佳出行路线

【知识与技能拓展】

按照上面的步骤，找到最近的图书馆，根据出行方式，选出最佳出行路线。

任务 7.5　认识虚拟现实、增强现实与元宇宙

【任务描述】

2014 年，Facebook 公司收购 Oculus 公司，引爆全球虚拟现实（Virtual Reality，VR）市场。2016 年，阿里巴巴、腾讯、谷歌、微软等公司的相继入场，让虚拟现实和增强现实（Augmented Reality，AR）产业成为万众瞩目的焦点，这一年被业界人士称为“虚拟现实/增强现实元年”。2021 年，Facebook 公司宣布将品牌更名为 Meta，即元宇宙（Metaverse），再次将虚拟现实和增强现实技术推向高潮。元宇宙即借助虚拟现实和增强现实技术及设备，吸引用户在 3D 虚拟世界中，建立类似于现实生活中的可以进行人际互动，能满足工作、交流和娱乐需求的空间。

毋庸置疑，随着虚拟现实和增强现实技术的成熟，人们的生活方式将发生质的改变。本节介绍虚拟现实、增强现实、元宇宙的概念及特点。

【知识储备】

7.5.1　虚拟现实的概念及特点

微课 7-5

虚拟现实顾名思义，就是虚拟和现实相结合。从理论上讲，虚拟现实技术就是通过计算机技术创造出一种逼真的虚拟三维空间环境，模拟各种感官的感受，使用户沉浸到该环境中，仿佛处在现实世界中一样，能够进行自然交互。例如，虚拟现实体育赛事直播可以让用户完全沉浸在赛事中，使用户身临其境，提升用户的体验感，如图 7-36 所示。

图 7-36　虚拟现实体育赛事直播

1. 虚拟现实系统的特点

虚拟现实技术受到了越来越多人的认可，用户可以在虚拟现实世界体验到真实的感受，其模拟

的环境与现实世界几乎一模一样。一个完善、良好的虚拟现实系统应具备以下 5 个特点。

（1）沉浸性。沉浸性是指让用户感觉自己是计算机系统所模拟环境中的一部分，当用户感觉到虚拟世界的刺激（包括触觉、味觉、嗅觉、运动感等）时，便会产生共鸣，沉浸其中，如同置身于真实世界中。

（2）交互性。交互性是指用户对模拟环境内物体的可操作程度和从环境得到反馈的自然程度，即用户在真实世界中的任何动作都可以在虚拟环境中得到体现。

（3）多感知性。多感知性是指计算机技术应该拥有很多感知方式，如听觉，触觉、嗅觉等，理想的虚拟现实技术应该具有一切人所具有的感知方式。

（4）构想性。构想性也称想象性，用户在虚拟世界中可以与周围物体进行互动，可以拓宽认知范围，体验客观世界不存在的场景。

（5）自主性。自主性是指虚拟世界中物体依据物理定律动作的程度。如当受到力的推动时，物体会顺着力的方向移动，或翻倒，或从桌面落到地面等。

2. 虚拟现实系统的设备

虚拟现实系统的设备包括建模设备、显示设备、声音设备和交互设备。其中，建模设备主要有 3D 扫描仪；显示设备有头戴式 3D 显示器（又称虚拟现实眼镜、虚拟现实头盔）、3D 眼镜、3D 投影仪等；声音设备有虚拟现实语音识别系统、3D 立体声等；交互设备有数据手套、手柄、操纵杆、触觉反馈装置、力觉反馈装置、动作捕捉设备等。虚拟现实系统设备示意如图 7-37、图 7-38 所示。

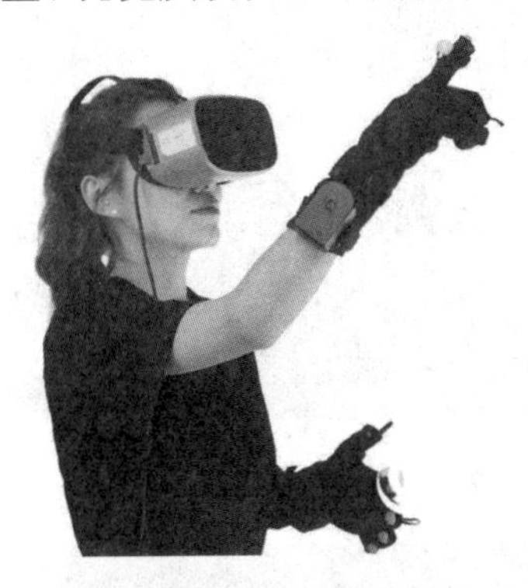

图 7-37　头戴式 3D 显示器和数据手套

图 7-38　头戴式 3D 显示器和手柄

3. 虚拟现实系统的应用

由于能够再现真实的环境，并且用户可以参与其中进行交互，虚拟现实系统在教学仿真演示与实验、航天/军事模拟训练和演习、工业模拟训练、消防模拟训练、外科手术模拟训练、建筑仿真设计与演示、产品仿真设计与演示、影视与游戏等方面大放异彩。虚拟现实系统应用示意如图 7-39、图 7-40、图 7-41 所示。

图 7-39　教学仿真演示与实验

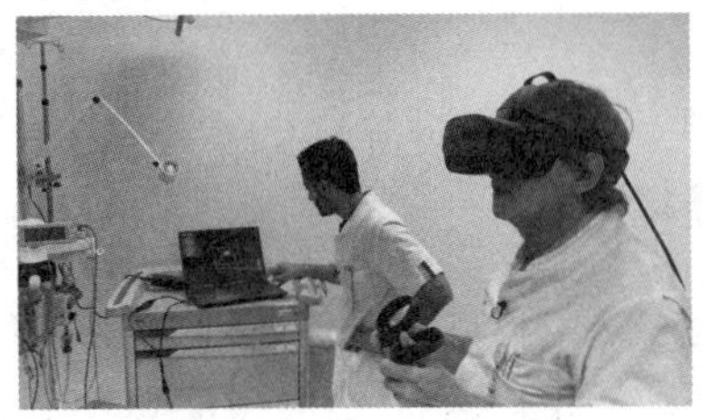

图 7-40　手术模拟训练

图 7-41　建筑仿真设计与演示

7.5.2 增强现实的概念及特点

增强现实技术是一种将虚拟信息与真实世界巧妙融合的技术，广泛运用了多媒体、三维建模、实时跟踪及注册、智能交互、传感等多种技术手段，将计算机生成的文字、图像、三维模型、音乐、视频等虚拟信息模拟仿真后应用到真实世界中，两种信息互为补充，从而实现对真实世界的“增强”。

与虚拟现实技术不同的是，增强现实是将虚拟信息叠加在真实环境中，实现虚实结合。此外，增强现实不需要借助太多外部设备，如头戴式 3D 显示器、手柄和数据手套等，只需要一个智能手机、平板电脑即可实现 3D 场景还原。例如，去电影院只需要一个增强现实眼镜，即可看到 3D 模式下的影视效果。

随着增强现实技术的成熟，增强现实越来越多地应用于各个行业，如教育、培训、医疗、设计、娱乐、游戏、广告等。例如，深奥难懂的数学、物理原理可以通过增强现实教学使学生快速掌握，如图 7-42 所示；增强现实技术还可应用于文物复原展示，即在文物原址或残缺的文物上通过增强现实技术将复原部分与残存部分相结合，使参观者了解文物原来的模样，达到身临其境的效果，如图 7-43 所示；微创手术越来越多地借助虚拟现实和增强现实技术来减轻病人的痛苦，降低手术成本及风险，如图 7-44 所示；还可以利用增强现实技术试妆，帮助消费者在购物时更直观地判断商品是否适合自己，如图 7-45 所示。

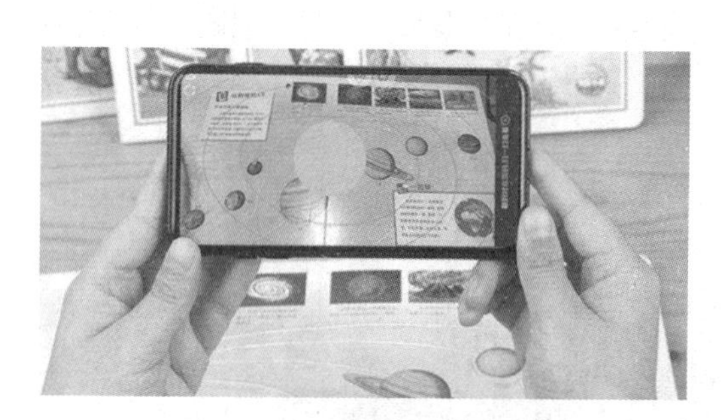

图 7-42 增强现实教学

图 7-43 文物复原展示

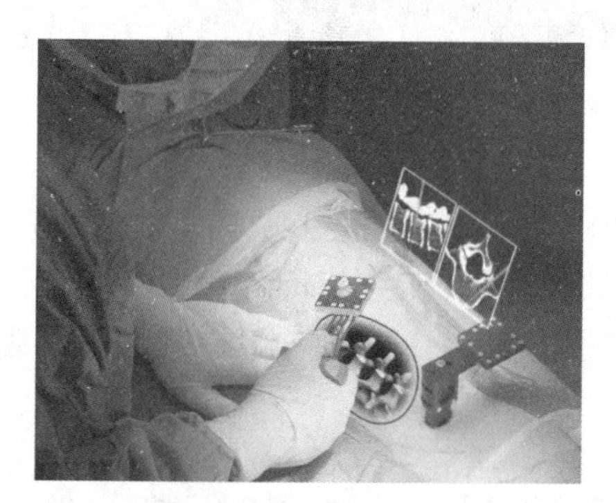

图 7-44 微创手术

图 7-45 增强现实试妆

7.5.3 元宇宙的概念及特点

元宇宙的概念来源于 1992 年发表的科幻作品《雪崩》里提到的 Metaverse（元宇宙）和 Avatar（化身）这两个概念。在这部作品里，人们在 Metaverse 里可以使用数字化身进行一系列活动，这个虚拟的世界就叫作“元宇宙”。

到目前为止，元宇宙还没有一个公认的、明确的定义，不同的人对此有不同的理解和定义。按照扎克伯格的说法，元宇宙是一个融合了虚拟现实技术、用专属的硬件设备打造的、具有超强沉浸感的社交平台；按照腾讯给出的概念，元宇宙是一个独立于现实世界的虚拟数字世界，用户进入这个世界之后，可以用新的身份开启全新的自由生活；阿里巴巴描述的元宇宙是允许商家自行搭建 3D 购物空间，使顾客进入天猫店铺以后，有一种“云逛街”的全新购物感受。

总的来说，元宇宙本质上是对现实世界的虚拟化、数字化过程，是需要对内容生产、经济系统、用户体验及实体世界等进行大量改造，在共享的基础设施、标准及协议的支持下，由众多工具、平台不断融合、进化而最终形成的“宇宙”。这就要求它基于扩展现实技术提供沉浸式体验，基于数字孪生技术生成现实世界的镜像，基于区块链技术搭建经济体系，将虚拟世界与现实世界在经济系统、社交系统、身份系统上密切融合，并且允许每个用户进行内容生产和编辑。

元宇宙应该具备以下一些特点。

（1）永远存在。元宇宙不会因为某个公司破产而消失。

（2）去中心化。元宇宙的数据、平台、技术来源于世界各地，没有一个中心区域，并且接入元宇宙需要有一个开源的共享协议，任何平台都需要遵守。

（3）与现实相连。元宇宙中的经济系统必须与现实世界中的经济系统直接挂钩，在元宇宙中的行为产生的影响必须是真实的而不是虚幻的。例如，在元宇宙中进行的消费会使用户银行卡中的资金产生变化。

元宇宙主要有以下几项核心技术。

（1）扩展现实技术，包括虚拟现实和增强现实技术。扩展现实技术可以提供沉浸式的体验。

（2）数字孪生技术。通过该技术能够把现实世界镜像到虚拟世界中去。这也意味着在元宇宙中，我们可以看到很多自己的虚拟分身。

（3）用区块链来搭建经济体系。随着元宇宙进一步发展，对整个现实社会的模拟程度加强，在虚拟世界里同样可能形成一套经济体系。

元宇宙虽然还处于初期发展阶段，但不可否认的是，它已经对社会的发展产生了很大的影响。在工业方面，工业制造是一个极其复杂的过程，通过虚拟空间来模拟工厂的生产过程，公司可以分析如何更高效、更安全地完成工作，而无须对更改进行物理测试；在文旅方面，文旅元宇宙拓展了时空，我们可以在本地虚实相融的空间中看到远方，获得有趣和沉浸的体验；在教育方面，通过教育元宇宙，可以直接把太阳虚拟化展示，使学生可以直接看到太阳的情况。

【任务实现】

AR 试妆就是通过人脸识别技术，精确识别用户的面部特征，根据面部特征，给用户推荐合适的口红、腮红、眉笔颜色等，提升用户购物的趣味性，从而提高商品销量。下面以京东“AR 试妆”为例，介绍 AR 技术的实际应用。

（1）在手机上下载并安装京东 App。打开 App，进入首页，点击右下角“我的”按钮，进入用户界面，如图 7-46 所示。

（2）点击右上角“设置”按钮，进入账户设置界面，如图 7-47 所示。在列表中选择“功能实验室”选项，打开功能实验室界面，如图 7-48 所示。

图 7-46　用户界面

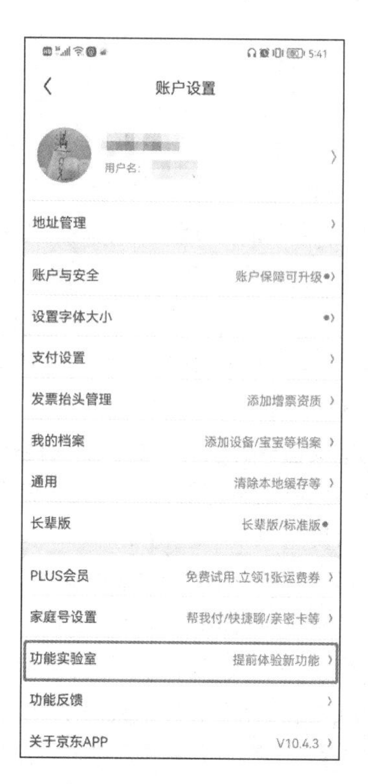

图 7-47　账户设置界面

（3）点击“AR 试试”按钮，进入功能界面。用户可根据需要选择不同类型的产品进行试妆，试妆效果如图 7-49 所示，点击右上角的对比按钮，还可以查看使用前后的效果对比。

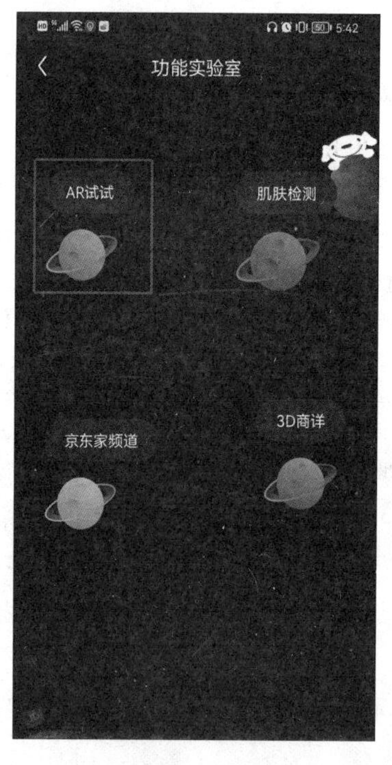

图 7-48　功能实验室界面

图 7-49　试妆效果

任务 7.6 认识区块链

【任务描述】

随着区块链技术和物联网技术的融合，“防伪溯源，一码一扫，一物一码”越来越受到人们的关注。本节介绍区块链的概念及特点、类型及典型应用。

【知识储备】

7.6.1 区块链的概念及特点

微课 7-6

区块链从本质上讲是一个分布式的、去中心化的共享数据库，通过密码学方式构造不可篡改、不可伪造、可追溯的一串块链式数据结构来管理和操作数据。可以狭义地将其理解为按照时间顺序，将数据区块以顺序相连的方式组合成的链式数据结构，是以密码学方式保证的不可篡改和不可伪造的分布式账本。

下面简单介绍区块链的 5 个特征。

1. 去中心化

区块链技术没有第三方中心管制，它的各个节点实现了信息自我验证、传递和管理，形成了自成一体的区块链技术。去中心化是区块链最突出、最本质的特征。

2. 开放性

区块链技术基础是开源的，除了交易方的私有信息被加密以外，区块链的数据对所有人开放，任何人都可以通过公开的接口查询区块链数据和开发相关应用。

3. 独立性

基于协商一致的规范和协议，整个区块链系统不依赖其他第三方平台，所有节点能够在系统内自动安全地验证、交换数据，不需要任何人为的干预。

4. 安全性

只要不能掌控系统中 51%的算力资源，就无法操控并修改网络数据，这使区块链本身变得相对安全。

5. 匿名性

除非有法律规范要求，单从技术上来讲，各区块节点的身份信息不需要公开或验证，信息传递可以匿名进行。

基于区块链的以上特征，它具有两个明显的优势。

（1）容灾能力。区块链的分布式计算，让它的每个交易或记录都保存在任何一个计算的节点上。如果某个计算的节点出现故障，其他节点仍然保存有交易记录的完整备份。

（2）防篡改机制。由于区块链的每个交易记录会完整备份到每个计算节点，如果要修改信息的话，只能让所有节点的信息都同步修改才能成功，因此信息不会被轻易篡改。

7.6.2 区块链的类型

区块链本质上是一种开源分布式账本，它是数字货币的核心技术，能高效记录买卖双方的交易，并保证这些记录是可查证且永久保存的。

区块链包括公有链、联盟链、私有链 3 种类型。

1. 公有链

公有链是完全开放的区块链应用，世界上任何个体或者团体都可以在公有链上发送交易，无须经过任何许可。公有链上的各个节点可以自由加入和退出系统，并参加链上数据的读写，系统中不存在任何中心化的服务端节点，数据是完全透明的，因此较难监管。

2. 联盟链

联盟链的各个节点通常有与之对应的实体机构组织，通过授权后才能加入与退出系统。各机构组织组成利益相关的联盟，共同维护区块链的健康运转。

3. 私有链

私有链中各个节点的写入权限由内部控制，而读取权限可根据需求有选择性地对外开放。私有链独享该区块链的写入权限。

这 3 种类型的核心区别在于访问权限的开放程度，或者叫去中心化程度。本质上，联盟链也属于私有链，只是私有程度不同。一般来说，去中心化程度越高，信任和安全程度越高，交易效率越低。

7.6.3 区块链的典型应用

由于区块链是一个共享数据库，存储于其中的数据或信息具有“不可伪造”“全程留痕”“可以追溯”“公开透明”“集体维护”等特征，所以区块链技术奠定了坚实的信任基础，创造了可靠的合作机制，具有广阔的应用前景。

1. 金融服务领域

区块链在国际汇兑、信用证、股权登记和证券交易所等金融领域有着潜在的巨大应用价值。中国人民银行成立了“中国人民银行数字货币研究所”，深入研究数字货币的相关技术，包括区块链、云闪付、密码算法等。

2. 物联网和物流领域

区块链在物联网和物流领域也可以天然结合。通过区块链可以降低物流成本，追溯物品的生产和运送过程，并且提高供应链管理的效率。

3. 保险领域

在保险理赔方面，保险机构负责资金归集、投资、理赔，往往管理和运营成本较高。通过智能合约的应用，既无须投保人申请，也无须保险公司批准，只要满足理赔条件，就能实现保单自动理赔。

4. 公益领域

区块链上存储的数据高度可靠且难以篡改，天然适用于社会公益场景。公益流程中的相关信息，如捐赠项目、募集明细、资金流向、受助人反馈等，均可以存放于区块链上，并且进行透明公示，方便社会监督。

【任务实现】

区块链溯源服务已经广泛应用于原产地溯源、跨境溯源、监管溯源等场景中。例如，蚂蚁集团推出的溯源服务平台——蚂蚁链已经商业化，可以解决一定的溯源信息真实性问题。